零基礎！自然無農藥四季菜園

種菜初學者的第一本務農寶典

監修=竹内孝功　著=新田穗高

瑞昇文化

前言

當筆者19歲那年第一次讀到『わら一本の革命（一根稻草的革命）』（福岡正信著，春秋社刊行），立志施行自然農法算起，已然過了24年。對非農家出身，雙親為上班族而在城市中出生長大的筆者來說，農業是完全未知的世界，一切都從零開始。將40幾種蔬菜種子混合起來隨意播種之類的獨創方式，在市民農場設置的家庭菜園，遭遇到的是一連串的失敗。悲慘到連長出來的植物是蔬菜還是雜草都分不出來。就連第一次種出來的秋葵，在生長高度僅有15公分，開出了朱槿般充滿南洋風情的黃色花朵的情況下筆者都還不知道它到底是什麼，直到結出外觀如市售五角秋葵的果莢後這才知道那就是秋葵。而那棵秋葵就在無法採收的情況下枯萎龜裂，當筆者採收果莢後剖開一看，裡頭確實長了種子一事讓筆者得到的感動，現在回想起來彷彿昨天發生的事。隔年播種後，秋葵生長達到了2公尺高，讓筆者親身體驗到了自家採種的偉大。從此之後，蔬菜採種成為筆者的生涯工作，也讓筆者得以在此書中做出介紹。

20幾年前，不使用農藥和化學肥料就無法種出滿意的農作物此種認知相當普遍，市面上幾乎找不到無農藥、無化學肥料栽培的園藝書籍，在得知實踐無農藥、無化學肥料栽培的農家存在後，筆者南下九州實地探訪並拜託對方讓筆者參觀、請教，然後再回到自己的市民農場試行，就這樣從錯誤中不斷嘗試著。就在這段時間中，以川口由一先生的自然農為首，筆者師法有機農業、無肥料栽培、自然農法並加以實踐，掌握了無農藥、無化學肥料栽培的竅門，逐漸開始有了收成，領悟到田園作業（野良仕事）「服仕於使田野更加良好一事」的重要性，以及什麼才是適合蔬菜的自然，也從失敗與成功的輪迴中體會到導師、前輩們想要傳承的核心概念。筆者在這本書中，試著將田園作業的精華做了 次統整。

蔬菜原本就是野草，一如藥字能被拆解成「因為草而能變得快樂」一般有高度的滋養強身功效，有時做為醫藥，又有時因其美味而成為菜餚，伴隨人類進化得到品種改良，一直流傳到今天。世界上的蔬菜透過絲路，從平安時代以至明治之後來到了日本。熟習蔬菜的原產地及其天性並加以活用，能使蔬菜健康生長，提高營養價質，使其更自然而美味地生長。能夠食用自己栽培的蔬菜，這種幸福感是難以形容的。請務必嘗試親手栽培並品嘗其風味。

20年前要是有這種書就好了呢——讓筆者得以整理出這麼一本書，全都得歸功於向筆者邀稿，讓筆者在月刊『田告暮らしの本（鄉間生活）』連載的柳順一總編、每個月前來採訪，負責攝影及撰文的新田穗高先生、插畫家關上繪美小姐，連載時的責任編輯大久保春花小姐，負責本次書籍化編輯的澀谷祐介先生，以及 直以來閱讀連載的讀者等許多人們的協助。

真的非常感謝各位。容筆者在此發自內心地向各位表示謝意。

竹内孝功

零基礎！自然無農藥四季菜園

目次

第2章 栽培蔬菜的所需知識 12個月的務農作業

由健康蔬菜所帶來的三種「健康」

本書將介紹的焦點放在原本做為藥草而在世界各國被珍惜培育至今，有助於保持筆者們身體健康的「健康蔬菜」上。它們都是些營養豐富，不會輸給番茄及茄子等主要蔬菜，受歡迎度與日俱增的蔬菜。

對無農藥、無化學肥料栽培的自然菜園來說，得從蔬菜原產地學習栽培方式，不斷想方設法讓蔬菜更為自然地成長。如此栽培出的「健康蔬菜」，能成長得更為健康，使原有的藥效及營養提升，讓味道更為濃厚。請各位務必在家庭菜園中試著培育出真正的蔬菜。

西瓜來自於撒哈拉沙漠。其根系向下廣泛生長，從地底深處收集水分和礦物質，頂著酷熱生長出綠意盎然的葉片。

上／在適合的地點種植健康蔬菜。喜歡水的茄子和芋頭得種在田埂旁。

右／蘆筍定植扎根之後，每年春天都會自然長出。這是種因其藥效日漸受到關注的健康蔬菜。古羅馬在西元前即已有栽培。

1

讓蔬菜自然成長的健康土壤

以無農藥、無化學肥料栽培熟成，安心安全而健康的土壤，能使蔬菜健康地成長。棲息於健康土壤中的無數微生物，會與蔬菜們的根系共生，幫助蔬菜生長。蔬菜將最大限度活用土壤的力量，為了尋求養分和水分將根系深扎地底，活潑地進行光合作用取回野性。就這樣，營養豐富而味道濃厚而美味地成長茁壯。

具有高度滋養強身功效的蒜頭。其殺菌、抗菌作用不只對身體有益，對維持菜園健康也很有幫助。

2

帶來生物多樣性的健康環境

自然環境會隨著生物種類持續增加而越容易保持整體平衡，變得更為穩定。菜園也一樣，比起栽培一種蔬菜，導入多種作物能使蔬菜種植起來更容易。在自然菜園中，會搭配混植能彼此互補的蔬菜及香草、綠肥，也會保留自然長出的雜草。儘管有害蟲存在，但數量更多的益蟲和棲息在土壤中的生物＝分解者，維持整體調和而健康的環境。在這樣的環境中，自然能培育出健康的蔬菜。

自家產的西瓜最適合做為夏季田園作業的甜點。清爽的甘甜能夠使身體降溫。解熱、利尿是西瓜自古以來廣為人知的藥效。

3

以時令滋養
養成強健的體魄

健康蔬菜不只有豐富的維生素和礦物質等營養素，還含有具備抗菌作用及免疫功能調節作用等功效的機能性成分。它們也曾因為藥效而被做為中藥材使用。在菜園中進行田園作業適當活動身體，並從採收到的健康蔬菜中攝取時令滋養吧。請在自然菜園種植健康蔬菜，維持身體健康。

拍攝於南瓜及黃豆茂盛生長，即將出梅的田間。這個季節蔬菜和人都充滿了活力。

培育自然菜園需要知道的三個重點

自然菜園是蔬菜的里山。由人類適度打理，讓蔬菜和雜草及生物共生成長。照顧蔬菜時並非為其各別考慮，而是要以栽培複數種蔬菜的整片田畝，以至培育整座菜園為概念進行。

栽培的蔬菜也要像里山中生長的植物般，四季有別，適地適種進行培育。適當除草敷蓋地面，以幫助蔬菜生長。這就是讓使田野更加良好的「野良仕事」。透過農務調和菜園整體平衡，讓蔬菜自然地成長。

出梅前夕。菜園從靠近外側，眼前的田畝算起種有菊薯、紫蘇、地瓜、馬鈴薯和蔥、番茄等夏季蔬菜，各種蔬菜適地適種茂盛生長。

上／在水田旁的田畝混植需要大量水分的食用酸漿和芹菜。它們會彼此互助成長。

右／從種子開始種植蔬菜，能育成自己喜歡的品種，使樂趣倍增。

1

將多種能夠互相配合的蔬菜混植

將數種能互相配合的蔬菜種在同一片田畝能生長得更好。此外，日照、土壤濕度、肥沃度等條件，會因菜園以至各田畝有有所不同，選舉適合各田畝特性的蔬菜，正是自然培育的訣竅。以無農藥、無化學肥料栽培，自然培育少量而多項的蔬菜。

有大量生物棲息的菜園能保持生物間的平衡，逐漸降低由特定昆蟲所造成的蔬菜食害風險。

對生長中的秋葵根部周圍施以覆草。株間混植薑黃及韭菜。

2

利用覆草增加生物

自然菜園的農活基礎，是割除雜草並敷蓋在蔬菜根部周圍的覆草。割除根部周圍的雜草，能增強蔬菜根部長勢促進生長。以割除的雜草進行敷蓋，不只能抑制雜草生長，還能緩和土壤乾燥及過濕等情況，使蔬菜生長得更好。覆草會被微生物及蚯蚓等生物分解，使土壤變得肥沃，也能成為益蟲的藏身處。

3

四季不間斷的全年栽培

開始在自然菜園栽培蔬菜後，蔬菜培育會隨著歲月流逝而越來越容易。這是因為蔬菜根系有強烈的鬆土作用，土壤中時常有根系存在能維持微生物及益蟲等生物的棲息處，進而保持生態系平衡所致。每年將培育夏季果菜類的夏畝和主要種植葉菜類的冬畝交換種植，不間斷地栽培蔬菜吧。此外，藉由自家採種的世代累積，能使培育更為容易。

上／夏季果菜類能一直採收至秋季。照顧家庭菜園要使各種蔬菜能少量而長期地採收。

左／配合蔬菜種類較少，剛入春的交接時期，越冬的葉菜類蔬菜花蕾能成為令人欣喜的春日美味。

自然菜園設計
竹內先生的菜園地圖

竹內先生的自然菜園座落於長野市的山間部。標高約500公尺。自給自足的田畝是位於住家旁，約1公頃的廚房花園、約5公頃的菜園，以及約4公頃的水田，合計約10公頃。為了全年不間斷地種植各種蔬菜，事前計畫好各田畝的蔬菜配置，會發生連作障礙的蔬菜則每年更換種植田畝。將竹內先生菜園大致上的配置，以本書用來講解的健康蔬菜為中心做個介紹吧。

從東北方眺望過去的7月菜園。這一年將夏畝配置在蔥、花生及馬鈴薯田的西邊，種植番茄及辣椒等農作物。

將能夠互相配合的蔬菜混植在同一田畝
以田畝為單位決定配置

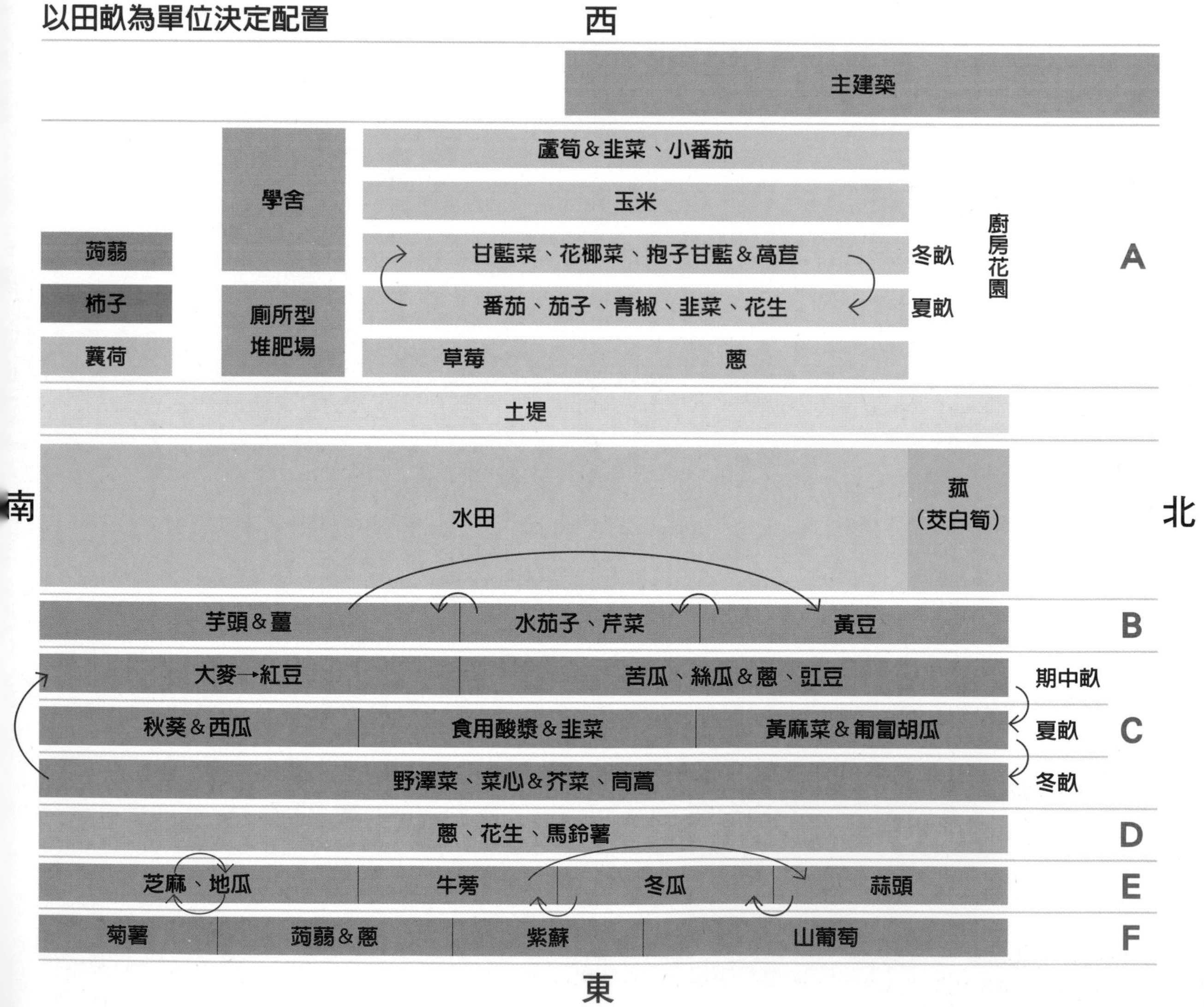

D 蔥和馬鈴薯交互連作，每年在固定的田畝種植。

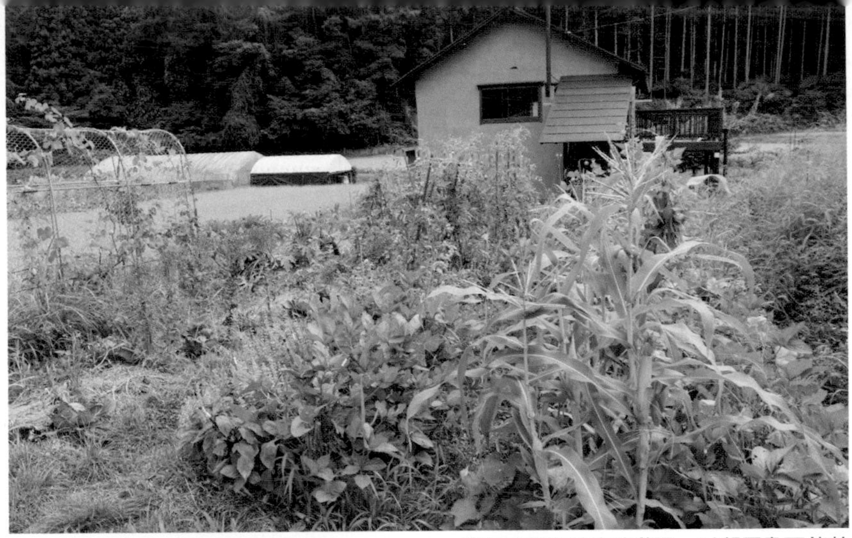

A 離住宅較近的家庭菜園，以想要盡可能趁新鮮採收的蘆筍及玉米、番茄、甘藍菜等做為配置重心。主要種植茄科果菜類的夏畝和以種植十字花科葉菜類為主的冬畝，位置每年都會互換。

B
水田旁的田畝配置了需要大量水分的芋頭、薑、茄子、芹菜及黃豆等。

E 挑選日照最佳而乾燥的地方種植在相同場所連作能長得更好的地瓜，與和它搭配良好的芝麻混植，每年一起栽培。

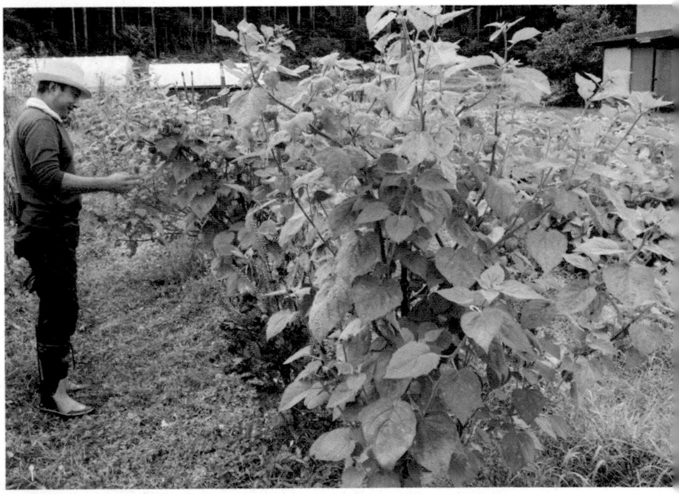

C
種植夏季蔬菜的夏畝、種植春播及秋播葉菜類的冬畝和以間植紅豆與大麥為中心的期中畝，這三塊是每年輪替以提高自給率的區塊。

F 田園最外側的畦面利用。種植不易受到山豬、鹿等獸害，隨處都能生長的菊薯及蒟蒻、紫蘇等。

C區塊的栽培月曆

	3月	4月	5月	6月	7月	8月	9月	10月	11月	12月	1月	2月
期中畝	大麥			苦瓜、絲瓜&蔥、豇豆					大麥			
夏畝				夏季果菜								
冬畝	芥菜、茼蒿						芥菜、茼蒿&野澤菜、菜心					
※冬畝隔年春天	菜薹											

■播種 ■定植 ■生長期間 ■收成

為了渡過氣候變動

全球暖化造成的氣候變化已成為日益嚴重的問題。如果每年都持續照顧菜，就一定會感受到這些影響。早春和夏季的高溫，初夏的冰雹，梅雨不來及前所未見的集中暴雨，颱風大型化，暖冬和大雪……。天候變動幅度過大，導致在許多情況下，過往那些何時播種和如何照顧作物的經驗變得無法適用了。為了渡過氣候變動，田園作業也必須懂得臨機應變。在此筆者提出三個重點。

支柱需插入地底至少30cm，交叉時請仔細綁牢固定確保不會鬆脫。

優先對芋頭、薑和茄子等需要大量水分的蔬菜澆水。

不要一次將所有種子全都播完，分成數次播種。如果遭受蟲害，請不要害怕並重新播種。

1

不要一次出完手牌

無農藥栽培基本上是依季節種植蔬菜。然而近年來依據各地區長年經驗累積而成的栽培日曆進行耕作，卻無法順利進行的年份越來越常見了。特別是秋季由於氣溫上升使昆蟲數量增加，為避免蟲害，遲播而得以成功的狀況也變多了。春季時受不了溫度大幅超越平均值的誘惑而早播早植，容易因遲霜而受到農損。想確實得到收成，春季時請間隔一週，秋季時每隔三到四天，分成數次播種。此外，同時播下、種植數種生長速度不同的品種也是很重要的。如此一來容易命中該年度的適合期，能使成長良好的作物數量增加。

2

沒下雨時請大量澆水

在自然菜園中，會在蔬菜根部附近重覆施以覆草來預防土壤乾燥，根系主動伸展的蔬菜會提升水分和養分的吸收能力。只要有適度的雨水，蔬菜不需澆水也能生長。然而最近變得需要積極澆水了。過往在盛夏乾燥期仍會下西北雨，但最近完全不下雨的酷暑天數越來越多了。包括梅雨季在內的其他季節，長期不下雨的狀況也時有所聞。當超過一週沒下雨時，為了讓水分能深入土壤，請以灑水壺分三次，在傍晚時像西北雨般盡情澆水。此時推薦以充滿礦物質的木醋水澆灌（詳見第147頁）。

3

誘引至牢固架好的支柱上

將植株生長較高的蔬菜，誘引至牢固架好的支柱上。這麼做不只是為了要預防被風吹拂搖晃而造成損傷而已。植物越是垂直向上生長，植物激功效也會隨之更為活性化，使根系更為發達。協助蔬菜向上生長的支柱，可說是蔬菜的第二組根系。此外，透過誘引使枝葉接受更多光照後，光合作用也會變得旺盛。如此一來蔬菜根系能深入地底，而地上部的莖葉也能夠結實成長。這不僅能使培育出的蔬菜抵禦風雨，也能抵抗酷熱、乾燥以及病蟲害等危害。為了避免傷害蔬菜根系，請在定植前將支柱牢固地架設完畢。

第 1 章

健康蔬菜的栽培方式

蔬菜因為原產地而有著各別不同的個性。
從播種定植開始，直到採收、保存、自家採種為止，
讓我們掌握配合其個性的關照重點，培育出美味的健康蔬菜吧。

⬆自然菜園培育出的西瓜。清爽甘甜的美味正適合對抗盛夏酷熱。

有高度的解熱、利尿作用 使人體在夏季中能夠重振精神

西瓜

葫蘆科西瓜屬

來自沙漠的西瓜是種喜歡高溫乾燥的蔬菜。
等土壤溫度足夠時再行定植，讓它穩固地建立深層根系吧。
在盛夏採收後，可將西瓜放在冷水中冷卻。
它對身體有冷卻和利尿作用，
是種能舒緩夏季身體疲倦的健康蔬菜。

特徵

原產地	非洲中部沙漠及稀樹草原。在雨季發芽並於旱季結果。16世紀經中國引入日本
根系外型	主根深根型
推薦品種	小玉西瓜容易種植。**夢枕**、**黑小玉**※
伴生植物	蔥、毛豆、燕麥、秋葵
難以搭配種植的蔬菜	櫛瓜、胡瓜
連作	×（需間隔4～5年）
授粉	異花授粉（需種2株以上）
種子壽命	4～5年
適合土質	**酸鹼度** 酸性←中性→鹼性 pH 5.0 5.5 6.0 6.5 7.0 7.5 8.0（5.5～6.0） **乾濕度** 乾←→濕（偏乾）

適種指標

熱	◎
霜	×
發芽適溫	25～30℃
生長適溫	25℃前後　對高溫耐受度最強的蔬菜。15℃以下生長不良，受**霜**害時枯萎

※由（公財）自然農法国際研究開発センター（☎0263-92-7701）育成・採種，一般家庭菜園用戶亦可付費購買

栽培計畫

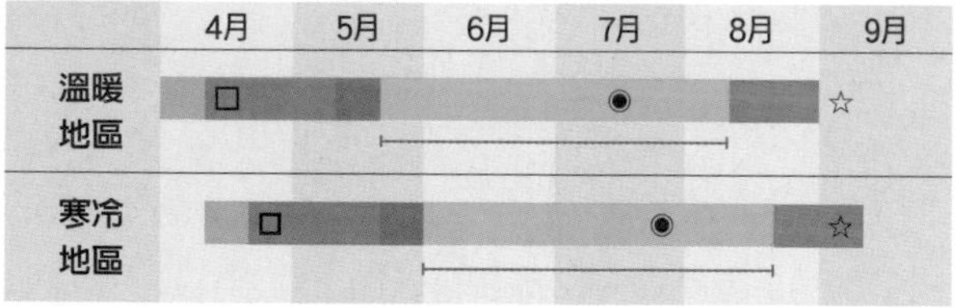

■播種 □馬鞍畦面 ■育苗 ■定植 ■生長期間 ■收成
├─┤強化覆草 ◉選定採種株（人工授粉） ☆採種

●溫暖地以關東（茨城縣土浦市），寒冷地以長野縣長野市（海拔600m）為基準

能在自然菜園突顯特色的蔬菜 擁有對身體降溫及利尿作用

西瓜是自然菜園種植時最容易呈現特徵的蔬菜。筆者第一次吃到時也嚇了一跳。甘甜卻不黏膩，餘味還很清爽。它還能消除身體的水腫，有種變得輕盈的感覺。

當年教導筆者的導師曾對我說過，「西瓜每10年才能栽培一次哦」。它來自沙漠，以葫蘆科來說根系少見地深入地底，吸取水分及養分藉此成長。在自然菜園中也一樣，讓它的根系在地底扎實生長將會成為種植關鍵。

在自然中成長的西瓜是種具備高度藥效的健康蔬菜。能在盛夏中為身體降溫並舒緩身體。在中醫上西瓜也做為一種藥材名稱，使用於解暑、止渴、以及由利尿作用帶來的消除水腫等用途。

儘管西瓜果肉90%為水分，但它含有豐富的胡蘿蔔素、維生素C和鉀等營養成分。從西瓜發現，名為瓜氨酸的某種氨基酸能夠利尿，同時促進身體排出多餘的鈉。僅需將果實收汁煮乾，即可製成具有此一功效的西瓜糖。

在自然菜園健康地種植西瓜的6個關鍵

關鍵 1 以蔥鞍狀畦面整備出生育環境

讓西瓜等葫蘆科蔬菜定植後，初期能生育平穩進行至關重要。野生西瓜果實會在沙漠之類的場所被動物取食，種子隨著排便落地發芽成長。而事先在土壤裡放入腐熟堆肥，塑造成如馬鞍狀隆起的畦面，模仿的就是該種方式。土溫隨日照而提升，使微生物旺盛活動，造就具有柔軟團粒構造的土壤。然後再種植蔥以預防病蟲害。等1個月之後定植幼苗，西瓜將能夠輕鬆地扎根迅速生長。

關鍵 2 淺植於排水良好的高畦

西瓜性喜乾燥，請將幼苗淺植於排水良好的土壤中。在排水力不佳的田畝需堆高畦種植，採行淺植及高畦能使植株根部容易受日照及提升土溫，讓西瓜容易成長。未整地的田畝容易形成團粒構造且排水良好，適合種植西瓜。

關鍵 3 於定植時以米糠追肥

土壤中養分過多時西瓜藤容易過度生長，變得更容易遭受病蟲害。由於有機肥料需要時間分解，追肥時機太遲容易使不需太多養分的後半階段養分過多，造成口感變差因此得要多加留意。

為此請在定植時直接將米糠灑在覆草上做為追肥，之後就不需追加了。米糠的氮含量不高，含有大量的鎂等礦物質，極為推薦使用。

關鍵 4 以燈罩保持土溫

生長適溫頗高的西瓜，得在紫藤花滿開，土溫足夠時再行定植。在寒冷地及強風吹拂區域，定植時請以燈罩遮蓋避寒。市售的圓型保溫罩可能使溫度過高，燈罩較不易失敗。

關鍵 5 定植後放任生長不需整枝

西瓜的母蔓和子蔓都會結實，依照地力多寡長出莖葉。它具有調整自身生長程度的性質，根系會隨著藤蔓生長。不需摘除側芽整枝，放任其自由生長吧。為了讓藤蔓容易生長，請事先朝生長方向除草，順便在路徑上事先覆草。

關鍵 6 抓準時間採收完熟果實

從定植算起85～90天、授粉後35～45天。長在果實附近的捲鬚開始枯萎是可採收的。不過生長不良時附近的捲鬚也可能枯萎，請以敲擊聲等方式另行判斷，藉以找出採收時期吧。

畦距和株距

生長範圍夠大日照量也會增加

由於西瓜藤會在接受充足日照後旺盛生長，事先空出足夠的株距為其訣竅。

西瓜＋毛豆

西瓜定植時同時為毛豆播種。毛豆會吸取田畝多餘的水分，能幫助性喜乾燥的西瓜。

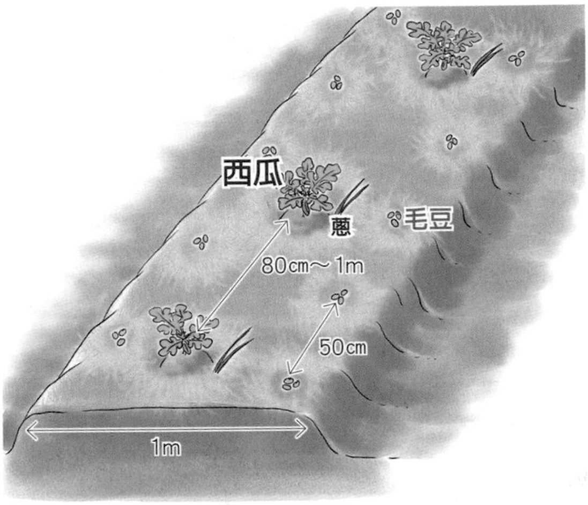

西瓜＋秋葵

在西瓜定植同時，為同樣來自非洲、性喜炎熱和乾燥的秋葵播種。此外，密植的玉米會造成過度遮蔭，不太適合與西瓜混植。

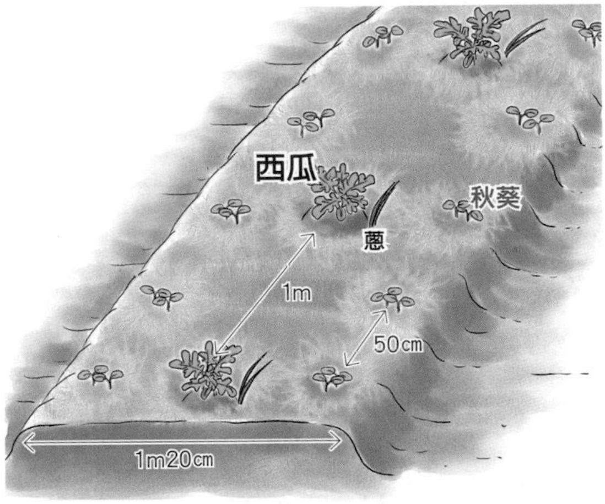

每年持續採種，適應了田地環境的竹內先生的西瓜。

西瓜
種植方式

※時期以溫暖地春播為準

田畝準備

對於缺乏養分的貧弱田地，最晚得在播種的1個月前對整片田畝施撒①～③，輕微翻動5cm深左右的表土，使資材與土壤混合。

①腐熟堆肥　2～3L/㎡
②炭化稻殼　1L/㎡
③無調整泥炭蘚　1～2L/㎡
（土壤為鹼性時使用）

4月上旬
定植前準備

1個月前進行蔥的鞍狀畦面

種植前1個月，在種植地點準備好蔥的鞍狀畦面。挖一個深約20cm的洞，在洞底部放一把腐熟堆肥並與土壤混合，種蔥後回填，培土成馬鞍狀。

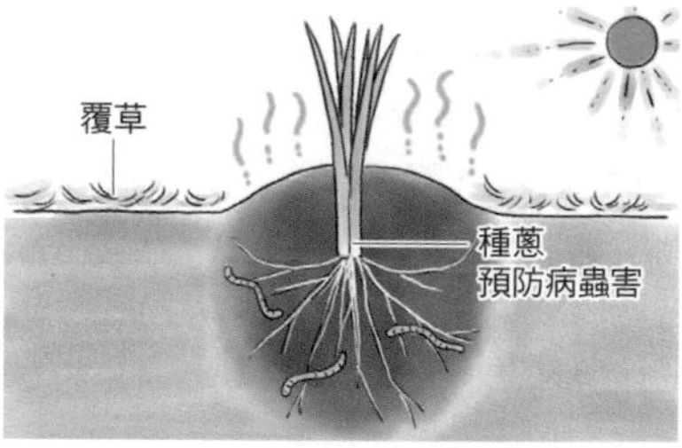

↓

4月上旬
播種

在培養土裡混入田土

播種1週前，混合好育苗土。以8：2的比例混合市售培養土、篩過的田土，添加水分（含水量50～60%）充分拌勻，讓育苗土變成用手握捏後會成塊，按搓後會崩散的硬度。

↓

確實塞滿育苗土

於72孔的育苗穴盤育苗。以育苗土完全覆蓋穴盤，用手掌壓緊至填滿四角，再以木板撥下多餘的介質。

於定植的45天前播種

以櫻花開花為大致基準。每穴播1顆種子。將種子朝相同方向播種，展開的雙子葉就不會重疊。輕微覆土並充分壓緊。

↓

澆水後以報紙覆蓋

澆透水至穴盤外側也足夠濕潤後用報紙覆蓋，並保持報紙濕潤。將穴盤放進保溫箱（如透明的塑膠製工具箱等），直到2天後的早晨取出報紙為止都不要澆水。

↓

4月上旬～5月中旬
育苗

白天須打開保溫箱上蓋

播種後直到相鄰的幼苗本葉長到互相碰觸為止，均需以保溫箱育苗。由於溫度過高故一定要打開蓋子，午後請在溫度降低前以不織布覆蓋並蓋上蓋子。

中午前澆灌木醋水

為避免幼苗溫度過低，請在中午前澆水。以小水壺對每穴澆灌木醋水（詳見第147頁），分量應剛好夠在傍晚時分變得稍微乾燥，需配合天氣進行調整。

換盆前一天事先對苗盆加溫

配合幼苗生長，將其換盆（移植）至3.5吋（10.5cm）盆。在換盆前一天以播種時使用的育苗土確實裝滿苗盆，以黑色塑膠袋包裹後放在陽光下加溫。

↓

在本葉即將長出時換盆

在本葉即將長出的時間點換盆。前一天用足夠的木醋水澆灌幼苗。在溫暖的白天，不會受風吹拂的地方進行作業。筆直種植會因莖條下半部生長而容易倒伏，需以斜45度角側躺淺植。之後以大量土壤覆蓋植物，將其與周圍土壤壓緊後灑水。

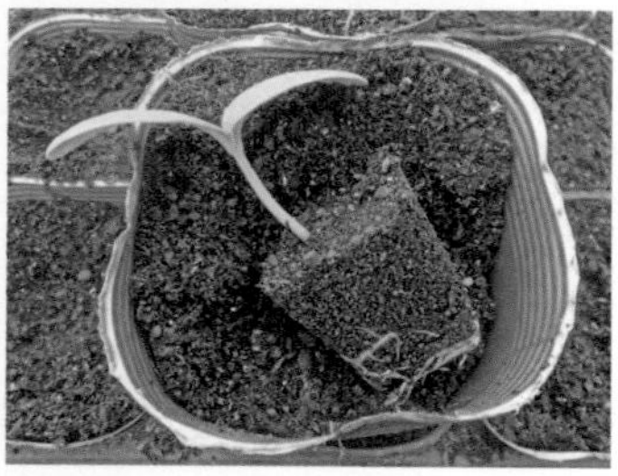

↓

保持幼苗間隔確保通風

配合生長移動花盆空出間隔，使葉子不致重疊。栽培時保持通風乾燥。 擁擠時容易受到蚜蟲侵襲。

當葉片呈黃色，
請在長出3.5片本葉時追肥。

當成長至如照片般擁有3.5片本葉，土壤中的養分耗盡，葉片發黃時，請在盆土邊緣添加一小塊發酵油粕追肥。

5月中旬

定植

在土溫升高，長出5～6片本葉時進行

定植作業請在不必擔心遲霜侵襲，土溫升高時再進行。趁長出5～6片本葉且葉子健康時種植。前一天傍晚澆足木醋水。種植當天對臉盆倒入深約3cm的木醋水，從定植前約3小時算起將苗盆底部泡入臉盆使其以盆底吸水。

↓

淺植於鞍狀畦面穴中

在鞍狀畦面處挖植穴，檢查植穴深度，淺植時保持鞍狀畦面隆起處與根球頂部等高。定植後用手壓緊，能幫助幼苗根系更容易竄出。

蔥一定要重新種植

暫時將鞍狀畦面處的蔥拔起，再順著西瓜的根球重新種植。若不拔起就直接將西瓜種下，西瓜的長勢將被蔥比過去。

↓

種植後耐心等待扎根

以橫躺方式定植，覆土至雙葉下方將莖埋在土中保持其穩定。定植後3天內不要澆水。特別是西瓜能夠長出夠深的根系以抵擋乾旱，避免不必要的澆水能促進新的根系生長。

↓

定植後以米糠追肥

定植的幼苗周圍30cm區域不需覆草，使土溫更容易升高。在其外側覆草，並取2～3把米糠從上方呈圓型撒下。追肥僅需於定植時進行一次。

以行燈圍住保持溫暖。

在防風、保溫方面，於定植時用去掉底部的塑膠袋或米袋等物品製作行燈。可裝30公斤的紙質米袋具三層構造，上下切成兩半後共能做成6個圍欄。使用長120cm的支柱插在四角。當瓜藤生長超過燈籠的高度時拆除圍欄。

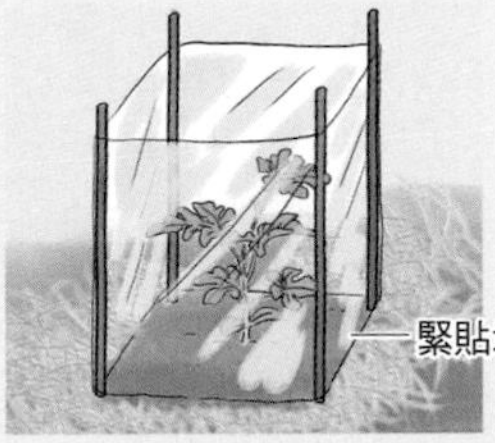

↓

5月下旬～8月

除草及覆草

在藤尖處將草修剪至30cm

隨著藤蔓的生長，將草剪到離藤蔓頂部30cm處並覆草。拖太久會使根部長勢搶不過雜草，使得生長變差。不需疏芽或摘心。將生長至通道的藤蔓迴轉過來無所謂。由於生長初期需要大量水分，如果一整週都沒下雨，請以木醋水充足澆灌。

↓

在果實底下擺個墊子

果實貼地曬不到陽光的部分不易著色，成熟度不佳。將枯草、稻草或帶有排水孔的保麗龍托盤鋪在西瓜底下，偶爾改變西瓜的坐姿以接受充足的陽光照射。

用絲襪對抗烏鴉造成的食害

請以白色或皮膚色的絲襪包住西瓜，防止烏鴉造成的食害。功效相當卓越。

8月中旬～下旬

收成

於捲鬚枯萎時採收

採收最佳時間隨品種和時期不同，大約是開花後35至45天。以靠近果實的捲鬚枯萎做為大致標準。敲擊時果實會砰砰作響，發出內部飽滿的清脆響聲。

早上採收後以冷水冷卻非常美味。

西瓜與香瓜不同，採收後幾乎不會追熟。請在適當的時期採收。西瓜大量含有的蔗糖，在8℃時甜味最足。如果西瓜已在冰箱裡放置一段時間，請在取出放置10分鐘後再食用。

↓

9月上旬

自家採種

從美味的西瓜中收集種子

吃西瓜同時也能收集種子。只不過得在採收後擺放3～5天再吃。用溫水清洗種子去除黏液，使沉在水底的種子充分乾燥後保存。

在市民農場等地難以採種

西瓜是異花授粉植物，當500m範圍內有其他植株同時開花，有可能因而混種。如果要採集種子，只能使用一個品種。在市民農場等地雖然能將花朵套袋，將雄花與雌花磨擦進行人工授粉，但由於需要在早上6點～7點進行，採種極為困難。此外，以砧木嫁接的西瓜無法進行自家採種，請選擇自根苗進行。

⬆切開後流出能牽絲的黏液成分，對夏季腸胃有益的秋葵。在強烈日照下不停向上長高。

因高度土溫而能深深扎根 以夏日豔陽長得高大挺拔

秋葵

錦葵科秋葵屬

秋葵是種能舒緩疲憊腸胃的夏季健康蔬菜。
它的根系深入土壤，在夏季的陽光下成長茁壯。
由於它不耐寒冷，請等土溫夠高時再播種。
時常進行採收，避免果莢硬化。
盡量採收，持續享用它的美味直到秋季吧。

栽培計畫

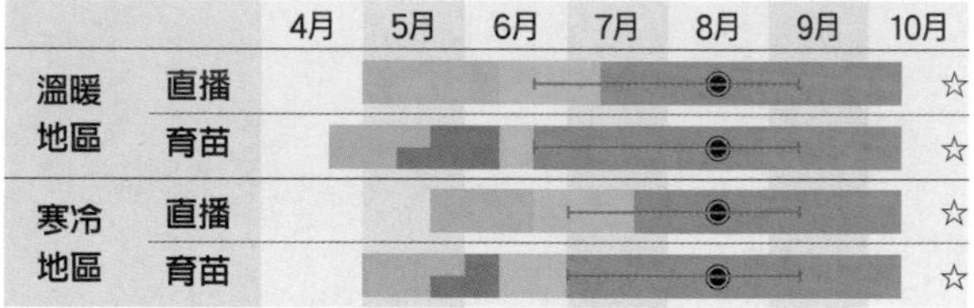

■播種 ■定植 ■生長期間 ⟝⟞強化覆草 ■收成
◉選定採種株（人工授粉） ☆採種

●溫暖地以關東（茨城縣土浦市），寒冷地以長野縣長野市（海拔600m）為基準

特徵

原產地	原產東非北部，在近東地區分化。幕末引入日本，在各地進行小規模的栽培。
根系外型	主根深根型
推薦品種	**島秋葵**、**八丈秋葵**是較晚採收也不易硬化的圓形秋葵。**花秋葵**取其花朵食用
伴生植物	地瓜、南瓜、匍匐胡瓜、豌豆、毛豆、羅勒、萬壽菊、韭菜、矮牽牛、花生。
難以搭配種植的蔬菜	茄子、牛蒡、玉米
連作	×（需間隔2～3年）
授粉	自花授粉
種子壽命	3～5年
適合土質	**酸鹼度** 酸性 ⟵ 中性 ⟶ 鹼性；pH 5.0 5.5 6.0 6.5 7.0 7.5 8.0（適合範圍約pH 6.0～6.5） **乾濕度** 乾⟵⟶濕（偏乾）

適種指標

熱	◎
霜	×
發芽適溫	25～30℃
生長適溫	20～30℃

黏液對腸胃有益 炎熱季節的健康蔬菜

原產於非洲乾燥大地，趁雨季深深扎根地底為旱季事先準備，在熱帶地區為多年生植物。果實除綠色外另有紅色及黃色，切面呈五角形或圓形，有取其花朵食用的「花秋葵」等多樣品種。

秋葵是筆者在家庭菜園第一次成功種植出的蔬菜。第1年生長高度雖僅有15公分，但在採種及播種後隔年長到2公尺以上，讓我學習到了自家採種的意義。

切開後流出能牽絲的黏液成分，其實是果膠等水溶性植物纖維，以及含有黏液素等醣類的複合蛋白質。它能幫助消化吸收，對整腸及消除便秘也都有功效，是種能舒緩因高溫而疲憊的腸胃的健康蔬菜。它能夠保持皮膚及黏膜健康，以預防身體氧化的β胡蘿蔔素為首，另外還含有豐富的維生素及礦物質。

雖然很多人會將它燙熟後再食用，但加熱後營養成分容易流失，請在採收後切片生吃。而較硬的秋葵，筆者推薦使用磨泥器磨成泥狀食用。

在自然菜園健康地
種植秋葵的6個關鍵

關鍵 1 避免早播

秋葵是一種耐高溫但不耐寒的植物，在溫度低於10℃時，會受到低溫損害。其生長初期特別不耐寒冷，請等到土溫充分上升後再直接播種。紫藤花盛開和小麥抽穗時為最佳時機。由於秋葵是不耐移植的直根性植物，最好能直接播種，但在寒冷地等處事先育苗再定植，能將採收時間提早。只不過種苗必需在尚未過度成熟前適時種植，因此使用育苗方式，也得從定植期程往回估算播種時間。

關鍵 2 保持充足株距

秋葵性喜陽光和乾燥，種植時保持通風良好也很重要。採收時每一植株僅採收1個果莢，不要一次採收2個。因此最好能種植5株以上，但要確保株距充足。至少要有30cm的距離，若與其他蔬菜混合種植則需保持更大的空間。在此前提下需使地面不致過於乾燥。除覆草外，和匍匐胡瓜和南瓜等覆蓋地面的蔬菜混合，生長效果最好。

關鍵 3 適度疏苗促進果莢軟化

長勢過強果莢容易變硬，也容易招來蚜蟲等害蟲，請在相同位置同時種植2株，適度弱化長勢。2株一起合作能讓根系更深入地底。

關鍵 4 採收時摘除下部葉片

每片葉子各會開一朵花並結出一個果莢。第一朵花綻放之後，除了它底下的那片葉子外，請剪掉更下面的所有葉子。

此後，每次採收時都要剪掉果莢下面的葉子。這種做法能防止側芽生長，變得更通風並減少蚜蟲等危害。秋葵會筆直向上生長，從下而上依序長出果莢。

當植株虛弱，生長不佳時例外。請在果莢下方保留2片葉子促進光合作用。

關鍵 5 時常採收不要錯過最佳時機

當果莢長到拇指粗細時就能採收了。五角形秋葵採收時機是開花後3～5天，島秋葵則是開花後5～6天。越晚採收不只會變得更硬，長勢也會隨之減弱而難以著果。如果無法每周採收一次，就連較小的果莢也一起採收回家吧。

關鍵 6 避免養分、水分不足

如果根系足夠扎實，植株就能夠充分吸收養分和水分旺盛生長。開花後的一週內沒有下雨，請在傍晚澆水。用木醋水充分噴灑葉面吧。這麼做能預防白粉病發生。

養分過多容易引來蚜蟲，但過少又會使葉片貧弱，生長變差。梅雨季後請確實覆草至植株根部。在植株周圍撒一把米糠做為補充。

畦距和株距

在日照及排水良好的田畝種植

性喜高溫但不耐過濕，需選擇日照良好的地點種植。排水不佳的地點需作高畦。

秋葵＋花生→豌豆

對畦面兩側播種秋葵，同時在中央播種花生。在畦面中央的最外側種植萬壽菊，為花生阻擋鼠患。秋季採收後不拔除枯萎的秋葵將其當成臨時支柱，在秋葵植株基部播種豌豆。

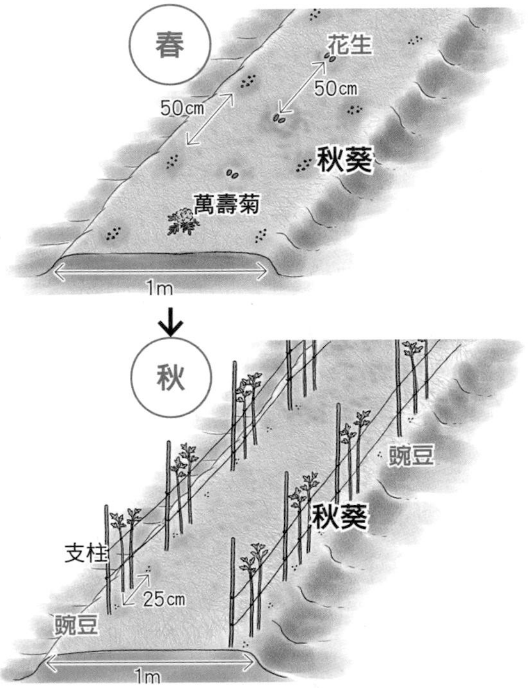

秋葵＋匍匐胡瓜

在畦面中央種植匍匐胡瓜，同時在左右兩側為秋葵播種定植。可用南瓜代替胡瓜。

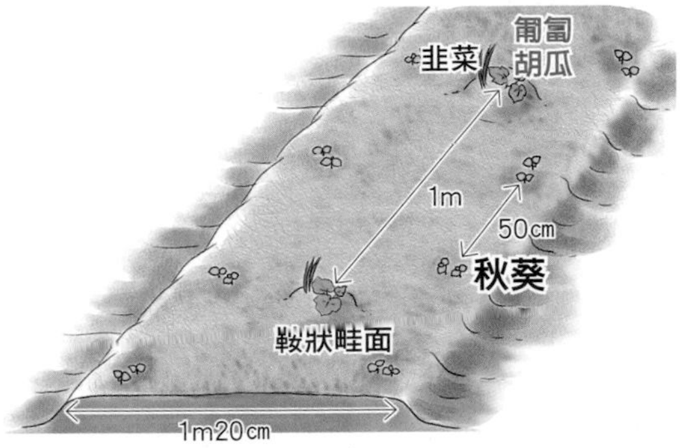

秋葵
種植方式

※時期以溫暖地為準

田畝準備

對於缺乏養分的貧弱田地，最晚得在播種的1個月前對整片田畝施撒①～②，輕微翻動5cm深左右的表土，使資材與土壤混合。

①腐熟堆肥　2～3L/㎡
②炭化稻殼　1～2L/㎡

5月上旬～6月上旬

播種

以紫藤花盛開做為播種的大致標準。

田間播種，消除晚霜之憂，土溫足夠高時再進行田間直播，以紫藤花盛開為大致標準。將長在播種處的雜草從接地處割除，並將鐮刀尖端插入土壤切斷根部開播種洞。

↓

每洞播5～6顆種子

播種時對每個點播下5～6顆種子。播種洞深度約需為種子大小的3倍左右。種子不需泡水，直播即可。

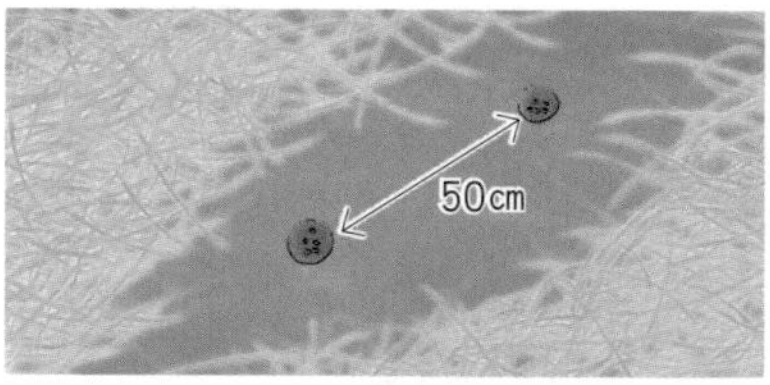

↓

壓緊後不需覆草

以厚度約為種子大小2～3倍的土壤覆蓋。覆土時需挖去表層1～2cm，雜草種子含量較多的土壤，使用其底下的土壤。請確實壓緊，而為了提高土溫，播種處地面保持外露，不需覆草。

育苗以便提早收成

事先育苗再定植，播種時間能比直播早半個月，因而能享受到時間更長的採收樂趣。

播種完畢後澆水

對所有苗盆充分澆水。隨後以報紙包住苗盆，再從報紙上澆水。

↓

以報紙和黑色塑膠袋包覆

以培養土袋子之類的黑色塑膠袋，連同被報紙包著的苗盆一起包覆，以提高土溫。報紙和塑膠袋必須在播種2天後的早上移除。

↓

在溫暖的場所育苗

將幼苗放在房間有日照的地方或溫室等地點，培育時保持15～25℃。如照片所示子葉全數生長完畢時，需以剪刀疏苗，每盆僅保留3株。

↓

本葉剛長出時定植

定植時期與直播相同，等紫藤花滿開後再進行。不耐移植的秋葵，得在播種約2週後，趁本葉剛長出，根系尚未生長前的幼苗狀態定植。由於根球容易崩解，請先挖好植穴再小心定植。土團上方保持外露，不需覆草。

準備育苗土

於播種1週前備妥育苗土。以8：2：1的比例混合市售播種用培養土、田土、炭化稻殼，添加水分（含水量50～60%）充分拌勻，讓育苗土變成用手握捏後會成塊，按搓後會崩散的硬度。

↓

使用2吋盆播種

將2吋盆（直徑6cm）裝滿土。土壤裝滿至漫出盆外，從上方用力壓緊。

↓

土壤均勻塞滿

以木板去除多餘的土壤，並使其平整。

↓

於定植2週前播種

需在定植的2週前播種。每一苗盆挖兩個播種洞，每洞各播2顆種子，每盆合計播4顆種子。

↓

覆土後確實壓緊

以厚度約為種子大小2～3倍的土壤覆蓋，並確實壓緊。

5月下旬～6月中旬

疏苗

長出本葉後疏苗至保留2～3株

長出本葉後以剪刀疏苗。在肥沃田畝留3株，貧弱田畝留2株。事先育苗定植時也一樣，如要留2株，請在幼苗扎根時疏苗。

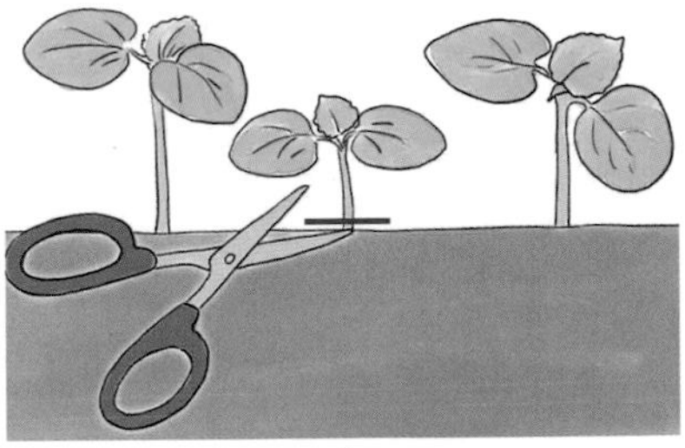

↓

5月下旬～6月中旬

澆水與覆草

未下雨時需澆水

在根系生長的生長初期，若超過1週都未下雨則需澆水。為了使木醋水能滲透至深層，請朝植株周圍緩漫澆灌。

↓

覆草避免雜草競爭

生長初期放任不管，植株長勢將會輸給周圍的雜草。時常將植株周圍的雜草從貼地處割除。為避免土溫下降，植株根部附近10cm左右不需覆草保持外露，將割下來的草覆草在外側的雜草上。

6月下旬～7月上旬

修剪葉片

於首次開花時去除下方葉片

第一朵花綻放之後，保留花朵底下的那片葉子，並以剪刀從葉梗基部剪掉更下面的所有葉子。

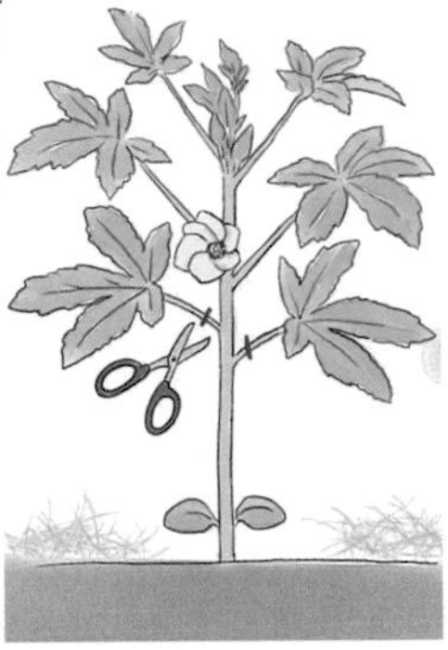

↓

7月上旬～10月上旬

收成

不需等它長大即可採收

果莢在開花後3～5天就能採收了。請趁它們不致過大，還很柔軟時剪下採收。採收得越多，植株會長出越多果莢。特別是在一開始時，請於長5～6cm時採收，害怕手上沾到樹汁的話可戴手套。

↓

於採收時摘葉

採收果莢後請同時剪除下方的葉片。

↓

讓下方保持清爽，朝上筆直生長

果莢會由下往上生長，因此讓下方保持清爽，植株會往上筆直生長。

7月下旬～9月中旬

覆草及追肥

在梅雨季過後對整片田畝覆草

梅雨季過後，10天內需將整片田畝的雜草從貼地處割除，並以草充分覆草整片田畝。植株根部附近亦需覆草以避免乾燥。畦面混植的西瓜和南瓜藤有助於遮蓋植物根部。

↓

從覆草上方撒米糠

隨後配合植株生長除草，持續追加覆草。生長遲緩時，每隔10～20天對覆草上方以一把米糠追肥。

↓

8月中旬～10月下旬

自家採種

於8月中旬選定採種果莢

時常採收能使植株長勢良好，並使果莢變得柔軟。採種果莢選定請於享受採收樂趣一段時間後的8月中旬進行。倘若時間過晚，種子有可能不夠飽滿。僅為採種果莢（粉紅色絨毛）保留下葉也是重點。

↓

乾燥完全失去水分時採種

自花授粉植物很容易採種。將果莢留在植株上，等它枯乾完全失去水分時摘下整個果莢。隨後再將果莢放在通風良好的場所追熟1～2週，就能剖開果莢採種了。去除發霉及顏色看似燒焦的種子，放在陰涼處保存。

⬆植株向上長高，果莢由下而上依序張開的芝麻。為避免種子逸失，盡早採收為其訣竅。

顆粒嬌小營養豐富
種植數棵採收全年所需

芝麻

脂麻科脂麻屬

芝麻在其嬌小的顆粒中，
以亞麻油酸及油酸等優質脂肪酸為首，
富含蛋白質、維生素、礦物質等營養成分。
性喜夏季日照，能適應各種土壤。
種植時不需過度打理，非常適合家庭菜園種植。

栽培計畫

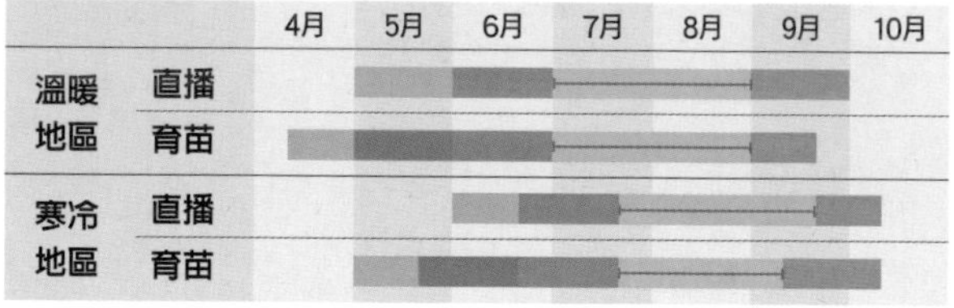

■播種 ■定植 ■疏苗 ■生育期間
├─┤強化覆草 ■收成 ※採收最佳時間各為數天

●溫暖地以關東（茨城縣土浦市），寒冷地以長野縣長野市（海拔600m）為基準

特徵

原產地	原產東印度至埃及一帶。栽培起源為西元前3500年左右的印度。日本於繩文時代前期開始栽培。為一年生植物，近親種類不多。
根系外型	主根深根型
推薦品種	**金芝麻**香味十足容易使用**黑芝麻**香味醇厚。**白芝麻**油脂多而清香ごまぞう（**芝麻王**）是含有大量芝麻木酚素的新品種
伴生植物	地瓜、麥類、毛豆、花生
難以搭配種植的蔬菜	甘藍菜
連作	○
授粉	自花授粉
種子壽命	3～5年
適合土質	**酸鹼度** 酸性 ←中性→ 鹼性 pH 5.0 5.5 6.0 6.5 7.0 7.5 8.0 **乾濕度** 乾 ← → 濕

適種指標

熱	◎
霜	×
發芽適溫	25℃前後
生長適溫	25～35℃

自古代栽培至今的農作物
在夏季豔陽下旺盛生長

野生品種大量自生於非洲大陸，以印度為栽培發源地。自古以來被全世界使用，日本也從古代即已有栽培。

俗話說「有豔陽就不怕採收不到芝麻」，它在雨季發芽扎根，在旱季的日照下旺盛成長。除潮濕地及極端酸性的土壤外，任何土地都能夠栽培。雖然其種植方式意外地不為人知，但其成長速度相對迅速，不怎麼需要打理。種得好的話，只需幾株就能採收到充足分量。

它是種具高度營養價值的健康蔬菜，自古以來甚至被稱為「長生不老藥」。其含有的脂肪大多為亞麻油酸及油酸等能降低膽固醇的不飽和脂肪酸。另外還含有大量蛋白質、維生素B群、維生素E、鈣、鐵、膳食纖維。而含有能降低活性氧，有助於抗氧化的芝麻木酚素這部分也受到了注目。

在帶皮的狀況下難以消化，在食用前稍微炒香並搗碎後能強化吸收效果，更有絕佳風味。

在自然菜園健康地
種植芝麻的5個關鍵

關鍵 1 避免早播

芝麻性喜高溫。它們雖能在氣溫10℃時發芽，但不只更花時間，而且發芽後生長狀況也不佳。等土溫度高於20℃時再播種。平均溫度為16℃以上最為理想。

不過越晚播種生長程度越低，果莢也越少。於溫暖場所先行育苗再定植也是不錯的。這麼做能避免無法區分剛發芽的幼苗和雜草，或被雜草覆蓋而無法生長的「被草蓋過」等失敗情況。

關鍵 2 在肥沃田畝進行無肥料栽培

田畝養分過多時容易倒伏，也容易出現不結果莢只長葉片的過度茂盛情況。對上一輪種植過果菜類及十字花科等蔬菜的田畝，請進行無肥料栽培。僅於田土缺乏養分時才需要在栽培前準備堆肥及碳化稻穀。

關鍵 3 薄覆土，確實壓緊

其種子細小，覆土僅需5mm即可。覆土時保持細心，種子有可能被風吹走。覆土後請確實壓緊。

關鍵 4 疏苗至株距30～50cm保留1～2株

在長出4～5片本葉左右疏苗，每株株距為30cm，保留2株時需為50cm。株距小於30cm難以為植物根部除草。在與地瓜混植而不希望陽光受阻擋，及田畝肥分充足時，請整理成每50cm保留2株。疏苗後持續進行除草並覆草，而在初期生長不良時請從覆草上以米糠追肥。

關鍵 5 當下面的果莢迸開時盡速採收

它的花朵由下往上依序綻放，果莢也一樣從底部開始成熟。當下面的果莢枯萎，且有2～3個果莢迸開時，請帶莖稈一起剪斷採收。若採收速度太慢，芝麻會掉出果莢使採收量減少，風味也有所減損。

早上是避免芝麻掉落的最佳採收時間，以剪刀緩緩地剪斷莖稈以避免搖晃，並當場用墊子或袋子盛裝芝麻。

收成後要在能避開雨水且有陽光的場所追熟等待果莢迸開，然後進行脫粒作業。最好能鋪上不易結露的紙袋、瓦楞紙、草蓆或美植袋等道具以盛裝落下的芝麻。

畦距和株距

在日照及排水良好的田畝種植

選擇日照及排水良好的田畝種植。與性喜同類環境的地瓜混植時，地瓜葉能幫忙覆蓋生長中的芝麻根部，成為有生命的覆草。與大麥間植能降低連作障礙。其根系因深入地底不易倒伏，莖稈卻容易斷裂，因此在強風吹拂地區請於上風處種植玉米等高大的作物。

大麥→地瓜＋芝麻

在五月採收前一年秋天播種的大麥後，在已採收的大麥叢間為芝麻定植或播種。將地瓜種植在畦面中央。

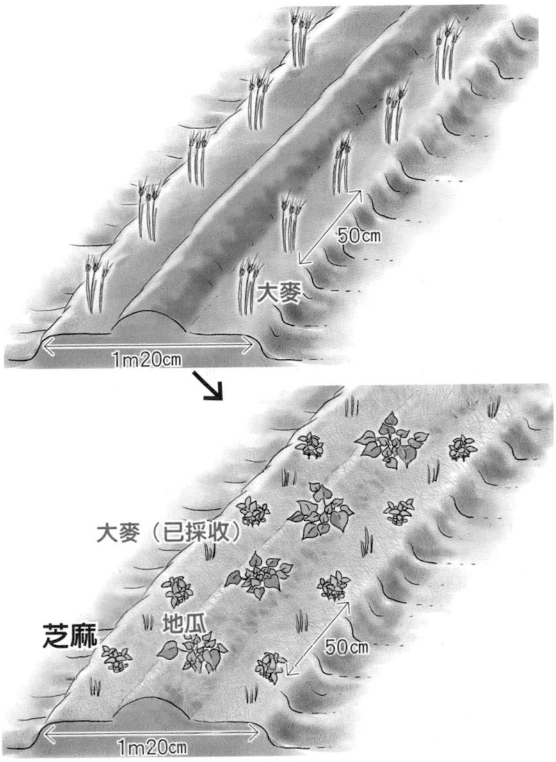

芝麻＋毛豆＆玉米＋毛豆

在畦面中央種植能與它配合的毛豆，在兩側為芝麻播種。在一旁上風處的畦面種植玉米以便防風，而為了不致擋到密集生長的芝麻所需的陽光，需與毛豆混植。

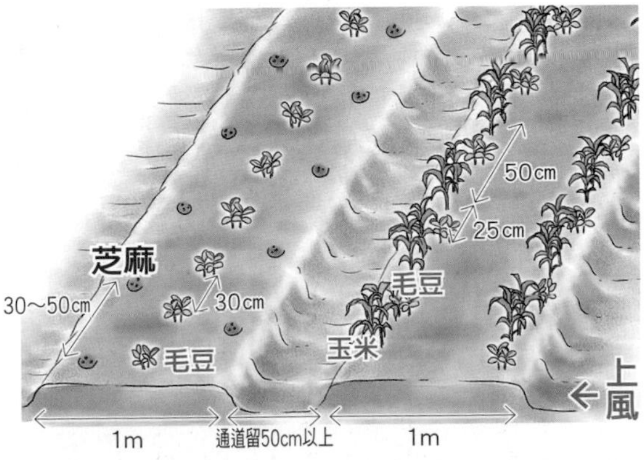

芝麻種植方式

※時期以溫暖地為準

田畝準備

對於缺乏養分的貧弱田地，最晚得在播種的1個月前對整片田畝施撒①～②，輕微翻動5cm深左右的表土，使資材與土壤混合。

①腐熟堆肥　1～2L/㎡
②炭化稻殼　1～2L/㎡

5月上旬～下旬

播種

大致等紫藤花盛開後再播種
請於土溫足夠高時再進行田間直播，大致為紫藤花盛開，小麥抽穗後。將長在播種處的雜草從接地處割除，去除5mm左右的表土並將鐮刀尖端插入土壤切斷根部，事先壓緊並平整播種床。

↓

每洞播5～6顆種子
每個點播下5～6顆種子。株距30～50cm。

↓

覆薄土並確實壓緊
覆土約5mm左右，覆土時需挖去表層1～2cm，雜草種子含量較多的土壤，使用其底下的土壤。覆土後確實壓緊。

↓

覆草避免乾燥
播種並覆土後稍微以草敷避免乾燥。

若擔心被雜草淹沒，可事先育苗

第一次種植芝麻時，有可能碰到發芽後難以與雜草分辨的情況。
若擔心被雜草淹沒，筆者推薦以穴盤或苗盆育苗。請在溫暖的室內或保溫箱中育苗。

準備育苗土
於播種1週前備妥育苗土。以8：2：1的比例混合市售播種用培養土、田土、炭化稻殼，添加水分（含水量50～60%）充分拌勻，讓育苗土變成用手握捏後會成塊，按搓後會崩散的硬度。

↓

將穴盤裝滿育苗土
將72孔的育苗穴盤裝滿育苗土。取育苗土完全覆蓋穴盤四個角落，從上方用手掌壓緊，確定每一格都被填滿。培育株數較少時亦可使用2吋盆（直徑6cm）。

↓

平整土壤表面
以木板或掌心去除多餘的土壤，並平整土壤表面。

↓

於定植2週前播種
需在定植的2週前播種。用手指或麥克筆筆蓋對每格或苗盆正中央輕輕壓出凹洞。

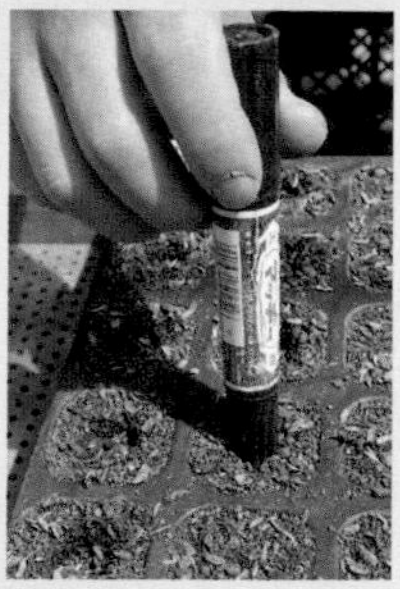

↓

每穴播4～5顆種子
對每穴放入4～5顆種子。

↓

覆土後確實壓緊
覆土厚度約5mm左右並確實壓緊。

↓

以碳化稻殼防止乾燥
薄覆土的芝麻在播種後容易乾燥。薄薄撒上一層碳化稻殼能緩和乾燥情形，另外還有提升土溫的功效。

↓

播種完畢後澆水
對整個穴盤充分澆水。

↓

以報紙緊緊包覆2天
澆水完畢後，以報紙包住整個穴盤，再從報紙上澆水。報紙必須在播種2天後的早上移除，寫上日期以避免遺忘。包覆期間不需澆水。

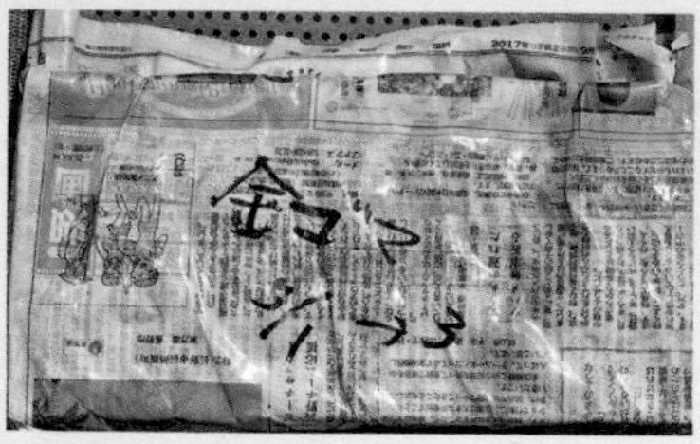

↓

於長出3～4片本葉時定植
定植時期與直播相同，等紫藤花滿開後再進行。若以穴盤育苗，請在長出3～4片本葉時進行。時間太晚將難以扎根，請把握最佳時機定植。不過使用2號盆育苗時，需在長出4～5片本葉且疏苗後再定植。定植前一天傍晚為幼苗充分澆水，定植開始3小時前將苗盆底部浸泡在水中使其吸水。

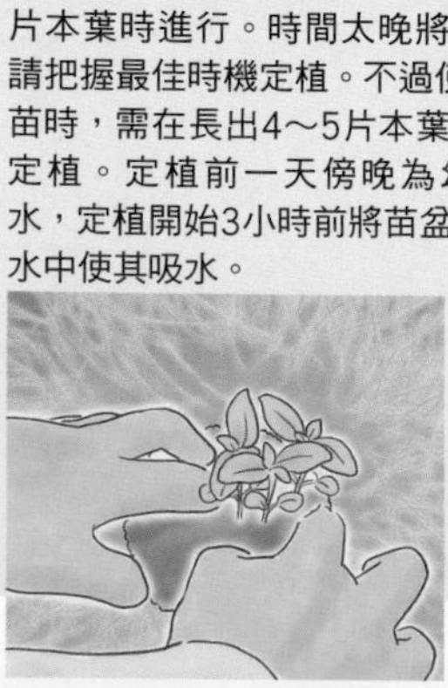

5月下旬～6月中旬

疏苗

於長出4～5片本葉後疏苗至保留1～2株

過度密集時育苗過程中就需要疏苗，最終疏苗於定植後，長出4～5片本葉時進行。株距30cm留1株，50cm留2株，用剪刀剪去其餘幼苗。

↓

7月～8月

覆草與追肥

在植株周圍覆草

疏苗後為使植株不至被雜草淹沒，需將植株周圍的雜草從貼地處割除，做為覆草使用。如果碰到初期生長遲緩，請從覆草上方以一把米糠追肥。之後打理僅需重覆覆草即可。

↓

植株抽高並由下往上結出果莢

芝麻植株會往上抽高，由下往上開花結果，並從下方開始成熟。

9月

收成

當底下的果莢迸開時割取採收

當2～3個果莢迸開時就是採收時機。過遲芝麻將會掉出果莢。

↓

趁早上以剪刀割取採收

為避免芝麻掉落，請在早上割取採收。用剪刀剪斷莖稈以避免搖晃，並當場用墊子或美植袋盛裝芝麻。

↓

9月～10月

追熟

避免被雨水淋濕，乾燥半個月

割取採收後直到果莢成熟迸開之前，將整束芝麻倒過來放在不會被雨水淋濕而能曬到陽光的地方追熟。鋪上瓦楞紙、草蓆或美植袋等物品盛接掉落的芝麻。

↓

10月

脫殼及調整、清洗

從果莢中取出芝麻

等到最上方的果莢也迸開後，在天氣晴朗的午後脫殼。用臉盆等容器盛接，倒抓芝麻束甩動使大量芝麻掉落。之後再捻碎果莢取出剩餘的芝麻。

用篩子去除廢棄物

用篩子篩除果莢及葉片等廢棄物。最終步驟使用濾篩網也相當方便。

↓

裝在畚箕中吹走細小廢棄物

將芝麻裝進畚箕，吹走細小廢棄物。

↓

用水清洗除去髒污和石頭

在晴天進行水洗作業。附著大量氣泡的芝麻會浮在水面上，芝麻無論沉浮與否均須保留。慢慢將它們倒進另一個容器，並將殘留的沙石挑掉。重覆數次以完成此一作業。

↓

在陽光下曝曬確實乾燥

清洗完畢後，將芝麻攤開置於寒冷紗之類的物品上曝曬。需注意避免它們被風吹走。完全乾燥後放進瓶子等容器中保存，不僅能食用，也能做為隔年的種子使用。

⬆接近採收時間的冬瓜。培育時讓它將藤蔓纏繞在種植在同一畦面的玉米。

瓜蔓在炎夏中生長
能保存到冬季的清淡好味道

冬瓜／瓠瓜

葫蘆科冬瓜屬

冬瓜得於土溫升高後播種，瓜蔓會在炎夏中生長。
有強力的利尿作用，而且含有維生素C，
做為夏季疲勞恢復蔬果，推薦以炒食等方式食用。
冬瓜一如其名，是能夠保存到冬季的蔬菜。
以水煮方式食用能從內而外溫暖身體。

特徵

原產地	原產印度至東南亞一帶。日本從平安時代開始栽培。
根系外型	主根淺根型
推薦品種	**姬冬瓜**果實小，容易培育
伴生植物	蔥、毛豆、玉米、秋葵
難以搭配種植的蔬菜	無
連作	○
授粉	異株授粉
種子壽命	3～5年
適合土質	**酸鹼度**

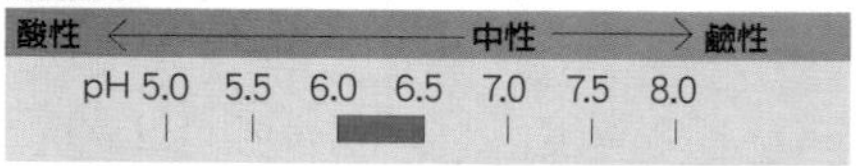

乾濕度

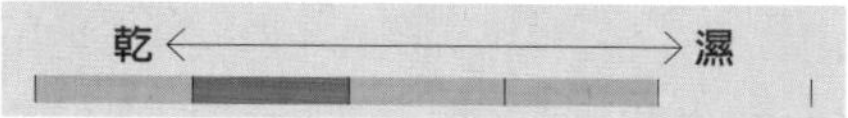

適種指標

熱	◎
霜	×
發芽適溫	28～35℃
生長適溫	20～30℃

栽培計畫

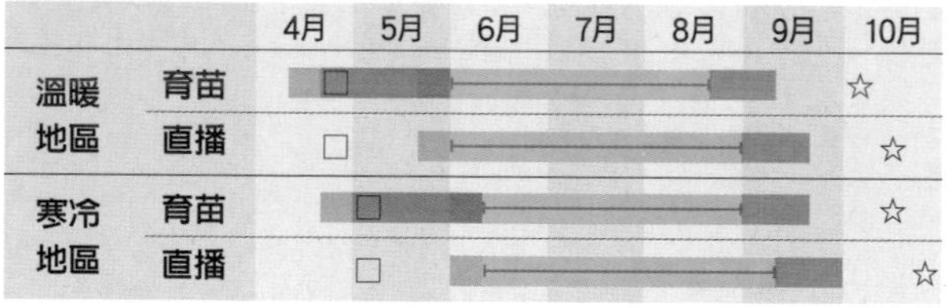

■播種　■育苗　■定植　■生育期間　├─┤強化覆草
■收成　□鞍狀畦面　☆採種

●溫暖地以關東（茨城縣土浦市），寒冷地以長野縣長野市（海拔600m）為基準

不挑土質易於種植 亦可採收幼果炒食

儘管身為夏季蔬菜，因為它能夠在陰暗處存放到冬天，故而被命名為冬瓜。性喜炎熱，不挑土質易於種植。其藤蔓生長能力很強所以需要保持較大株距，但它是異株授粉，每株能採到4～5顆果實，在家庭菜園種植2～3株就足夠了。

其水分含量為96％且幾乎沒有味道，常受到燉煮及溜菜、醋拌等有其他味道的料理的青睞。含有大量的維生素C，並具有利尿作用，據說對消除水腫有益。在此也推薦夏季時採收幼果炒食。是種對夏季疲憊身軀有益的蔬菜。

瓠瓜種植方式也相同

白色花朵從夏天傍晚一直開到隔天早上的瓠瓜，體質強健到做為西瓜及南瓜的砧木使用。成熟果實不具保存性，主要用來加工，將果肉削成薄片在陽光下曬乾，製成瓠瓜乾。雖然它和原產於北非的葫蘆同為葫蘆屬，但它的種植方式及幼果食用方式與冬瓜完全相同。

在自然菜園健康地種植冬瓜的6個關鍵

關鍵 1 1個月前以鞍狀畦面做準備

種植冬瓜並不需要肥沃的田畝。儘管極端貧弱的土壤也無法種植，但養分過多容易造成只長瓜藤而不結果的「過度茂盛」情況。

在栽種的1個月之前，需先行以鞍狀畦面為田畝做準備。在肥沃地區挖洞後不需埋入堆肥，請換成低營養的腐殖土和碳化稻殼。

鞍狀畦面後能使微生物數量增加，土壤恢復活力，不只能使蔬菜更容易生長，而回填的馬鞍狀隆起也能改善排水和日照。同時種植蔥有助於分解腐殖土，對預防葫蘆科病害也有幫助。

關鍵 2 紫藤花盛開時是直播、定植的大致基準。

性喜高溫的冬瓜，越早播種或定植就越難生長，由於並不急著採收，直播或定植等土溫充分上升，紫藤花盛開，不需擔心遲霜時再種植吧。

關鍵 3 直播、定植後，以行燈為植物禦寒

讓冬瓜在生長初期溫度較低時能夠順利扎根生長，是最重要的訣竅。在播種或定植之後，使用透明膠布或紙袋製作圍起四週的燈籠，為植株禦寒擋風是很有效的。這不只能使植物更快生長，也不用擔心被雜草淹沒。另外還能預防以葫蘆科葉片為食物的黃守瓜帶來的損害。

關鍵 4 肥沃田畝請於長出第六片本葉後摘芯。

播種、定植後，僅需除去周圍的雜草並覆草，避免雜草蓋過植株，往後就能放任生長了。但在前一期種植過生長良好葉菜類的肥沃田畝中，長出第六片本葉時對藤蔓頂端摘芯促進子蔓生長，結實更為容易。

關鍵 5 大量結果時享受採收幼果的樂趣

採收到的成熟冬瓜能夠保存到冬天。種植方式相同的瓠瓜儘管無法儲存，不過能加工製成更為甘甜的瓠瓜乾。然而實際上僅需採收幾個就夠用了，常會碰到採收過多而白白浪費掉的情況。決定好要等成熟再採收的果實後，這裡推薦採收其餘幼果，以鹽抓醃生吃或炒食等方式食用。

關鍵 6 在正確的時間採收成熟果實

冬瓜會在附著於果實表面的細毛脫落時完全成熟，請趁此時採收。長時間擺著它們不採收會因寒害而受損，所以要仔細觀察，在適當的時候收割。殘留表面的細毛刺進手掌會很痛，戴上掌心黏有橡膠粒的手套採收，並以手套摩擦冬瓜的表面去除細毛吧。

畦距和株距

選擇能保持1m以上株距的廣大空間

不需在意土質，在有足夠空間的田畝種植。瓜藤在出梅前並不會長得太長，但其後將一口氣旺盛生長，保持1m～1m 20cm以上的株距，是確保通風和日照良好的訣竅。

冬瓜＋玉米

將冬瓜苗定植在田畝某一側，另一側播兩列玉米種子。取較寬的50cm做為玉米株距。

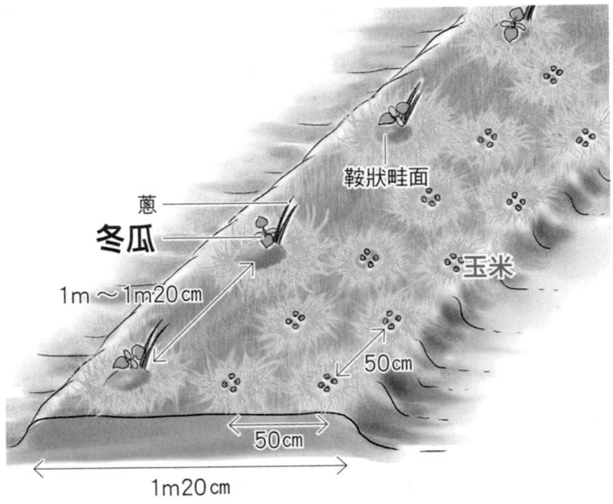

冬瓜＋毛豆＋秋葵

在畦面中央種植冬瓜，兩旁種植毛豆。於其東側畦面種植秋葵，讓冬瓜藤一路生長到秋葵底下。

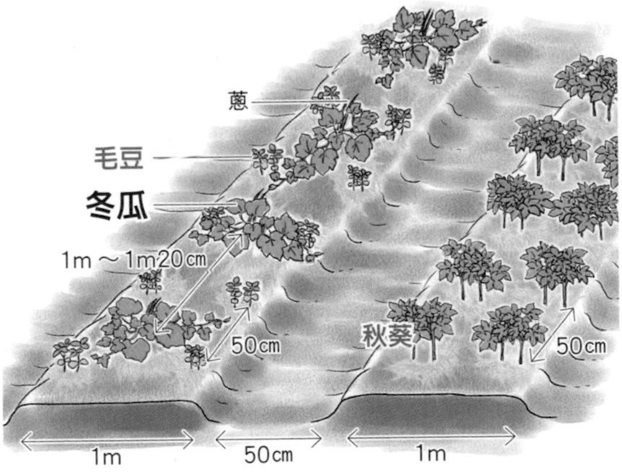

採收表面細毛開始脫落的成熟果實，能夠儲存到冬季。用來燉煮或煮湯，吸收了湯汁的燙口冬瓜能夠溫暖身體。

冬瓜 種植方式

※時期以溫暖地為準

田畝準備

對於缺乏養分的貧弱田地，最晚得在播種的1個月前對整片田畝施撒①～②，輕微翻動5cm深左右的表土，使資材與土壤混合。

①腐熟堆肥　1～2L/㎡
②炭化稻殼　1～2L/㎡

4月下旬
定植前準備

1個月前先築鞍狀畦面並種蔥

在直播或定植的1個月前，在種植處築鞍狀畦面並種蔥。挖深約20cm左右的洞，洞底放入腐殖土和碳化稻穀各一把並與土壤充分混合，種蔥後回填，事先做出鞍狀隆起的鞍狀畦面。

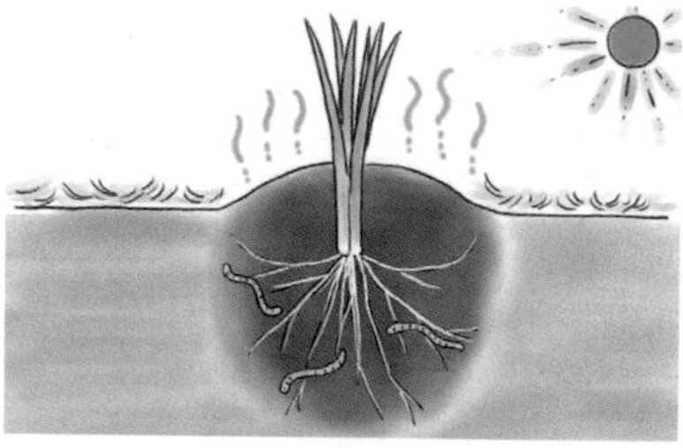

4月中旬
播種

在培養土裡混入田土

播種1週前，混合好育苗土。以8：1：1的比例混合市售培養土、篩過的田土、炭化稻穀，添加水分（含水量50～60%）充分拌勻，讓育苗土變成用手握捏後會成塊，按搓後會崩散的硬度。接著鋪蓋塑膠墊避免土乾掉。

取2吋盆播種

使用2吋盆（直徑6cm）播種，之後換盆至3.5吋盆（直徑10.5cm）能生長得更好。將苗盆裝進大小適合的專用托盤，操作更為方便。

在盆底放入腐殖土和碳化稻穀

播種當天，用土填滿苗盆。以腐殖土和碳化稻穀混合填滿1/3的盆底，能促進根系生長，定植後更容易扎根。

以育苗土確實填滿苗盆

以事先準備的育苗土填滿苗盆。育苗土倒到蓋住苗盆，用手掌壓緊並平均填滿各盆，再用手撥去多餘的育苗土。

於定植25天前播種

於定植25天前播種，以櫻花滿開為大致標準。每盆各播2顆種子，並調整至相同方向，以手指輕壓入土，覆薄土後再以手指充分壓緊。

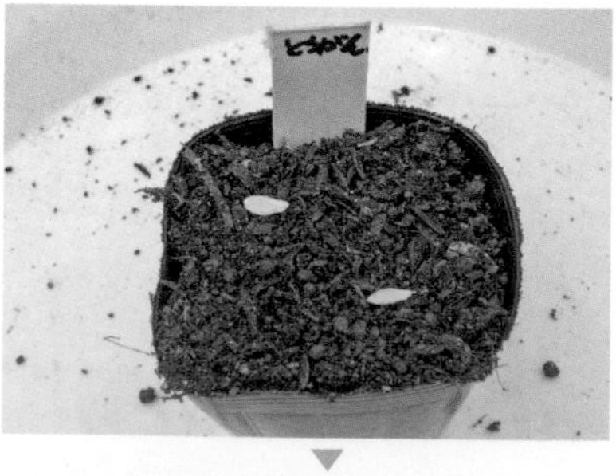

澆水並以報紙覆蓋

播種後充分澆水至穴盤外側濕透，以報紙覆蓋且報紙也需要澆濕。報紙必須在播種2天後的早上移除，期間不需澆水。

4月中旬～5月中旬
育苗

白天需打開容器的蓋子

育苗適溫為20到30℃。從播種後算起直到相鄰幼苗生長到本葉互相接觸為止，為了避免溫度不致於下降過多，晚間需放在保溫箱及溫暖的室內。而白天為了避免溫度過高，一定要打開蓋子，午後氣溫下降前先用不織布覆蓋，再蓋上蓋子。盆土變乾時，為避免幼苗受寒，請要使用灑水壺在溫暖的上午時間以木醋水充分澆灌。

6月上旬～8月

覆草及藤蔓管理

生長初期需注意被雜草淹沒

為了使冬瓜在直播及定植後不被雜草淹沒，請將植株周圍15～30cm，的雜草從貼地處割除，重複進行覆草。將長到畦面外的藤蔓轉回畦面，之後可以任其自由生長，但田土肥沃，藤蔓生長旺盛時請在長出6片本葉時摘芯促進子蔓生長。由於子蔓較易著生優質果實，將過度茂盛的孫蔓疏除也無妨。

↓

8月下旬～9月上旬

收成

白色細毛掉落是成熟的訊號

冬瓜果實表面附有一層看上去像白色粉末的細毛。細毛開始掉落就表示已經成熟了。在這個時間採收，能在13到15℃的常溫下一直保存到冬季。幼果並適合保存，請在夏季期間用鹽抓醃或炒來吃。細毛很扎手，請戴上手套再採收。

↓

10月上旬

自家採種

從保存性較高的冬瓜採收種子

要留種使用的果實，請留在植株上追熟至細毛完全掉落後再採收。選擇2顆保存性較高的冬瓜，保留種子以便隔年使用。將種子與周圍的瓜囊一起放進塑膠袋發酵1天，再放進網袋充分搓揉水洗，直到洗掉種子上的細毛為止。去除浮在水面上的種子，選擇沉底的種子充分乾燥後保存。

淺植於鞍狀畦面

在鞍狀畦面挖植穴種植幼苗。以淺植方式種植，使隆起的鞍狀畦面頂部與幼苗根球保持相同高度。暫時拔起種植在鞍狀畦面中的蔥，再順著幼苗根球重新種植。

↓

壓緊以使根球與土壤緊密貼合

將挖出的土直接填入畦面與土團間的縫隙。確實壓緊使土團與土壤貼合。將周圍15公分的雜草從貼地處割除，做為敷覆草使用。為了使土溫能夠上升，根球上不需覆草以便接受日照。定植後3天內不需澆水。

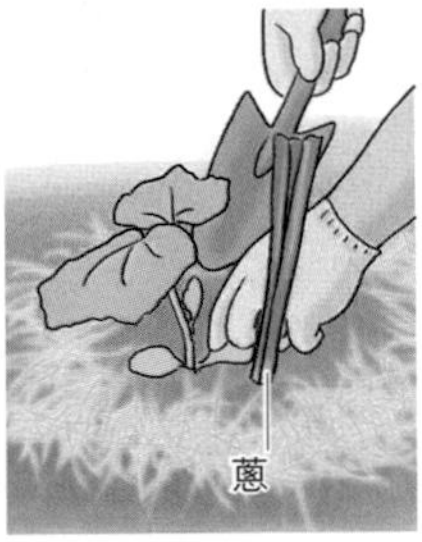

在定植時期也能直播

紫藤花盛開，土溫充分上升的定植最佳時期，也能進行田間直播。在事先準備好，種了蔥的鞍狀畦面上，調整種子方向各播4顆種子，覆薄土並確實壓緊。之後等發芽時保留2至3株，長出3.5片本葉前疏苗至保留1株。

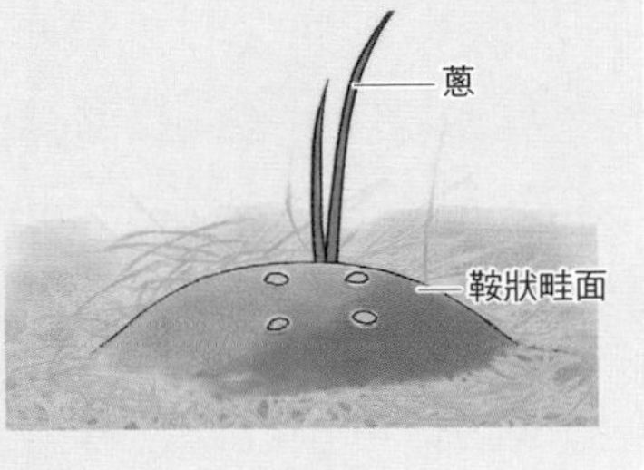

↓

以行燈圍住保持溫暖

為了防風、保溫，可使用於長120cm的支柱插在四角，在定植及直播時以去掉底部的塑膠袋或米袋等物品製作行燈。可裝30公斤的米袋由三層防水紙製成，上下切成兩半後共能取得6張。當瓜藤生長超過燈籠的高度時拆除圍欄。也可以用不織布遮蓋來代替。

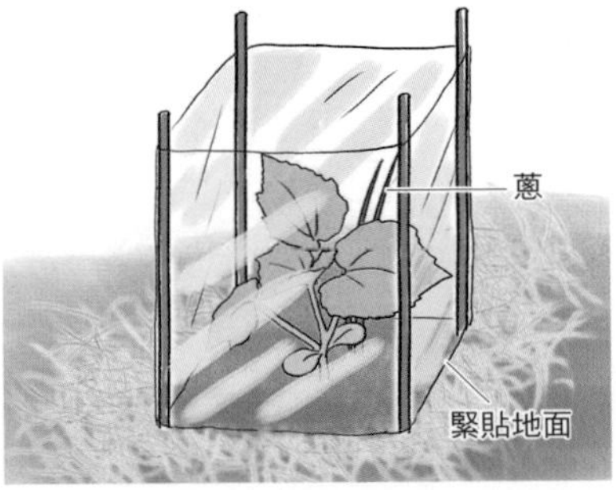

在本葉即將長出前疏苗

在本葉即將長出的時間點疏苗，僅保留1株生長程度較佳的植株。

若以苗盤育苗，於長出本葉時換盆

培育幼苗數量較多時，可使用72格育苗穴盤播種。只不過這種方式比使用2吋盆更需注意乾燥和溫度管理。長出本葉時請立即疏苗，同時換盆至3.5吋盆。此時筆直種植容易因莖條下半部長高造成倒伏，請以斜45度種植，覆土並使其與周圍土壤貼合，再以繞圈圈方式澆水。

↓

若以苗盆播種，在長出0.5至1.5片本葉時換盆

以2吋盆培育的幼苗，請在長出0.5～1.5片本葉時換盆至3.5吋盆。移進較大的苗盆能使根系長得更好，定植後也更容易扎根。在溫暖的白天，找個無風的地點作業。將其斜放並覆土至雙葉底下。隨後配合幼苗生長，拉大各盆間距使葉片不致互相觸碰。

↓

5月下旬

定植

在土溫升高，本葉2.5～3.5片時進行

等到土溫充分上升後再定植。由於冬瓜不耐移植，一定要在幼苗長出2.5至3.5片本葉時盡速定植。前天傍晚充分澆灌木醋水，當天取臉盆裝入深3公分左右的木醋水，並於定植的3小時前後將苗盆浸入臉盆，使其透過盆底吸水。

⬆長出許多可愛萼片的食用酸漿。泡泡裡的果實意外地好吃。除生吃外也很適合做成果乾和果醬。

讓人每年都想種植
充滿酸甜味的水果

食用酸漿

茄科酸漿屬

食用酸漿不挑土壤，能旺盛生長並結出許多果實。
其成熟果實擁有高雅而清爽的香氣，
酸甜味的平衡度超乎想像，據說還有美肌效果。
其體質強健，甚至可使用散逸種子自行栽培，
只要吃過一次，一定會想讓它成為餐桌上的常客。

特徵

原產地	種類有100種以上，原產於美洲大陸，亞洲，歐洲等，世界各地均有分佈。日本最熟悉的觀賞用酸漿具毒性和苦味而無法食用。
根系外型	主根深根型
推薦品種	**ゴールドラッシュ**（Gold rush）為極早生種。果實較小，成熟時自動落果。**キャンディーランタン**（Candy lantern）為晚生種，根系生長扎實而長勢良好。容易取得。
伴生植物	韭菜、蔥、花生、毛豆、萬壽菊、羅勒
難以搭配種植的蔬菜	同為茄科的馬鈴薯、番茄、茄子
連作	△（需間隔1～2年）
授粉	自花授粉
種子壽命	3～4年
適合土質	酸鹼度

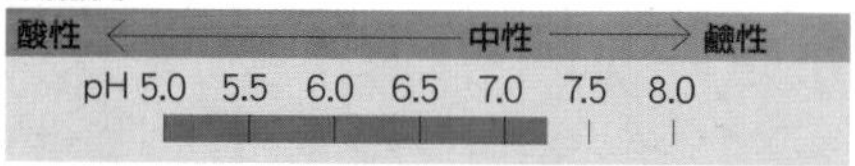

乾濕度

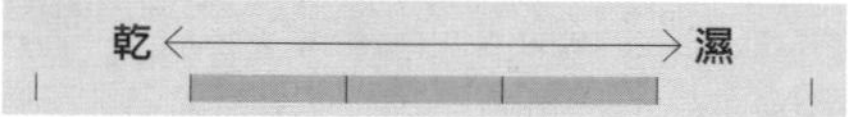

栽培計畫

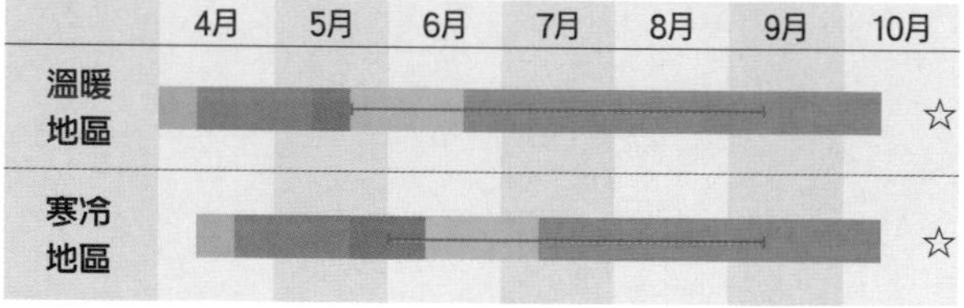

■播種 ■育苗 ■定植 ■生長期間 ├──┤強化覆草
■收成 ☆採種

●溫暖地以關東（茨城縣土浦市），寒冷地以長野縣長野市（海拔600m）為基準

適種指標

熱	◎
霜	×
發芽適溫	25～30℃
生長適溫	20℃（土溫18度C）

高糖度的成熟果實具有抗老化效果

酸漿在世界上分佈有許多品種。雖然日本舊有的酸漿帶有毒性，但最近也發現了適合食用的品種。生長在袋狀萼片內部的果實，外型有如迷你番茄。其淡橘色的成熟果實，帶有芒果般的甜味及高雅的香氣。糖度為12～15度，除生吃外也很適合做成果醬及點心，只要嘗過一次就會每年都想栽種。

其果實含有的肌醇也被稱為抗脂肪肝維生素，有著降低膽固醇的作用，亦可期待由它帶來的抗老化及美肌效果。具有豐富的維生素A、β胡蘿蔔素，且為含有鐵質的健康蔬菜。

它身為茄科蔬菜，枝幹類似青椒，長勢和茄子一樣強盛。耐乾燥及潮濕，在貧弱土地及半遮蔭條件下都能生長，不挑土質皆可種植。是種耐病力佳容易栽培的蔬菜。

最適合於能夠種植迷你番茄的肥沃度栽培，在含有大量養分的田土環境需以修枝等方式設法預防生長過盛。

在自然菜園健康地
種植食用酸漿的6個關鍵

關鍵 1 先使用花盆播種育苗

由於食用酸漿的苗株不易取得，一般以自行播種育苗為主。話雖如此，田間直播容易被雜草湮沒，請使用花盆播種育苗。

它與茄子相同不耐低溫，發芽適溫較高。播種後將苗盆放在日照良好的窗邊等處，或利用半透明的塑膠工具箱等物品做為保溫盒利用。讓苗株充足曬到太陽以確實培育吧。

關鍵 2 等最低溫度15度以上再定植

生育初期對低溫的耐受度非常差，受到霜害就會枯萎。嚴禁提早定植，由於溫度不足也無法生長，請等土溫充分上升後才定植。在小麥出穗、紫藤花盛開時，大約最低溫度15度以上為定植最佳時間。

關鍵 3 在肥沃的土地需整枝至保留4條莖蔓

在貧弱土地栽培及種植極早生品種時，保留第一朵花正下方的側芽並去除其後的所有側芽。之後不需再整枝，放任生長即可。

種植普通品種及肥沃土地栽培時，於其後仍需繼續修去側芽，保留4條莖蔓。一旦放任生長只會抽蔓而不易著果，採收時期也會變晚。

關鍵 4 確實誘引至支柱上以預防倒伏紫藤花

莖蔓茂密生長容易被強風吹倒，從預防倒伏的角度來說整枝也是很重要的。另外請為每條莖蔓立支柱，配合生育進度進行誘引。

關鍵 5 採收後催熟更能增添甜度和風味

開花至採收時間約45天，秋季時需要50～60天。自然落果品種請時常撿拾採收。

成熟果實為鮮豔的濃黃色，不過採收時期的果實是稍帶綠色的。採收後即可食用，不過在避免發霉的前提下將它們擺在通風良好的陰涼處7～10天，或以10～15度低溫催熟，使其完全成熟以增添甜度和風味。

關鍵 6 自家採種並保存隔年的種子

食用酸漿雖可透過逸散種子每年自生，但採收時期不只會變慢也無法取得充足的採收量，推薦自行採種育苗。其種子非常細小，清洗採收到的種子時使用泡茶網，並裝入不織布茶包中乾燥。

也能將被萼片包覆著的成熟果實直接保存，使果實自然乾燥，再將其捏碎採種的方法。但是這種方法容易發霉，請採收10個以上，再取未發霉完全乾燥的果實使用。

畦距和株距

選擇能保持1m以上株距的廣大空間

由於其根系會大幅擴張，成長得超乎想像，因此需保持1m以上的株距。與韭菜、蔥、花生、毛豆、萬壽菊等配合良好的植物混植以促進生育並減輕連作障礙。

食用酸漿＋韮菜＋毛豆、萬壽菊

將食用酸漿苗與韭菜一起定植在田畝中央，並於株距間種植萬壽菊。兩旁畦側以交錯排列方式播毛豆種子。

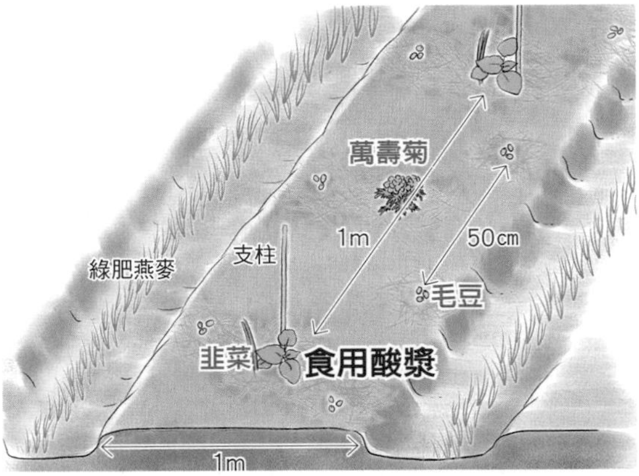

食用酸漿＋韮菜＋花生

在畦面兩旁交錯排列定植食用酸漿與韭菜。於株距間播花生種子。畦面中央覆草的大量雜草能輔助食用酸漿生長，並防止雜草滋生。另外也能使掉落的果實便於撿拾。

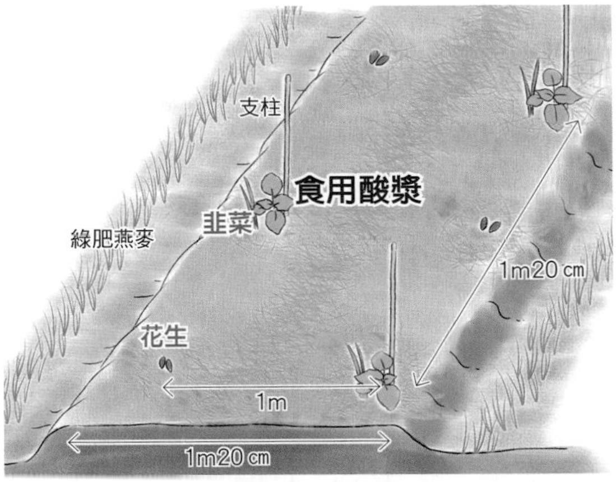

帶有水果茶味道的食用酸漿。是個能去除疲勞的田間零嘴。

食用酸漿種植方式

※時期以溫暖地為準

田畝準備

前一期種植過蔬菜則可採用無肥料栽培。對於缺乏養分的貧弱田地，最晚得在播種的1個月前對整片田畝施撒①～②，輕微翻動5cm深左右的表土，使資材與土壤混合。

①腐熟堆肥　1L/㎡
②炭化稻殼　1～2L/㎡

4月上旬
播種

在培養土裡混入田土

播種1週前，混合好育苗土。以8：1：1的比例混合市售培養土、篩過的田土、炭化稻殼，添加水分（含水量50～60%）充分拌勻，讓育苗土變成用手握捏後會成塊，按搓後會崩散的硬度。

準備72孔育苗穴盤

以72孔育苗穴盤育苗。以腐殖土和碳化稻穀混合填滿三分之一的盤底，能促進根系生長，定植後更容易扎根。

以育苗土填滿穴盤

育苗土倒到蓋住穴盤，用手掌壓緊並確定填滿穴盤四個角落，再以木板或手掌撥去多餘的育苗土。

在櫻花開花時播種

於定植的40天前後播種。可用櫻花樹開花時期為大致基準。戳出淺洞，對每個洞放入約4顆種子，蓋上一層約5mm厚的薄土，再以手指用力壓實。覆土過厚或者未確實壓緊都可能導致無法發芽。

澆水並以報紙覆蓋

播種後充分澆水至穴盤外側濕透，以報紙覆蓋且報紙也需要澆濕。將穴盤放進保溫箱，並於播種2天後的早上移除報紙，期間不需澆水。

4月上旬至5月中旬
育苗

白天打開保溫箱蓋

播種後，在相鄰苗株生長到葉子互相接觸為止均需於保溫箱內育苗。白天溫度會過度上升，請務必打開蓋子，而午後變冷之前需覆草不織布並蓋上蓋子。避免溫度低於10℃或高於38℃。

長出1～2片本葉時疏苗

當植株長出1～2片本葉時，以剪刀從基部剪掉其餘植株，僅保留長勢最好和最有活力的植株。

換盆前一天需暖盆

換盆至3.5吋（10.5cm）花盆。換盆前一天使用與播種時相同的育苗土填滿花盆，並以用黑色塑膠袋包裹，置於陽光下加溫。

長出1.5～2.5片本葉時再換盆

當植株長出1.5至2.5片本葉時，需將其換盆至更大的花盆。換盆前一天讓植株吸飽木醋水。挑選溫暖的白天，在無風處換盆。使用與穴盤相同的方法對花盆裝入培養土。用手指挖出植穴，保持根球完整放入幼苗，並以手指壓緊，使其與周圍土壤緊密接合。換盆完成後在花盆的外緣灑木醋水。

保持幼苗間隔以利通風

隨著植株生長錯開花盆位置，使葉子不致重疊。保持通風，以較乾燥的方式培育。澆水適量即可。水分太多會使生長減緩。

5月中旬
定植

定植前以盆底吸水

不必擔心遲霜侵襲，且土壤溫度上升到15℃以上時即可定植。趁子葉仍健康，且已長出5～6片本葉時種植。前一天傍晚澆足木醋水，並於種植當天對臉盆倒入深約3cm的木醋水，從定植前約3小時算起將苗盆底部泡入臉盆使其以盆底吸水。

與混植的蔥或韭菜種在同一個植穴內

在定植區北側插支柱，從接地處割除雜草，用移栽鏟挖出與根球等高的植穴。將韭菜或蔥靠在穴壁旁，並將根球置入植穴。

6月下旬～10月上旬
收成

萼片呈淡褐色時採收

當包覆果實的萼片從綠色變成淡褐色時就可以採收了。果實雖可直接食用，但放在陰涼處催熟至變成濃黃色後會更加好吃。

↓

會落果的品種以撿拾方式採收

部分品種的果實會自然脫離萼片掉落在覆草上，撿拾採收即可。

10月時摘心以提早果實成熟時間

採收可以一直持續至秋季受到數次霜害為止。然而成熟需要時間，因此來到10月後，需保留結果莖蔓頂端的一片葉子並摘心，以防止開花。如此一來能加速剩餘果實成熟。

↓

10月下旬
自家採種

由追熟後的果實採集種子

採收成熟的果實後再催熟1週，然後壓碎果實以取得種子，並在泡茶網中清洗。以摩擦去除果肉。將它們放進不織布茶包中吊掛，充分乾燥後保存。也可以像照片所示帶著萼片原封不動乾燥保存。

保留一片葉子並摘心

從誘引的主蔓長出的側蔓每結兩個果實，就將該藤梢保留一片葉子並摘心。但種植極早生品種及土壤貧瘠時，只需摘除第一朵花後方的側芽即可放任生長。

↓

誘引及為各蔓立支柱

植株不耐吹拂，需配合生長過程持續誘引至支柱上。修枝成四條藤蔓，為各蔓立一根垂直且緊插進地上的支柱。

⬆除定植時設置於正中央的支柱外，請在外側立四根柱子，並將藤蔓垂直誘引至四個方向。

僅須於田土貧瘠時追肥

不需要追肥。僅於田土貧瘠且果實長不大時，才應該從覆草上對植物周圍環狀撒一把米糠，1個月左右撒一次。此外極早生品種的特徵是無論株高和果實都不大。

↓

以覆草和澆水對抗盛夏的乾燥

盛夏時若高溫和低雨量持續下去，會使長勢變弱並導致它們在枝梢開花。此時要厚厚地覆草以降低根部乾燥，傍晚用灑水壺對葉子大量澆水，讓水分充分滲入土壤。

讓根球貼緊周圍土壤

將挖出的土壤依序填回根球和植穴間的縫隙，確實壓緊使根球貼緊周圍土壤。保持土壤的完整。最好能讓植株看起來像原本就種在那裡。定植時及隨後3天不要澆水。

↓

覆草但保留根球上方外露

定植後於根球周圍15cm範圍內覆草。但為了提高土溫，需保留根球上方照得到太陽，露出地面不需覆草。

↓

5月下旬～9月
除草和覆草

在葉尖處將草修剪至15公分

除草至葉尖周圍15cm並覆草。細心處理至株距間為止。由於植株根部若被雜草埋沒將會生育不良，需時常除草。定植後第1個月左右生育特別緩慢，要特別留意。

↓

6月下旬～9月
枝條管理和誘引

開出第一朵花時，保留該花朵底下長出的最佳側芽，並摘除其下所有側芽。

⬆當莖部發育良好時，抱子甘藍可長期且大量地採收。

營養集中於可愛的芽球
在夏季蔬菜收成後種植成長迅速

抱子甘藍

十字花科蕓薹屬

**側芽結球呈鈴鐺形的甘藍菜變種。
性喜肥沃田土，倘若肥料過多則容易受到疾病和蟲害的影響，是種難以種植的蔬菜。
在任何蔬菜都能良好生長的田地才能使抱子甘藍順利成長並充足收成。由於其抗寒能力強，建議以秋植方式與夏季蔬菜接力種植，並在冬季無蟲害時採收。**

特徵

原產地	甘藍菜來自西歐的地中海和大西洋沿岸。抱子甘藍自17世紀以來就有記載，最早是在比利時栽培，於明治初期引進日本。
根系外型	主根淺根型
推薦品種	**抱子甘藍**（Family Seven）、**早生子持**、**子持甘藍**均為栽培期間短的早生種，較易種植。**抱子羽衣甘藍**（Petit Vert）不會結球而容易種植。
伴生植物	小黃瓜、番茄、萵苣、茼蒿、花生、毛豆、萬壽菊、羅勒
難以搭配種植的蔬菜	馬鈴薯
連作	×（需間隔2～3年）
授粉	它花授粉
種子壽命	2～3年
適合土質	**酸鹼度**

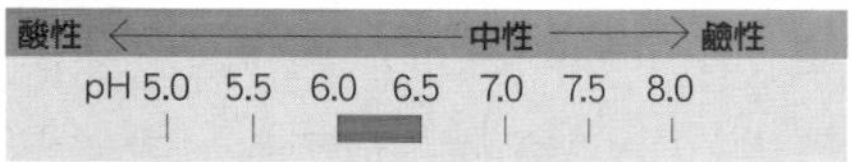

乾濕度

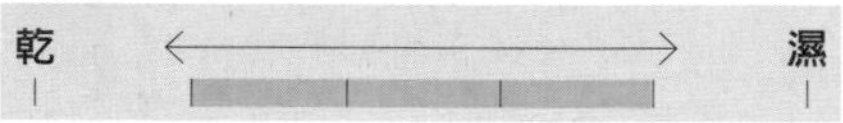

栽培計畫

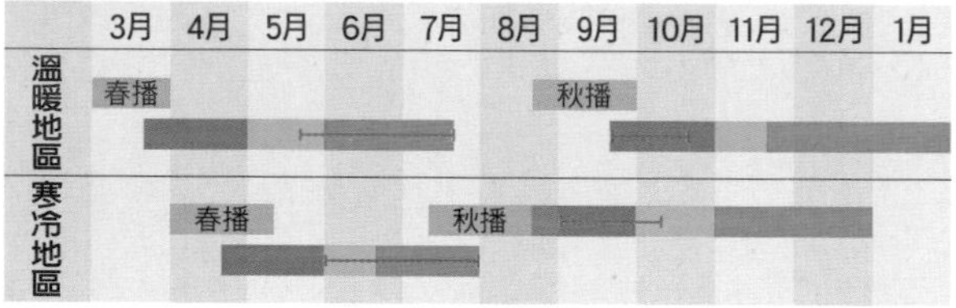

■播種 ■育苗 ■定植 ■生長期間 ⊢強化覆草 ■收成

●溫暖地以關東（茨城縣土浦市），寒冷地以長野縣長野市（海拔600m）為基準

適種指標

熱	×
霜	○ 可越冬
發芽適溫	15～25℃
生長適溫	18℃～22℃

富含維生素C，每株可採收到50～60顆

抱子甘藍直徑2～3cm的芽球中濃縮了有豐富的維生素和礦物質。

它的維生素C含量是甘藍菜的3～4倍、檸檬的約1.5倍。它還含有豐富的維生素B群，帶有大量葉酸為抱子甘藍的特色。葉酸也被稱為造血的維生素，由於它能與肉類中含有的維生素B12共同作用產生紅血球，使得抱子甘藍極為適合做為肉類料理的配菜使用。它還含有豐富的維生素K、鉀和膳食纖維。

當莖部發育良好時，每株能連續採收一個月以上，總共或50～60顆芽球。

然而，在早期生長不良時過量追肥會使植物更容易受到疾病和蟲害的影響。如果能獲得大量收成，這也就代表著土壤和天敵等田野環境都十分良好。若不停覆草，細心種植過番茄等夏季蔬菜的話，推薦以接力方式在因夏季蔬菜而變得肥沃的菜園中將其做為次期作物秋植。

在自然菜園健康地
種植抱子甘藍的6個關鍵

關鍵 **1** **使用穴盤播種，以換盆方式育苗**

為保持發芽和生長適溫並防止蟲害，無論春播或夏播均應先行育苗再定種植。市售幼苗換盆進更大的花盆裡也會生長得更好。

春天用不織布防寒，夏天用黑色遮光網抵擋酷熱進行培育吧。

關鍵 **2** **利用夏季蔬菜採收後的位置和株距，春季採鞍植**

種植過夏季蔬菜的位置是抱子甘藍的理想種植場所。這是因為長時間覆草種植過夏季蔬菜的田畝，土壤中的微生物會更加活躍。特別推薦在番茄的株距間定植。

春季種植時，可在種植前1個月將一把腐熟堆肥混入土壤並準備鞍植。

關鍵 **3** **促進初期發育，以主莖直徑4～5cm為目標**

以主莖直徑4～5cm為目標進行培育。若低於3cm則無法得到令人滿意的收成。定植後初期階段能良好生長是很重要的。在生長良好的情況下，即使遭受蟲害也會因為成長更快而不受影響。

避免過晚定植，若未下雨則從定植的第5天開始用木醋水澆灌，定植兩周後再行覆草並補充米糠。

關鍵 **4** **去除害蟲，利用覆草增加天敵數量**

害蟲包括菜蟲，也就是紋白蝶幼蟲，會將葉片啃食得像蕾絲般透明的小菜蛾，通風不良及營養過剩時爆增的蚜蟲，以及使用過多堆肥時增加，食量很大的斜紋夜盜蛾等。每次下田時均須觀察並清除它們。徒手去除蚜蟲會使疾病傳播開來，將馬鈴薯澱粉溶於熱水後稀釋噴灑吧。乾燥後它們就無法動彈了。

覆草數層覆草，創造出能使青蛙、蜘蛛和步行蟲等天敵棲息的環境也很重要。防蟲網不會增加天敵數量，要是被害蟲入侵反倒會增加損害，需要特別留意。

關鍵 **5** **修剪老化的下部葉片。**

當側芽開始結球，就摘掉老化的下部葉片，促進良好的日照和通風，確保葉球得到生長空間。然而一口氣摘除所有葉子將會使植株和芽球的生育變差。結球從底部開始，請配合葉球生長從底部依序去除老化葉片。

關鍵 **6** **初期每周採收一次，全盛時每三天採收一次**

可採收時間大約是播種後90天，晚於甘藍菜。採收適溫為13℃～15℃之間。採收基準為初期每周採收一次，全盛期每三天採收一次。過晚採收會造成葉球裂開。

畦距和株距

混合種植以減少昆蟲危害

株距保持50cm，過窄會因根部互相干涉造成生長不良。與配合良好的蔬菜混植，能使其不易被紋白蝶等昆蟲發現並降低危害。由於其植株可長到60～70cm，因此在風勢強烈地區，採收期時最好能立支柱並確實誘引。

茼蒿+抱子甘藍

在畦面中央播茼蒿種子使其生長。畦面兩側以交錯配置方式定植抱子甘藍。茼蒿對抱子甘藍的害蟲有忌避作用。

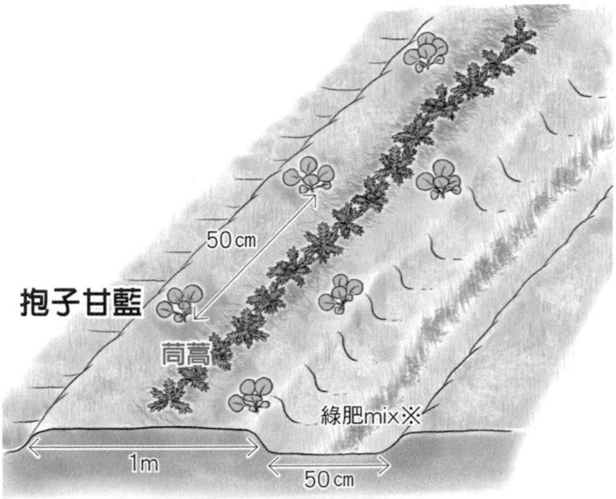

番茄、羅勒+抱子甘藍

將抱子甘藍定植於栽培番茄和羅勒的株距間，能使其在涼爽的半遮蔭環境下迅速生長，且不易被昆蟲發現。當天氣沒有那麼炎熱，番茄採收告一段落後，將其分割成長30cm左右，當做覆草用的乾草使用。接力的抱子甘藍將會長得又肥又胖。

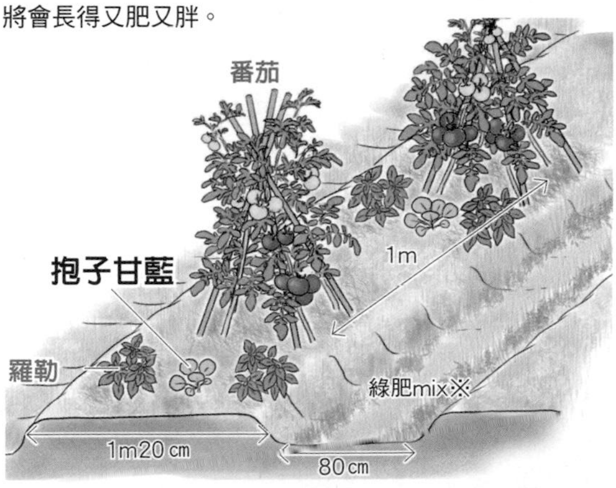

※參考P.126

將其誘引至支柱上，以預防主莖倒伏。

抱子甘藍種植方式

※時期以溫暖地秋播為準

田畝準備

前一期種植過蔬菜則可採用無肥料栽培。對於缺乏養分的貧弱田地，最晚得在播種的1個月前對整片田畝施撒①～②，輕微翻動5cm深左右的表土，使資材與土壤混合。

①腐熟堆肥　3～4L/㎡
②炭化稻殼　2～3L/㎡

春播時採鞍植

春播時請於定植前1個月，在預定位置挖20cm的洞，將一把腐熟堆肥放進洞底並回填，培土呈馬鞍狀壓緊以便進行鞍植。

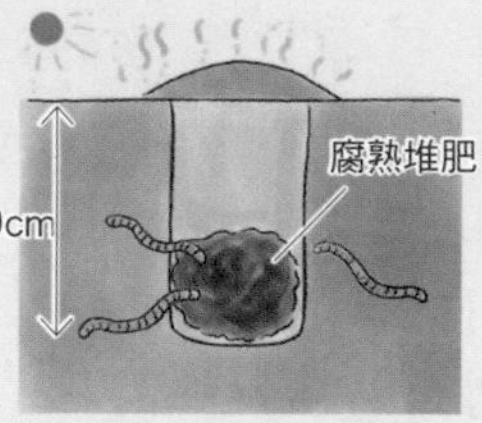

8月下旬～9月
播種

在培養土裡混入田土

播種1週前，混合好育苗土。以8：1：1的比例混合市售培養土、篩過的田土、炭化稻殼，添加水分（含水量50～60%）充分拌勻，讓育苗土變成用手握捏後會成塊，按搓後會崩散的硬度。

↓

以育苗土確實填滿穴盤

使用72孔穴盤播種。育苗土倒到蓋住穴盤，用手掌壓緊並確定填滿穴盤四個角落，再以木板或手掌撥去多餘的育苗土。

定植前1個月播種

請於定植的1個月播種。在土表戳出凹陷，每一個點播3～4顆種子，避免它們黏在一起。使用育苗土覆土，厚度約種子大小3倍，並以手指壓緊。

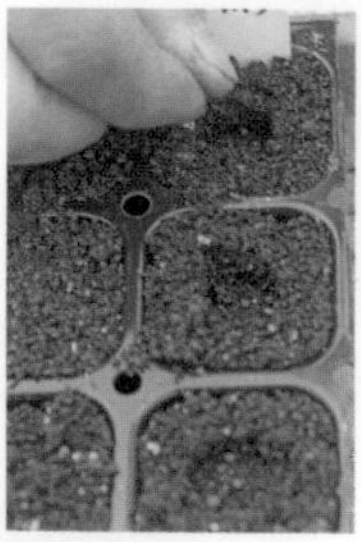

↓

澆水並以報紙覆蓋

播種後充分澆水至穴盤外側濕透，以報紙覆蓋且報紙也需要澆濕。將穴盤放進保溫箱，並於播種2天後的早上移除報紙，期間不需澆水。

↓

8月下旬～10月
育苗

夏季播種時使用黑色遮光網防止高溫和蟲害。

夏季事先準備黑色遮光網，播種後立即覆蓋幼苗以防止高溫。可將幼苗放在塑膠置物箱等容器頂部，降低來自地面的幅射熱。為預防受到蟋蟀等昆蟲的食害，請由下往上毫無空隙地包裹。

春天用保溫箱禦寒

早春播種時，在換盆以至扎根為止，晚上需使用保溫箱育苗。白天溫度過高必須打開蓋子，午後變冷前用不織布覆蓋並蓋上蓋子。

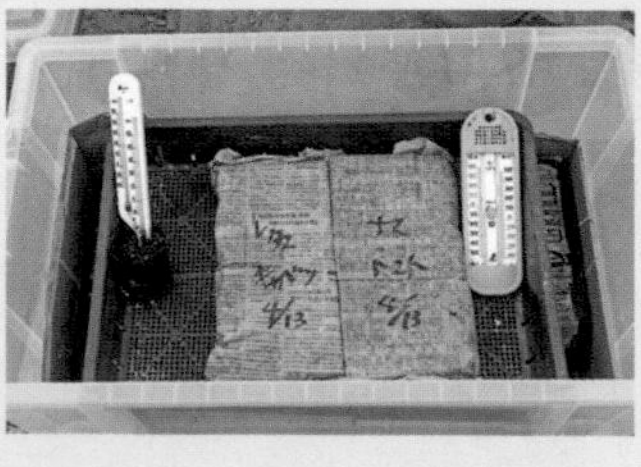

長出1～2片本葉時疏苗

當植株長出1～2片本葉時，以剪刀從基部剪掉其餘植株，僅保留長勢最好和最有活力的植株。

↓

長出1.5～2.5片本葉時換盆

播種後2週左右，長出1.5至2.5片本葉時換盆。換盆時注意不要破壞根球。

↓

以2吋盆淺植

將2吋盆（直徑6cm）裝入與播種時相同，調整過水分的培養土淺植苗株。以手指壓緊，使其與周圍土壤緊密接合後，在花盆的外緣灑木醋水。

↓

9月下旬～10月
定植

定植前以盆底吸水

請在長出4～7片本葉，根系仍在迅速生長時定植。前一天傍晚澆足木醋水，並於種植當天對臉盆倒入深約3cm的木醋水，從定植前約3小時算起將苗盆底部泡入臉盆使其以盆底吸水。

11月～12月
去除下葉

用手指按壓去除快掉落的下葉

當側芽開始結球時去除老葉。用手指按壓葉片基部，能輕易地使老葉從莖上落下。不要一下子清除到嫩葉部分，需從下方的葉子依序去除。

將去除的下葉拿來覆草

去除的下葉當場做為覆草使用。

11月下旬～1月
收成

從底部依序採收緊實芽球

當芽球的直徑達到2～3cm並緊緊包裹時即可採收。可以用剪刀剪下或用手摘下。形狀不好的芽球長大也不漂亮，需盡早採收促進漂亮的芽球長得更為肥大。保留植株頂部的十數片葉子，其餘下葉於每次採收時去除。

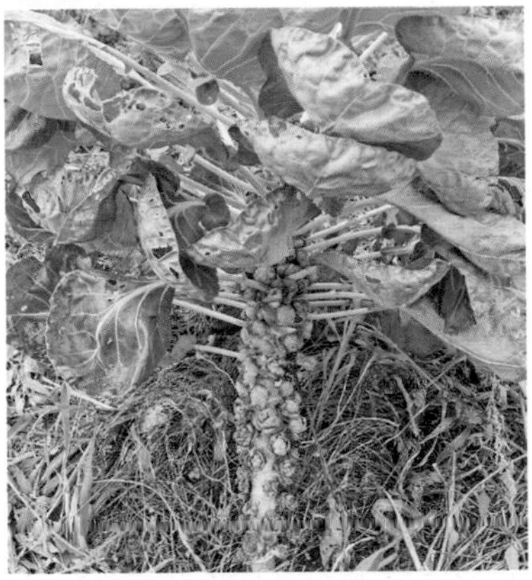

抱子甘藍不易自家採種

雖然抱子甘藍會從結球的側芽處開花，但在日本炎熱潮濕的氣候下難以開花，因而不易自家採種。將購入的種子和乾燥劑一起裝進塑膠袋，保存於冷凍庫中能持續使用2～3年。

9月下旬～10月中旬
澆水

乾燥時每5天澆木醋水

從定植後的第5天算起，如果沒有下雨，每隔5天在清晨或傍晚澆一次木醋水以促進生長。分成數次充足澆水，使其深入土壤。

9月下旬～10月中旬
覆草及補充養分

定植後的2週間對植株基部覆草

定植後的2週間，確實扎根時尚未遭受蟋蟀侵襲。割除在植株周圍15cm的雜草並蓋住植株基部。從覆草上以米糠追肥。生育良好時則不需補充。若生長特別差請以土著菌伯卡西肥（參考P.163）取代米糠，在其上方再覆草以防止紫外線削弱微生物。

撒完米糠後敲散

撒完米糠後用鐮刀刀背等物品咚咚地將它們敲散。撒下的米糠黏成一團時容易腐爛。

讓根球貼緊周圍土壤

種植時保持地面與根球頂部等高。將挖出的土壤依序填回根球和植穴間的縫隙，確實壓緊使根球貼緊周圍土壤。

周圍15cm範圍不須覆草

定植後摘除受損的下葉，為使蚱蜢等害蟲不易接近，空出植株基部周圍15cm，於其外側覆草。定植時及隨後3天內不需澆水。

從蟲卵起尋找並清除菜蟲

菜蟲過多可能造成不可逆的損害。從幼苗時期就要觀察植物，見到蟲卵就將其清除。與番茄、茼蒿和萵苣等混合種植就不易被昆蟲盯上，能夠降低損害。

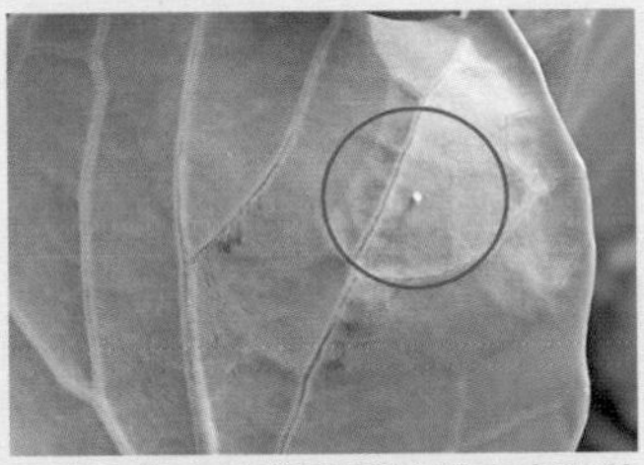

⬆紋白蝶在甘藍菜類的葉底產下的蟲卵。

⬅出現食害就一定能在某處找到菜蟲。一找到就將其捕殺。

⬆損害到這個程度就難以恢復了。

⬆越冬後從春季開始生長，在初夏採收的蒜頭。在正確時間採收是保存的關鑑。

富含抗菌劑大蒜素
是預防病蟲害混植的理想選擇

蒜頭

石蒜科蔥屬

蒜頭是種廚房一年四季常備的香辛蔬菜。
擁有高度的強身滋補功效，殺菌及抗氧化作用也頗受期待。
適量食用有助於保持身體舒暢。其味道可驅除病蟲害，
適合做為伴生植物種植。它還能夠驅趕鼴鼠，
是種令人特別想在不翻土的田地種植的蔬菜。

特徵

原產地	推估為中亞。在日本國內於古事記及日本書紀均有記載。
根系外型	鬚根深根型
推薦品種	**六瓣蒜**為寒帶代表性品種，以冬眠方式越冬。具有強烈香氣和風味。**早生大蒜（如紀州早生、遠州極早生、上海早生等）**為溫暖地區品種，冬季也能良好生長。瓣數多達12瓣，外包薄皮呈紫色，味道溫和。**巨蔥蒜**是沒有臭味的大蒜，大而鬆脆，沒有強烈香味。嫩芽作為蒜芽出售。但它嚴格來說屬於韮蔥，是蔥類之一。
伴生植物	可和多種蔬菜混植，特別是草莓、番茄、茄子、小黃瓜等
難以搭配種植的蔬菜	豆科、甘藍菜

栽培計畫

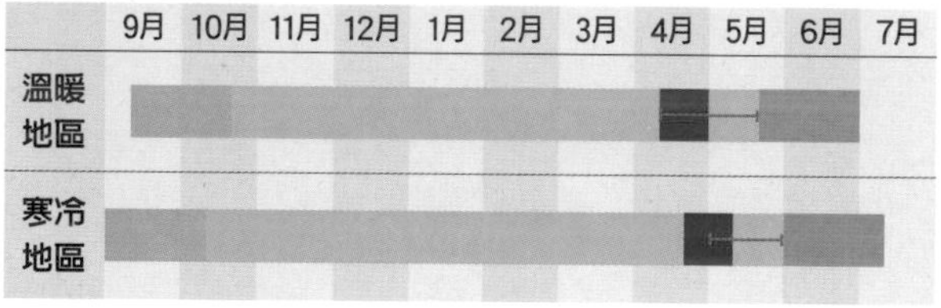

●溫暖地以關東（茨城縣土浦市），寒冷地以長野縣長野市（海拔600m）為基準

適合土質

酸鹼度

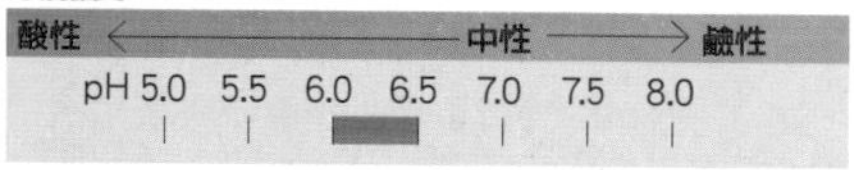

乾濕度

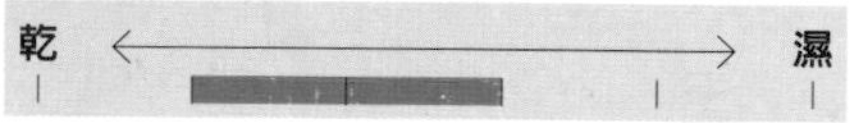

適種指標

熱	×
霜	○ ※暖地系蒜頭在寒冷地區無法越冬
生長適溫	10℃～22℃ ※25℃以上休眠

具有優秀的強身滋補和殺菌效果，可保存起來活用一整年

蒜頭是許多菜肴不可或缺的香辛料。雖未曾發現野生品種故無法特定原產地，但據說它在古埃及被當作補品在金字塔的建築工地發放。它幾乎不含蛋白質、脂肪和碳水化合物這三大營養素，可說是類似中藥的非營養性機能物質。其特有的香氣來自於一種叫做大蒜素（二烯丙基二硫）的物質。大蒜素有助於維生素B_1吸收及增強糖類代謝，從而緩解疲勞並滋養身體。它還能改善血液循環，有助於預防手腳冰冷、動脈硬化和血栓。它強烈的殺菌作用與抗生素有相似的效用。另外還含有名為硒的抗氧化礦物質，能抑制活性氧，使身體常保清爽。注意不能過量食用，成人每天最多只能生吃一小瓣，即使加熱後方便食用最多也只能吃兩瓣左右。

大量採收後妥善保存和加工，好好活用一整年吧。

在自然菜園健康地
種植蒜頭的5個關鍵

關鍵 1　最適合於夏季蔬菜採收後的位置種植

雖然它不太挑田土，但在肥沃田土中更能良好生長。土壤中未腐爛的有機物及氮素過多，是造成採收到的蒜球爛掉的原因。性喜保水度高的粘土質土壤，但最不耐的也是過濕，在排水不佳，會積水的田裡是無法種植的。夏季蔬菜曾旺盛生長的位置最為適合。

關鍵 2　選擇L尺吋以上的種球

種球越大初期生長也越好，採收到的大小也會更大。購買時請選擇Ｌ尺吋以上的種球購入。隔年要用的種球也須從較大的優先保留。

市售食用蒜頭大都已進行發芽抑制處理，無法做為種球使用。

挑選同樣大小的種球定植也是訣竅之一。大小不同的種球混雜種植時，小的會被大的蓋過。

關鍵 3　定植以土溫20℃為大致基準

越冬時葉片數量在寒冷地為2～3片，溫暖地4～6片比較妥當。由此逆推可決定定植時間。以最高氣溫低於25℃，土溫20℃上下為大致基準。定植後1週內發根，2週內發芽。過早種植無法發芽，過遲則無法越冬。

關鍵 4　春季的疏芽、摘蕾和澆水

長出側芽時，放任不管則蒜球將無法肥大。初春時抽薹的花蕾放任不管也會妨礙蒜球肥大。及早去除它們是很重要的。

此外蒜球需要水分才能肥大。春季未降雨時需充分澆水。

關鍵 5　葉尖30～50%枯黃時即可採收

長久保存與採收時機息息相關。請在葉尖30～50%枯黃，持續放晴3天土壤乾燥時採收。若過晚採收，莖幹枯萎在拔出蒜球時容易斷裂，蒜球也向外開裂導致容易發芽而不利於保存。

採收時期和蒜球形狀

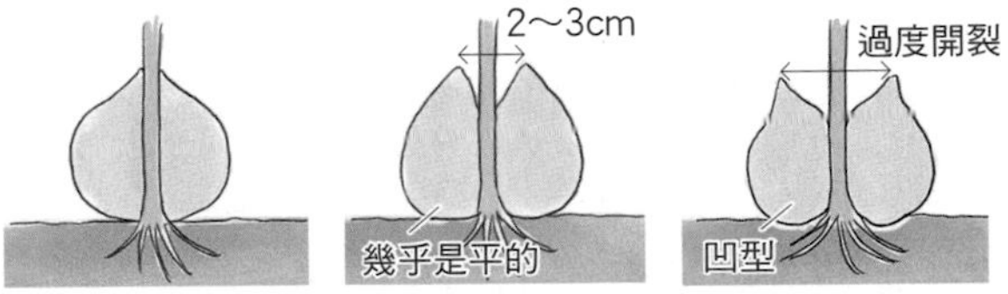

過早採收容易腐爛
鱗片與莖幹間無空隙，蒜球底部圓潤向外突出呈逆凸型。

時期恰當保存性高
鱗片與莖幹間有2～3cm空隙，蒜球底部幾乎是平的。

過晚採收容易發芽
鱗片與莖幹間空隙過大，蒜球底部呈凹型。

畦距和株距

以混植減輕田畝的病蟲害

蒜頭能以其強烈氣味成分使蚜蟲及切根蟲等害蟲忌避。在土壤中也有殺菌效果，能抑制線蟲及病害。與其他蔬菜混植時採每50cm1棵的分散方式種植。

草莓＋蒜頭

將蒜頭種植在畦面中間，草莓苗定植於畦面兩側。請務必以草莓為主，保持50cm間隔的蒜頭為輔。

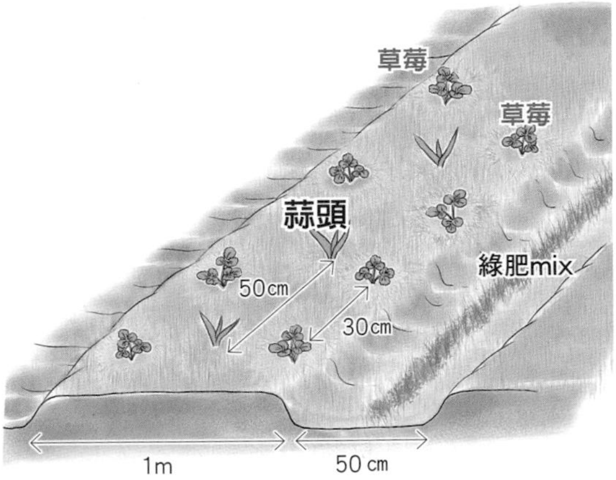

蒜頭＋茄子

做為茄子的上一期作物種植。事先空出定植茄子需要的空間，秋天先種植蒜頭。隔年5月定植茄子。蒜頭的採收時期會在茄子長大前到來。

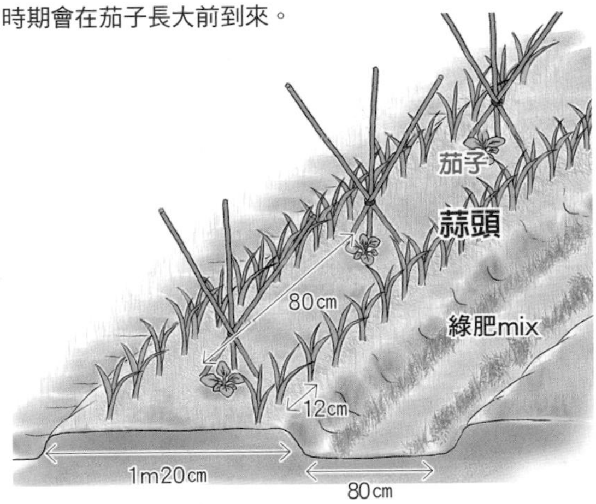

在持續放晴，土壤乾燥的日子採收能夠長期保存。

蒜頭種植方式

※時期以溫暖地為準

田畝準備

夏季蔬菜曾旺盛生長的田畝不需任何準備。對於缺乏養分的貧弱田地，最晚得在播種的1個月前對整片田畝施撒①～②，輕微翻動5cm深左右的表土，使資材與土壤混合。能成為辛辣味來源，含有硫磺的牛糞堆肥最為適合做為府熟堆肥使用。

①腐熟堆肥　3～4L/㎡
②碳化稻殼　2～3L/㎡

（土壤較酸時施撒苦土石灰或貝殼化石肥料，50～100g/㎡）
※若為火山灰土壤，需施撒蝙蝠糞肥以補充磷酸，100g/㎡

9月中旬～10月中旬
定植

拆分鱗片

將種球分拆成一瓣瓣鱗片。大小不同時挑選大小相同的鱗片使用。

薄皮剝除使生根更快

包覆種球的外皮是渡夏用的防護衣。定植時剝去鱗片的薄皮能促進生根，使蒜球長得肥肥胖胖。全都剝完很花時間，因此筆者只會挑最大的鱗片剝皮。如此，明年它將成為優秀的種蒜。倘若過晚種植只要去皮也可以追回1週左右的進度。

⬆與食用時相同，乾淨地剝去薄皮。

瓣尖向上，深度為種球2倍

將定植地點的草貼地割除，挖出深度為種球大小2倍的植穴，並將種球尖端朝上種下。把挖出的土照原樣回填，並確實壓緊。

種球大小與株距

種球（鱗片）大小	間隔
巨蔥蒜	15～20cm
大	12cm
小	10cm
極小	3cm
混植	50cm

密植能使根系相互配合，讓彼此生長得更好。若採3cm間隔種植非常小顆的蒜頭雖然會長成1～數片，但可以採收到優質蒜頭。作為伴生植物時請確實分散種植，以免其他蔬菜的養分被搶光。

撒上米糠和覆草

定植後，將米糠薄薄撒在定植列兩側，並在上方覆草。

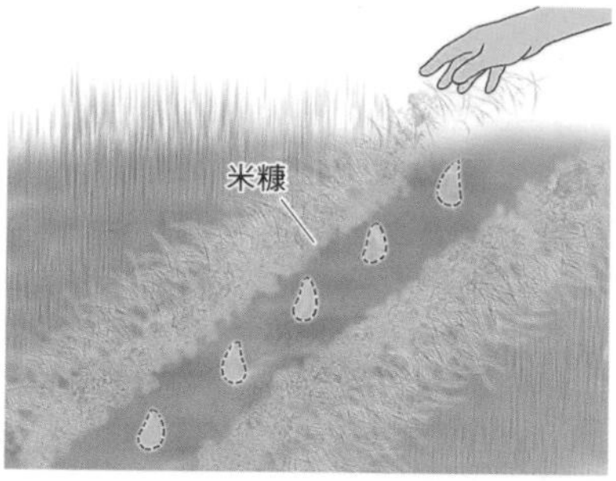

9月中旬以後在地上撒米糠

春季至夏季若直接把米糠撒在地上將會腐爛，且會產生一層油膜並阻止土壤內的生物呼吸，所以一定要撒在覆草上方。但在9月中旬氣溫下降後，將其撒在土壤上再覆草能分解得更完整，並在2月～3月蒜頭越冬完畢恢復生長時促進蒜球肥大。

↓

2月～3月
早春除草和補充

抑制繁縷過度生長

早春時節，繁縷和其他春草過度生長時將會阻礙蒜頭生長。雖然可以割草當做覆草使用，為避免鐮刀傷害到大蒜植株，請一邊壓緊蒜頭植株周圍一邊拔草，並把雜草的根系留在土壤內。

↓

以米糠追肥為肥大期做準備

控制繁縷生長同時從上面以米糠追肥，能幫助蒜頭4～5月的生長。肥沃的田土則不需補充。

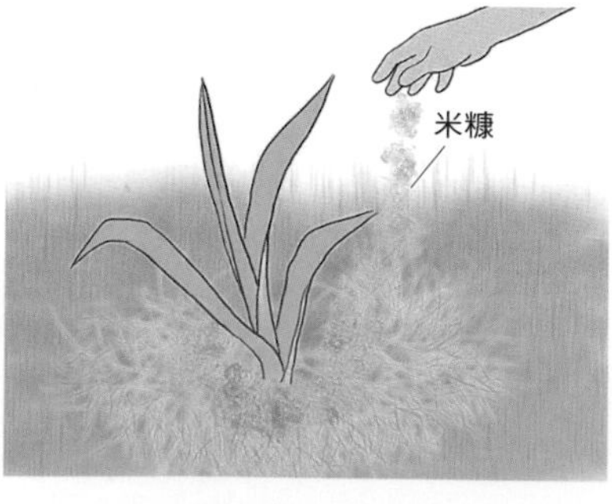

剝除1片表皮並晾乾

剝去1片表皮並在陽光下曝曬。表皮在採收當天容易剝除，乾燥後就很難剝落了。

↓

掛在屋簷下保存

保持蒜球完整，用麻繩等物品將數顆蒜球綁在一起分成幾批，或將它們放在洋蔥網中掛在通風良好的屋簷下保存。掰成小塊鱗莖將提早發芽速度而不利保存。

如果想保存在廚房

如需長期存放在廚房中，可分成小塊、去皮、浸泡在油或醬油中，或冷凍。筆者家中會將其磨碎並浸泡在橄欖油中，以便隨時取用。將其放入冷凍保鮮袋中冷凍保存時，請勿剝去鱗片外皮。在使用前將其稍微泡水解凍即可輕鬆剝皮。

肥大期乾燥時請澆水

蒜球需要水分才能肥大。如果在4～5月肥大期超過1週不下雨，請在溫暖的白天分幾次澆水，使其深入土壤。

↓

5月下旬～6月

收成和保存

連續3天放晴時為最佳採收時機

30%到50%的葉片枯黃時，握住莖幹將其拔起採收。若於連續3天放晴時採收，會因蒜球缺乏水分而能夠長期儲存。

↓

切掉根部，留下 15cm的莖幹

拔出後需當場剪掉根葉。根部從基底剪掉，葉片則留下15cm的莖幹。將莖剪短會導致容易發芽。將剪除的根葉做為覆草使用有助於驅蟲。

2月～5月

春季照護及採收花蕾

疏除側芽

疏除早春長出的側芽，若放任生長兩顆鱗莖都無法肥大。保留個頭大長勢較強的那邊。

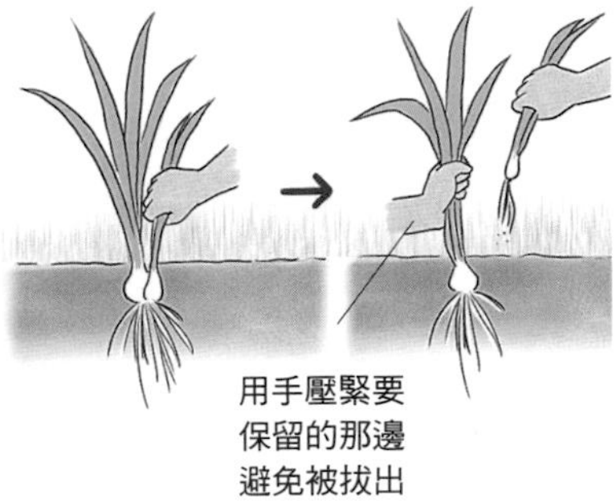

種植很多時可採收青蒜

將疏除的側芽和鱗莖肥大前拔下的蒜頭當做青蒜炒來吃是很美味的。若菜園裡還有空間，將小顆種球等蒜球種來採青蒜食用，在早春缺乏蔬菜時很能派上用場。由於其劣化速度快，難以在市面上購得，是家庭菜園才享受得到的樂趣。前一年沒採收到的蒜球自然生長後也能採青蒜食用。

↓

採收蒜苔

一旦莖頂抽苔，請在它長出看似小顆蒜頭的花苞前盡快剪掉。置之不理會阻礙蒜球肥大。從莖彎曲而柔軟的部分剪除尖端，剪下來的花苞能作為蒜苔食用。

⬆蒜苔。

⬆巨蔥蒜蒜苔。

⬆茼蒿的香氣成分能調節腸胃，在菜園中能使害蟲遠離。特別推薦與十字花科混合種植。

適合混合種植的芳香蔬菜 在自然菜園中非常美味

茼蒿

菊科菊屬

原產於地中海沿岸的茼蒿，在歐美屬於觀賞用植物。而在食用方面為受到東亞人喜好的蔬菜。其香味成分會對自律神經產生作用，能調節腸胃功能。在自然菜園中，能培育出較不苦澀而芳香的茼蒿。

特徵

原產地	地中海沿岸。據說在室町時代引進日本。
根系外型	主根淺根型
推薦品種	**大葉茼蒿**是葉片羽裂較少的類型。在日本的九州和中國均有栽培。**中葉茼蒿**在關東地區是從單一粗莖上摘取分枝使用的直立型（採摘型），而在關西地區則以葉片從基部放射狀生長的蓮座型（菊菜）較普及。**沙拉茼蒿**香氣溫和，適合沙拉使用。
伴生植物	甘藍菜、花椰菜、大白菜、蘿蔔、櫻桃蘿蔔、水菜、青江菜、塌棵菜、芝麻菜等十字花科蔬菜。羅勒
難以搭配種植的蔬菜	無
連作	○
授粉	自家受粉
種子壽命	2～3年

適合土質

酸鹼度

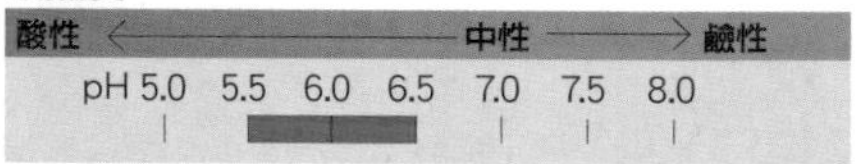

乾濕度

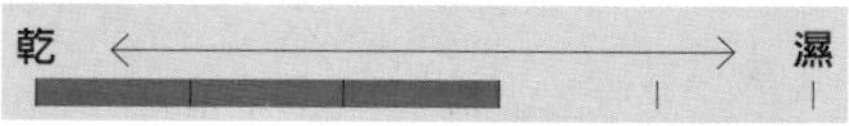

適種指標

熱	○
霜	△　※植株高度15cm以下時受霜即會枯萎
發芽適溫	15～20℃　※35℃以上，10℃以下發芽率明顯變差
生長適溫	15～20℃　※5℃以下，27～28℃以上生長明顯變差

栽培計畫

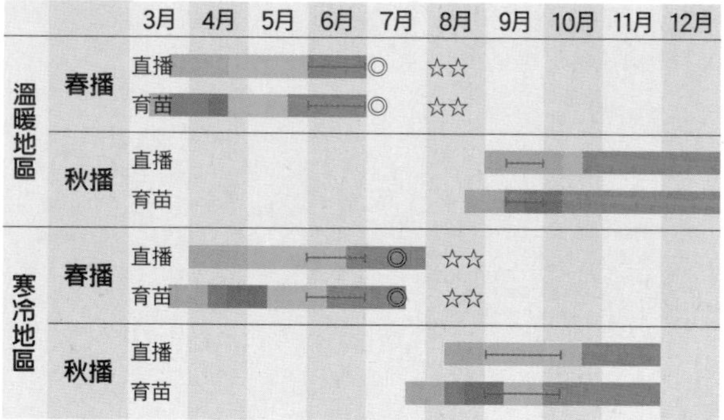

■播種　■育苗　■定植　■生長期間　├─┤強化覆草　■收成
◎開花　☆採種

●溫暖地以關東（茨城縣土浦市），寒冷地以長野縣長野市（海拔600m）為基準

富含維生素A和礦物質香氣能調理腸胃

做為火鍋、壽喜燒等使用蔬菜受人喜愛的茼蒿，富含能在體內轉化為維生素A的β胡蘿蔔素。其含量甚至超過菠菜和羽衣甘藍。維生素A據稱能保持乾燥的皮膚、粘膜和頭髮健康，還有助於預防感冒。此外，茼蒿還含有大量的鈣、鉀、鎂、磷和鐵等礦物質。

其氣味成分紫蘇醛和α-蒎烯作用於自主神經，能啟動胃腸道。加熱後苦味會變強，所以建議不喜歡苦味的人生吃或在約10秒的短時間加熱後食用。

但茼蒿與菠菜及青江菜相同，含有大量的硝態氮，是一種苦味成分。汆燙後擠壓能有效將其去除。硝態氮會隨含氮肥料施用量而增加。在夏季蔬菜生長良好的地方進行無肥栽培，能種出較不苦澀的美味茼蒿。

在自然菜園健康地
種植茼蒿的6個關鍵

關鍵 **1** **採5mm間隔直播**

市售茼蒿發芽率很低，僅55%左右。直接在田間播種時，訣竅是以5mm左右的間隔密集播種。覆土為種子厚度2倍，由於其種子於散逸時更容易發芽，因此播種不需過深。而為了保濕和保溫，在覆土壓緊後，夏季需使用稻殼，早春使用碳化稻殼覆蓋苗床。

其種子被水溶性的發芽抑制物質所保護。為了在缺乏雨水時催芽，請在播種、壓緊、撒稻殼後徹底澆水。

關鍵 **2** **育苗後容易長成大型植株**

使用育苗穴盤等資材播種育苗，不只能提高發芽率，定植後更容易長成大型植株。另外在寒冷地區，能將播種時間提早以延長採收時間。植株個體越大，種植時更需要拉大株距。

關鍵 **3** **做為伴生植物使用時需先行播種**

作為伴生植物與十字花科等混植以避免病蟲害時，茼蒿需提早1週～10天左右播種，或先育苗再定植。同時播種會因為茼蒿發芽較晚而常常無法達到預期效果。

關鍵 **4** **葉片互相接觸時疏苗採收**

其初期生育相對緩慢。即使有點擁擠也不太容易受病蟲害影響，也不太會徒長。請於相鄰植株的葉片互相接觸時疏苗。可美味地享用疏苗採收的蔬菜。在最終株距方面，蓮座型品種為5～8cm，直立型品種為10～15cm。

關鍵 **5** **蓮座型全株採收，直立型摘取採收**

根據品種的不同，有兩種收穫方式。蓮座型全株採收，而直立型保留4～5片下葉摘取採收後依序摘取從剩餘的葉片基部長出的側芽。摘取側芽時請保留兩枚葉片。

關鍵 **6** **春播時請在夏季自家採種**

茼蒿是一種幾乎只靠自花授粉易於採種的蔬菜。它會因春季低溫形成花芽，夏季開花，開花後40天左右即可採收種子。對於抽薹較慢的品種，請從較晚開花的花朵採種。因為它不會越冬，因此秋播時是無法採種的。

採種後有2～3個月的休眠期，故夏季採收的種子在同一年秋季不予播種，隔年才開始使用。種子的壽命為2～3年，採收後放置1年以上的種子炭疽病發病率較低。

畦距和株距

以混植避免病蟲害，菌根菌幫助十字花科生長

菊科和十字花科的配合度特別好。不只能利用氣味使害蟲忌避，與菊科根部共存的菌根菌更能幫助磷酸吸收。

茼蒿＋甘藍菜

先定植育苗完成的茼蒿，之後再種植甘藍菜苗。先種下的茼蒿能使病蟲害遠離。

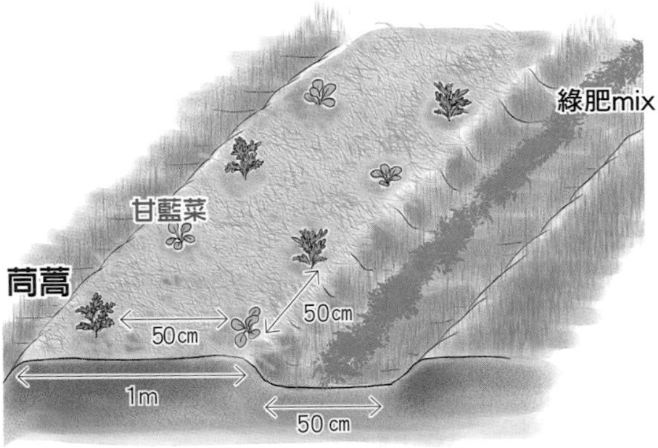

茼蒿＋櫻桃蘿蔔、水菜

茼蒿直播於畦面中央，1週～10天後再播種櫻桃蘿蔔和水菜種子。先行培育的茼蒿能使病蟲害遠離。

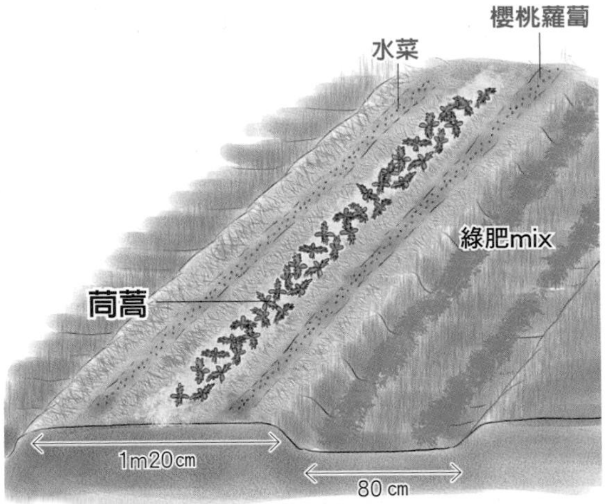

密植使其發芽，並以疏苗促進生長。疏苗的葉片柔軟可口。

茼蒿
種植方式

※時期以溫暖地秋播為準

田畝準備

性喜較肥沃的田地，但如果在夏季蔬菜長勢良好的田畝種植則不需準備。對於缺乏養分的貧弱田地，最晚得在播種的1個月前對整片田畝施撒①～②，輕微翻動5cm深左右的表土，使資材與土壤混合。

①腐熟堆肥　2～3L/㎡
②碳化稻殼　2～3L/㎡

9月上旬～10月上旬
播種

準備苗床

做出與鋤頭等寬的苗床。❶從地上割除雜草。❷使鋤頭刀片淺鏟入土以切斷草根。避免土壤翻轉。亦可使用鐮刀進行作業。❸平整苗床並壓緊。

採5mm間隔密集播種

❶在苗床上以5mm左右間隔播種。❷用鐮刀刀背敲擊地面，讓種子深入土壤。

薄覆土並壓實

❶覆土要薄，高度僅需為種子厚度2倍。
❷確實壓緊使種子與土壤緊密接觸。

以稻殼和碳化稻殼覆蓋

用稻殼覆蓋苗床以防止乾燥。春播時用碳化稻殼提高土壤溫度。施撒稻殼後壓實使其不易被風吹走。無雨乾燥時充足澆水促進發芽。

春季晚播容易抽薹

春播時若過遲播種，可能會因日照時間較長和高溫而抽薹。如果秋季播種太晚，生育中期就會入冬而無法充分收穫。

9月下旬～10月上旬
疏苗

當葉片互相接觸時依序疏苗

從長出2～3片本葉開始，請在葉片互相接觸時依序疏苗。可美味地享用疏苗時採收的蔬菜。長出4～5片本葉時疏苗成最終株距。蓮座型株距5～8cm，直立型株距10～15cm。

9月下旬～10月上旬
育苗與定植

事先育苗能稍微加快栽培週期，長成大株。由於進行了澆水管理，這麼做也有著能確實發芽的優點。

育苗盤的準備

選用128孔育苗盤播種。在育苗盤放入以8：2：1的比例混合市售播種用培養土、田土、炭化稻殼，添加水分（含水量50～60%）充分拌勻的育苗土，並均勻倒入育苗盤的每個角落，邊緣也要佈滿土壤，確實按壓。接著用手或刮板刮平多餘的土壤。

每穴播5～6粒種子

每穴播5～6粒種子，覆蓋約為種子厚度2倍的土壤並壓實。

使用不織布延長收穫時間

儘管大株茼蒿不會因為幾次霜凍而枯萎，但氣候嚴寒時將會凍傷。蓋上不織布能稍微延長收穫期間。即使在不夠成熟的情況下進入降霜期，只要使用不織布就能延長生長期。

採春播的8月上旬～中旬

自家採種

依序採收成熟種子

抽薹時請為要用來採種的植株立支柱並固定，以避免其倒伏。❶開花後，從長出種子後枯萎，呈深褐色並乾燥的植株依序採收。❷用手指擠壓推出附著方式類似向日葵種子的種子。

除去雜質並保存

❶用風吹去種子以外的細微雜質。
❷在不含水分的前提下稍帶些雜質，發芽率會比純種子更好。

10月中旬～12月下旬

收成

【直立型採收方式】

第一次採收請割除莖幹並保留下葉

當直立型長到20～25cm高時，保留4～5片下葉，割取莖幹採收。

採收側枝時保留2片葉子

側枝會在莖幹被割下後開始生長。保留2片葉子並採收側枝。隨後從側枝延伸出來的側枝也以相同方式各保留2片葉子持續採收。

【蓮座型採收方式】

從基部整株採收

蓮座型請從基部整株割取採收。

澆水並以報紙覆蓋

澆水至穴盤外側濕透，以報紙覆蓋後再次澆水。澆濕報紙能夠預防乾燥。2天後的早上移除報紙。寫上時間以預防忘記。

長出3～4片本葉時換盆

照片為長出2片本葉時的幼苗。而在長出3～4片本葉疏苗至每穴保留2～3株，並換盆至2吋（6cm）花盆種植。

長出5～6片本葉時疏苗及定植

播種後約1個月，當葉片長到5～6片真葉時，疏苗至每盆保留1～2株並定植。定植前一天傍晚澆足木醋水，並於種植當天約3小時前對臉盆倒入深約3cm的木醋水，將苗盆底部泡入臉盆使其以盆底吸水。

定植時拉大株距

先育苗再定植較容易長成大株，因此需要拉大株距。直立型約15cm，蓮座型約8cm。定植時保持根球完整，如照片所示在生根後疏苗最終保留一株。

⬆各地均有許多品種自古流傳的菜心。其中之一是東京西多摩流傳的のらぼう菜，據說拯救了江戶時代的飢荒。

柔軟美味
富含維生素的春季風味

菜心（菜薹）

十字花科蕓薹屬

菜心是取菜薹及莖葉使用的十字花科蔬菜統稱。在蔬菜種類和數量下降的冬季到早春時節，它們作為寶貴的維生素來源在各地栽培。能通過種植多種品種或拉開花期以長時間享用。

栽培計畫

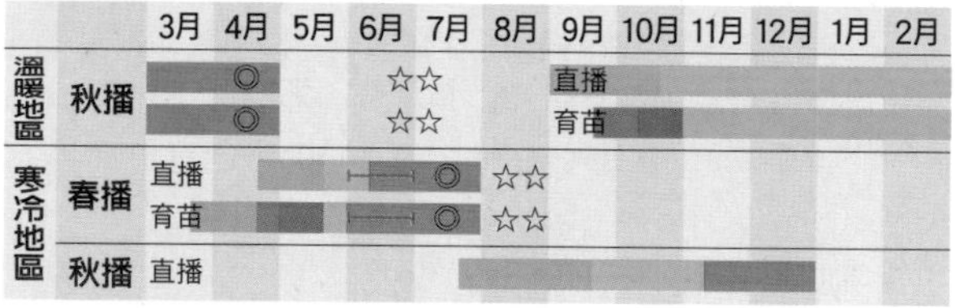

■播種　■育苗　■定植　■生長期間　├─┤強化覆草
■收成　◎開花　☆採種

●溫暖地以關東（茨城縣土浦市），寒冷地以長野縣長野市（海拔600m）為基準

適種指標

炎熱	△
霜	◎　※於寒冷地為△
發芽適溫	20℃前後
生長適溫	20℃前後

特徵

原產地	地中海沿岸、中亞等地，在中國作為蔬菜發揚光大
根系外型	主根深根型
推薦品種	**のらぼう菜**（Brassica napus）在東京西部的五日市等地區流傳下來的西洋油菜。為自花授粉，可自家採種。**甜油菜心**又稱為オータムポエム（Autumn poem）。味道與蘆筍相似香甜可口。**紅菜苔**莖條和葉脈呈紫色的中國蔬菜。帶有粘液，被稱為最好吃的菜心。**三月菜**是新潟縣自古相傳的本地菜心。柔軟而風味可口。**雪菜**為西洋油菜品種之一，不帶苦味而甘甜。成熟所需時間晚於のらぼう菜。
伴生植物	萵苣、胡蘿蔔、茼蒿、芥菜、高菜
難以搭配種植的蔬菜	馬鈴薯
連作	※十字花科越冬是根結病爆發的原因，很難注意到
授粉	異花授粉（のらぼう菜為自花授粉）
種子壽命	2～3年
適合土質	酸鹼度

酸鹼度

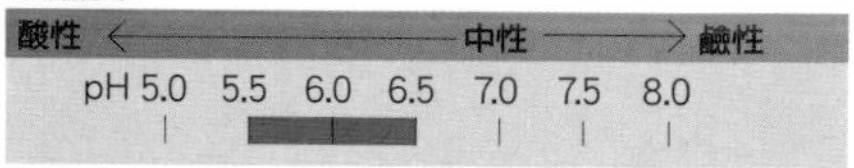

乾濕度

在溫暖地區可露天越冬
並於早春蔬菜稀少時採收

菜心的微苦味道是早春的滋味。它在各地以菜薹、菜心、油菜花等不同名稱為人熟知。會在人體內轉變成維生素A的β胡蘿蔔素含量是辣椒的5倍，維生素C比菠菜高出3倍以上，另外還有維生素E・K、菸鹼酸、葉酸、鉀、鈣、鐵等，是富含維生素、礦物質以及膳食纖維的健康蔬菜。

它們都相當耐寒，除寒冷地區外均可露天越冬。它們會因隆冬低溫長出花蕾抽薹，故一般以秋播方式種植。不過甜油菜心、紅菜苔等菜心類即使未暴露在低溫下也會抽薹，因此在難以過冬的寒冷地區亦適合於春夏播種。

除專用品種外，來不及採收而抽薹的青江菜、小松菜、塌棵菜等十字花科葉菜類的花蕾也都是可以食用的。此外，意大利蔬菜裡的西洋菜花也能用相同方法種植，然而其帶有強烈苦味，適合使用橄欖油料理。

在自然菜園健康地 種植菜心的6個關鍵

關鍵 1 挑選排水良好、陽光充足的地方栽培

菜心的栽培週期較長，與同屬於十字花科的甘藍菜一樣需要細心栽培。雖然它們能耐寒，即使莖葉稍微結冰也不會枯萎，但為了使其順利生長還是要選擇溫暖、陽光充足的地方種植。此外過濕容易引起根瘤病，請在排水良好的田畝或做高畦種植。使用未腐熟的堆肥會在早春實招來蚜蟲，請特別留意。

關鍵 2 育苗後容易長成大型植株

先行育苗時發芽率好，定植後容易長成大株，採收時間也較長。另一方面，直播生長較快，適合當年採收使用。儘管得花工夫疏苗，但疏苗拔起的蔬菜也能拿來食用。若要在9月下旬後蟲害較少時播種，採用點播方式能使疏苗輕鬆不少。

關鍵 3 把握最佳時期播種

除冬季生長停滯時間外，播種到採收需要2～3個月。即使採越冬春收方式，在秋季生長不足的情況下越冬後也來不及生長，因此要及時播種。如想在當年採收可直接播種，但越早播種越容易受到蟲害。

關鍵 4 及早疏苗促進生長

菜心是種會因為疏苗而長得更大的蔬菜。當相鄰植株的葉子相互接觸時立即疏苗，於長出4～5片本葉時疏苗至最終株距。若想盡快採收並在短時間內採收完畢，最終株距可取15cm，而若想使植株長大並長時間採收，則可取30cm。密植會造成通風不良而容易受病害侵襲，長出的側枝也較少。確實疏苗使莖幹粗壯長大，越能夠長時間採收。

關鍵 5 及時採收以促進側芽生長

當植株高度生長至30cm左右，花蕾開始飽滿時，請將其尖端的柔軟部分折下採收。採收能促進側芽生長，直接影響下一次收成。若過晚採收，一旦開花不只是莖幹變硬苦味增加，往後也難以長出側芽，需要多加留意。不過甜油菜心、紅菜苔和菜心類請在開了1～2朵花後再採收。

當側芽長到10～15cm時，保留其下方的側芽即可不斷收成。

關鍵 6 冬季生長停滯時期亦需停止追肥和澆水。

長出4～5片本葉後，於覆草下方補充伯卡西肥。隨後在生長停滯的冬季期間不需追肥和澆水。俟春季恢復生長後，如果持續1週以上沒有下雨，請在溫暖的白天澆灌木醋水。第一次採收後立即以伯卡西肥追肥，過1個月後再次追肥。

畦距和株距

與能夠驅蟲的葉菜類混植

由於菜心栽培時期氣溫較低故不太擔心病害，如果和茼蒿、芥菜、高菜等能驅蟲的葉菜類混植，能使生長更為容易。

茼蒿、高菜＋菜心

在畦面中央種植茼蒿和高菜，並在兩側播菜心種子。種植兩種採收開始時間不同的菜心能夠保持長期採收。取較窄的苗床寬度以便疏苗。

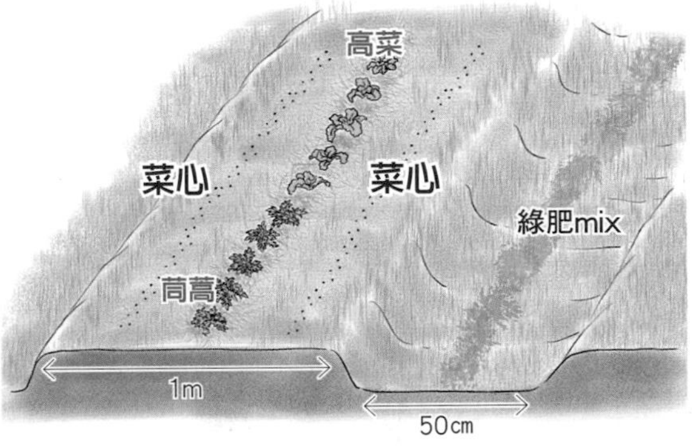

胡蘿蔔＋菜心

在畦面中央種植胡蘿蔔，然後在兩側定植能在春季採收的菜心幼苗。由於胡蘿蔔在溫暖地區可以一直在田間擺到冬天，因此田畝荒廢時間較短而能夠有效利用空間。

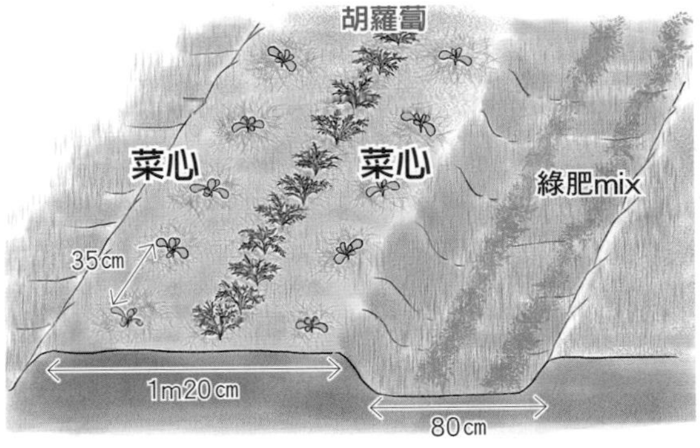

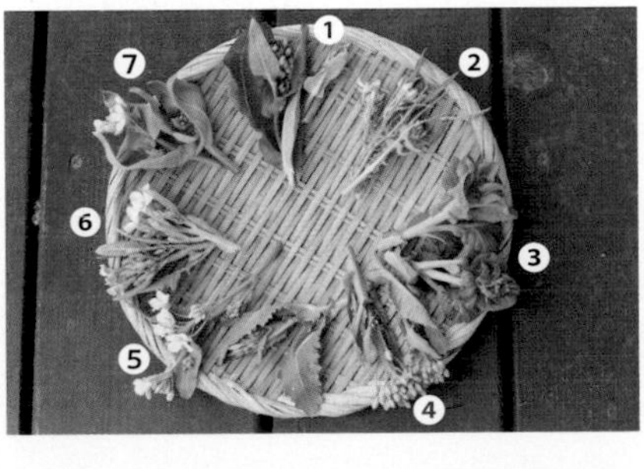

春天抽薹的十字花科葉菜類花蕾。可以採摘來食用。①雪菜、②水菜、③塌棵菜、④野良坊、⑤小松菜、⑥白蘿蔔、⑦小白菜。

菜心
種植方式

※時期以溫暖地為準

田畝準備

性喜相對肥沃的田地。最適合在夏季蔬菜良好生長的田畝種植，此時不需事先打理。對於缺乏養分的貧弱田地，最晚得在定植1個月前對整片田畝施撒①～②，輕微翻動5cm深左右的表土，使資材與土壤混合。

①腐熟堆肥　3～4L/㎡
②碳化稻殼　2～3L/㎡

9月上旬～10月中旬

播種

準備苗床

苗床太寬會使疏苗更花時間，寬度取5～10cm即可。❶割除苗床地面的雜草。❷將鐮刀刀刃或鋤頭刀片插入土中切斷草根，不需翻土。隨後平整苗床並壓緊。

↓

↓

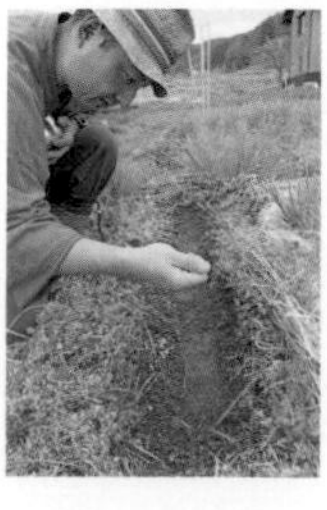

以約2cm間隔條播

播種時取約2cm間隔在苗床上條播。用約為種子厚度2倍的土壤薄覆土，並確實壓緊以促進發芽。

9月中旬～10月下旬

疏苗

於2～3片本葉時第一次疏苗

在葉子相互接觸時依序疏苗，長出2～3片本葉時如❶❷所示疏苗至最終株距的一半左右。而在長出4～5片本葉時，疏苗成約為15～35cm的最終株距。❸疏苗後，越冬前的紅菜苔。

9月下旬～10月下旬

育苗與定植

育苗後再定植能提高越冬率，不只減少疏苗的麻煩度，還能使植株長得更大。而採收前所需時間會比直播更長。

育苗盤的準備

選用72孔育苗盤播種。在育苗盤放入以8：2：1的比例混合市售播種用培養土、田土、炭化稻殼，添加水分（含水量50～60%）充分拌勻的育苗土，將育苗土均勻倒入育苗盤的每個角落，邊緣也要佈滿土壤，確實按壓。接著用手或刮板刮平多餘的土壤。

每穴播3～4粒種子

每穴播3～4粒種子，覆蓋約為種子厚度2倍的土壤並壓實。

↓

澆水並以報紙覆蓋

充分澆水至育苗穴盤邊緣濕透，用報紙包好後再次澆水使報紙濕潤以防止乾燥。2天後的早上請記得移除報紙。在此期間不要澆水。可以考慮在報紙上寫時間。

↓

於長出0～1片本葉時疏苗至2株

在本葉即將長出的時間點疏苗，保留2株左右對稱長勢較佳的幼苗。由於到冬天之前的時間短暫因此不需換盆。

↓

3片本葉時定植，5片時疏苗至1株

長出3片真葉左右時田間定植。秋季約為播種後20天，春季為播種後30天左右。定植前一天傍晚澆足木醋水，並於種植當天對臉盆倒入深約3cm的木醋水，將苗盆底部泡入臉盆使其以盆底吸水。由於植株會高大生長，株距採30～35cm，定植時需保持根球完整。之後請在長出5片本葉時疏苗並保留1株。

油菜容易採種

在十字花科中，油菜是例外的自花授粉植物，難以與其他植物雜交，只需保留一株，單憑逸散種子每年都會自然長出。因此不需以網子遮蓋，自家採種準備僅需架支柱並以繩子支撐防止倒伏即可。

6月下旬～7月上旬

自家採種

在種莢枯黃時割取並再次乾燥

一旦種莢枯黃，請在它們爆裂且種子掉落前割取，置於屋簷下等處風乾。將它們放在床單或臉盆上以接收掉落的種子，並用網子遮蓋避免被鳥類吃掉。

晴朗的日子利用風力吹走雜質

❶當乾燥到種莢爆裂且種子掉落時，藉助體重擠壓種莢取出種子。選擇晴朗的午後能使作業更順利。

❷用篩子除去較大的雜質。

❸裝在畚箕內以風力吹走輕巧雜質，留下種子裝入密封袋或瓶中保存。

第一次採收後以伯卡西肥追肥

為了延長採收期間，請在第一次採收後與秋播時相同以少許伯卡西肥追肥。過1個月之後以相同方式再次追肥。

抽薹的葉菜類也很美味

不只是菜心，來不及採收而抽薹的青江菜和小松菜等十字花科葉菜類的花蕾也都是可以食用的。

❶塌棵菜耐寒，不僅冬天採收的葉片，春天大量長出的花蕾也很好吃。

❷野澤菜除秋季採收利用其葉片外，晚播使其越冬抽薹亦可食用。

❸秋季未能捲葉的大白菜，留到春天後會長出碩大而美味的花蕾。

4月中旬

挑選採種株

用網子遮住較晚抽薹的植株

用網子遮住較晚抽薹的植株。自家採種時請挑選擇較晚抽薹的植株，需保留10棵以上。由於它們會透過異花授粉與其他十字花科植物雜交，在開花前請使用防寒網等網子遮蓋。

10月

秋季追肥

於長出4～5片本葉時以伯卡西肥追肥

在長出4～5片本葉且疏苗過後，從植株周圍的覆草上以伯卡西肥追肥，並在其上方追加覆草。

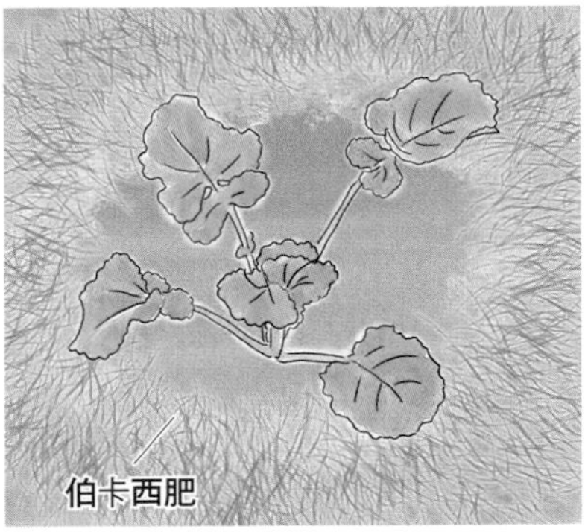

生長不足時蓋上不織布

在生長不足的情況下入冬，以及在需要避寒的寒冷地區可使用具保溫效果的不織布遮蓋。這麼做還能避免野鳥和動物造成的食害

3月～4月

澆水

於整週末下雨時澆水

菜心會在冬天停止發育，並在梅花盛開時再次開始生長。早春生長期若超過1週未下雨，請在溫暖的白天澆灌大量木醋水，以避免傍晚後結冰。

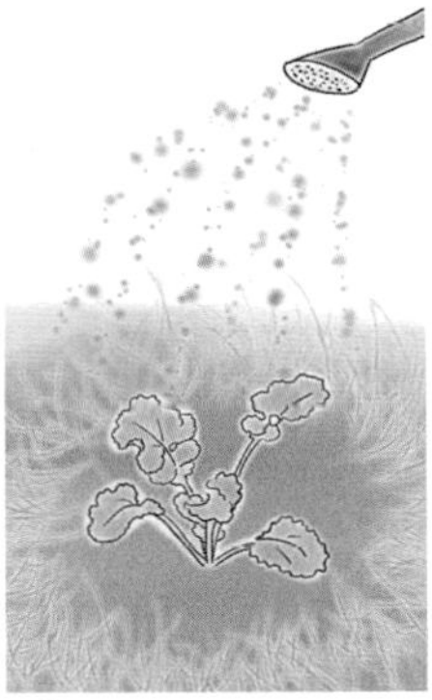

3月上旬～4月下旬

收成

從容易折彎的柔軟部分採收

在莖幹生長，花蕾飽滿的開花前夕採收。採收時保留側芽以促進側芽生長。從頂端算起10～15cm容易折彎的部分徒手摘取採收。使用剪刀剪下該部分亦可。採收後在常溫下將迅速劣化，請盡早冷藏並盡快食用。

⬆芹菜需要水分，卻不耐潮濕。在土堤上也能長得很好。

能夠預防周圍蟲害的提味蔬菜 還能和夏季蔬菜一起健康長大

芹菜

繖形科芹屬

西式料理不可或缺，帶有清新香氣的芹菜喜好肥沃田地，不耐寒暑，生長速度緩慢。
養地不足的話，會是很難種成的蔬菜。
可選擇夏季蔬菜種得不錯的田地，與搭配性佳的蔬菜一起混植，再加上覆草，就能種出漂亮芹菜。

栽培計畫

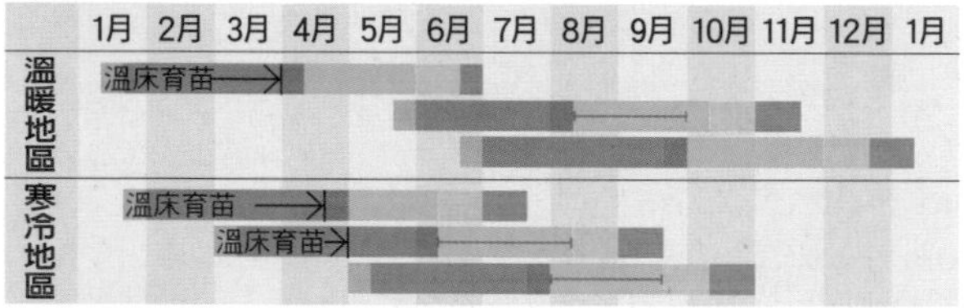

■播種 ■育苗 ■定植 ■生長期間 ├─┤強化覆草 ■收成※

●溫暖地區是以關東地區（茨城縣土埔市），寒冷地區是以長野縣長野市（標高600m）為基準　※淺粉色期間為摘外葉收成。

適種指標

熱	×
霜	×
發芽適溫	18～20℃　※低於15℃時，發芽至少需要2週～1個月。超過25℃也不易發芽。
生長適溫	15～20℃

特徵

原產地	歐洲至印度西北部的濕地
根部形狀	主根淺根型
推薦品種	介於黃色系與綠色系的コーネル619（Cornel619）為植株柔軟，容易栽培的固定品種。スープセロリ（Apium graveolens）是又名為中國芹菜的東洋在來種，容易種植，香氣濃郁。ミニホワイト（mini white）是植株長到20～25cm就能收成的小型品種，葉柄為白色，香氣清新，不會讓人覺得味道太重。セロリアック（celeriac）根芹菜則是吃長到肥胖的根莖。
共生植物	毛豆、韭菜、葉蔥、高麗菜、大白菜、小黃瓜、番茄、茄子、馬鈴薯、芋頭
搭配性差的蔬菜	胡蘿蔔、巴西利、玉米。種完芹菜後不可種西瓜、哈密瓜、番薯。
連作	×
授粉	異花授粉
種子壽命	4～5年
適合土質	酸鹼度

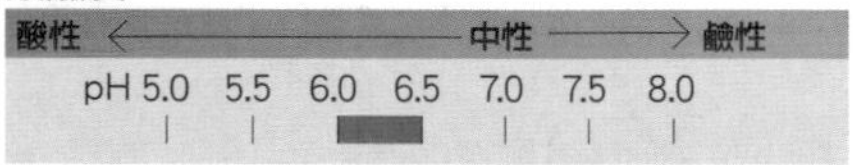

乾濕度

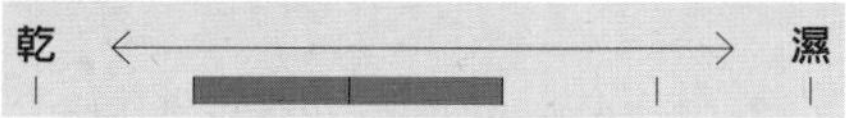

能整腸健胃，獨特香氣會讓人舒緩放鬆

芹菜是古希臘羅馬用來整腸和強健身體的萬靈丹。裡頭除了含有能夠排出鹽分，降低血壓的鉀，還蘊藏維生素、礦物質、膳食纖維，營養相當豐富。芹菜的獨特香氣則是來自於名為洋芹腦（Apiole）的精油成分與芹菜苷（Apiin），據說這些成分能夠消除心煩氣躁、穩定情緒。芹菜也含有胃腸藥成分中的維生素U，是非常有益胃部的健康蔬菜。

芹菜葉的營養成分會比梗來得多。葉子會吸收梗的水分與養分，所以保存時要從葉子與莖的莖節處切開，以報紙包裹，放入塑膠袋，再置於冰箱蔬果室。芹菜梗則是豎立保存。葉子可以剁碎後放冷凍，會是非常方便使用的調味料。

種在家庭菜園的芹菜不遮光，所以長成後梗會是綠色。芹菜香氣強烈，營養價值高，適合用來熱炒或燉煮肉類料理。收成2～3週前用報紙包住芹菜梗遮光的話就能使其軟化變白，看起來就跟市售芹菜一樣。

在自然菜園健康地
種植芹菜的6個關鍵

關鍵 1 選擇剛種完夏季蔬菜，保水、排水性佳的田畦

芹菜生長需要肥沃的田地，不過單獨種植容易發生蟲害，芹菜和胡蘿蔔、巴西利等繖形科植物一樣，都是容易出現連作障礙的蔬菜。太過潮濕會引起病蟲害，太過乾燥也無法種成。建議挑選日照充足，保水、排水性佳的田畦。也可以選擇夏季蔬菜長得不錯，或是茄子生長情況良好的地點，先做出馬鞍田畦。如果土質較潮濕，則可做成高畦。

關鍵 2 育苗要維持適溫，挑選適當時機栽培

芹菜不耐寒暑，生長期間又長，所以要挑選適當時機播種育苗。早春時要以溫床或不織布隧道棚維持溫度，夏天則要架設寒冷紗隧道棚，避免高溫。芹菜種子好光，覆上一層薄土即可，但不耐乾燥，育苗期間別忘了確實澆水。

關鍵 3 定植採淺植，株距30cm

以淺植方式定植幼苗。莖部埋入土內的話容易造成軟腐病。若要於寬1m～1.2m的田畦混植，採單條種植，如果是要單一栽培，則採雙條種植。株距至少要30cm。密植容易使植株生病或發生蚜蟲蟲害。

關鍵 4 覆草預防乾燥

芹菜根很淺，不耐乾燥，所以要在植株根基處覆草或稻稈預防乾燥。不過，梅雨季節覆草容易悶住，引來蛞蝓，這時就要移除覆草。

盡早摘掉變色的葉子，疊在覆草上，再撒入米糠就能抑制病害。

關鍵 5 每2～3週補撒米糠，若沒下雨則要澆水

定植後每2～3週要在植株周圍補撒米糠，也可以混合各半量的米糠與油粕。想要促進植株生長的話，只要超過1週沒有下雨，就必須澆水。

葉子有些變黃時，可以用伯卡西肥取代米糠，加速植株復原。撒了伯卡西肥後，還要覆草，才能預防乾燥及紫外線。如果出現蚜蟲就表示氮含量過高，必須先停止撒米糠。

關鍵 6 植株高20cm時可先採收外葉，35cm時就能採收整棵植株

植株長超過20cm的話，就可以開始採收外葉。中間保留8～10片，從外面持續採收，將能拉長收成期。但還是要注意，過度採收會使植株衰弱，影響後續生長。

植株超過35cm後就可以整棵收成。繼續放著植株也不會變大，只會變硬，形成孔洞，這時就要加緊腳步，全部採收完畢。

畦距與株距

與搭配性佳的蔬菜混植

芹菜不耐炎熱，夏天在有遮陰的環境下會長得很好。如果田裡只有種芹菜很容易遭受蚜蟲蟲害，家庭菜園應避免單一栽培，建議選擇與搭配性好的蔬菜一起混植，讓芹菜依附著其他蔬菜長大。對其他蔬菜來說，芹菜也是能預防蟲害的共生植物，但要避免株距太過擁擠，影響通風。

毛豆＋芹菜

毛豆播種時，於株間植入芹菜苗，這樣能避免芹菜出現黃鳳蝶幼蟲。考量通風性與覆草時的作業方便性，建議於田畦中間採單條種植。

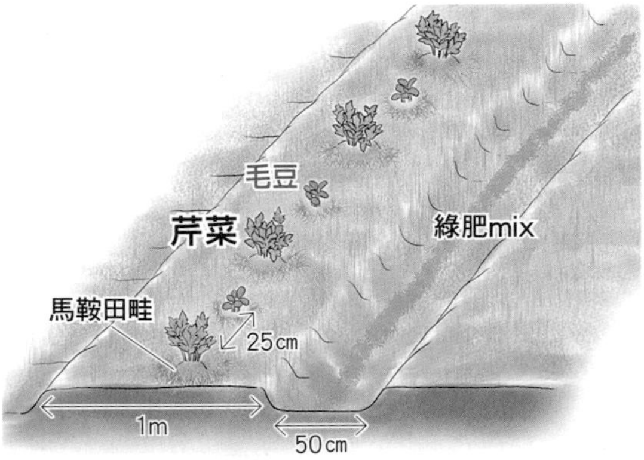

芹菜＋茄子＋韭菜

於田畦中間同時定植芹菜和茄子。韭菜苗則是插種於茄子土團處。在茄子的遮陰下，長出來的芹菜會很軟嫩，與韭菜混植還能預防蚜蟲。韭菜先不要收成，讓植株更密實的話，隔年就可以移植運用。

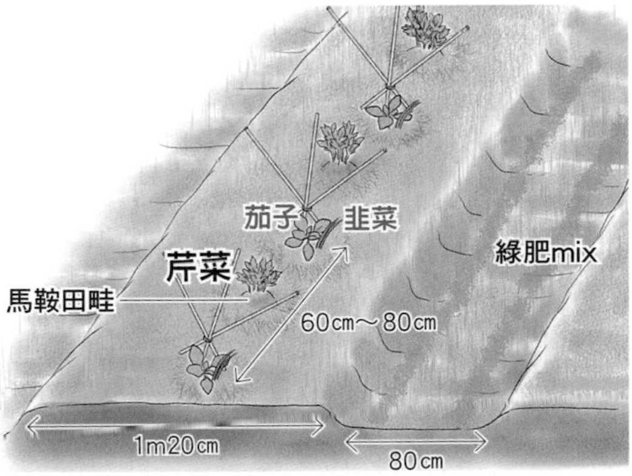

混種於食用酸漿植株間的芹菜，在酸漿葉子的遮蔽下環境涼爽，芹菜長出的葉子就會很軟嫩。

芹菜栽培法

※於溫暖地區春播

田畦準備作業

如果田地缺乏養分較為貧瘠，建議於定植1個月前在整塊田畦撒入①～②，稍微翻耕表面5cm，與土壤混合。

①完熟堆肥　3～4L/㎡
②炭化稻殼　2～3L/㎡

1月中旬
播種

準備育苗土

於播種1週前備妥育苗土。以8：2：1的比例混合市售播種用培養土、田土、炭化稻殼，添加水分（含水量50～60%）充分拌勻，讓育苗土變成用手握捏後會成塊，按搓後會崩散的硬度。接著鋪蓋塑膠墊避免土乾掉，早春時可放在有日照的溫暖處保溫。

↓

選用72孔育苗盤播種

❶孔穴最下面1/3處放入腐葉土和炭化稻殼混成的土壤，將有助根部伸長，提高定植後的成活率。❷將育苗土均勻倒入育苗盤的每個角落，邊緣也要佈滿土壤，確實按壓。接著用手或刮板刮平多餘的土壤。

↓

每穴播5～6顆種子

用手指稍微在土壤表面壓出凹洞，每穴播入5～6顆種子。

覆上薄土，施力按壓

稍微用周圍的土撥蓋住種子，接著以手指施力按壓，將有助種子發芽。

↓

澆水，覆蓋報紙

播種完成後，澆淋大量水分。育苗盤的邊緣角落也要徹底淋濕，接著用報紙包住整個育苗盤，再次澆水預防乾燥。發芽需要7～10天，5天後的早晨就能拿掉報紙，建議寫下日期才不會忘記。

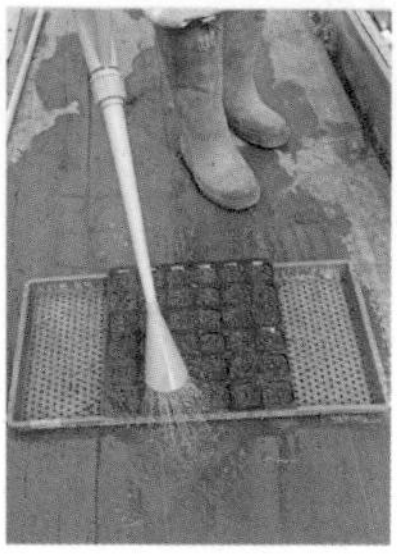

↓

早春期間置於溫床保溫

只長出2～3片本葉的幼苗如果處在低於12～13℃的低溫環境，可能會因此抽苔，所以早春季節要在溫暖處培育幼苗。❶透明塑膠箱保溫法。將墨汁混水倒入寶特瓶，日照使其變熱後，夜晚鋪在塑膠箱底部。接著擺上幼苗，覆蓋不織布，蓋上箱蓋，再包裹毯子保溫。❷將發酵中的落葉堆肥放入大袋子，製作成具備發酵熱的迷你溫床。袋子大小至少要有50cm寬，太小的話較難保留發酵熱。

夏季育苗要用寒冷紗遮陽

夏天育苗時，先將幼苗放在平台上，接著用黑色寒冷紗完整覆蓋住幼苗，不可有任何縫隙。這樣不僅能減緩日照與來自地面的輻射，降低溫度外，還能防蟲。

3月中旬
移植

疏剩2～3株

幼苗長出3片本葉後，就可以挑個溫暖的白天，取苗移植到盆栽。要先留下2～3株生長狀況佳的幼苗，其他則是用剪刀剪掉疏苗。土變乾的話要大量澆水。

↓

移植到2號盆

在2號盆（直徑6cm）填滿育苗土，挖出植穴，種入從育苗盤取出的幼苗，充分按壓周圍土壤，淺植即可，勿將莖部埋入土內。

↓

確實澆水

移植後要充分澆水。芹菜不耐乾燥，育苗期間要每天觀察，發現土壤變乾的話，就必須澆淋大量水分。

6月上旬～中旬

摘外葉收成

留下8～10片葉子

植株長至20cm時，就能開始摘外葉收成，要記得留下8～10片葉子。摘外葉能拉長收成期，但過度採收反而會使植株衰弱。

↓

6月下旬

整顆收成

植株高度超過35cm就要盡早收成

❶植株高度超過35cm時，就可以用鐮刀從貼近地面處將芹菜整株採收。❷採收後立刻剝掉受損葉片，作為田畦覆草。❸如果沒有要立刻拿回家，建議整株先用報紙包裹，放入塑膠袋預防乾燥。

受限日本氣候，自家採種難度高

芹菜本為二年生植物，過冬後會在隔年春天開花，長出種子。不過，芹菜在日本的氣候條件下難以過冬，算是自家採種難度頗高的蔬菜。

淺植即可

在馬鞍田畦挖出植穴，種入幼苗。淺植即可，不要蓋到莖部。將挖出的土壤撥回土團處，用力壓緊。

↓

覆草與追肥

定植後，在植株根基處覆草，避免乾燥，並握一把分量各半的米糠與油粕，撒在覆草上方作為追肥。

↓

5～6月

覆草、追肥、澆水

每2週追肥一次，連續1週未下雨就要澆水

芹菜生長速度慢，還有可能長輸給周圍的野草，所以要割掉野草當作覆草，避免野草高度超過芹菜。每2週進行一次與定植時相同的追肥。如果超過1週未下雨，就要大量澆水。

與毛豆混植時的追肥

毛豆追肥的話，很容易只長高、不結果，變得徒長枝葉。所以如果和毛豆混植，只要撒在芹菜周圍即可，毛豆無須追肥。

使用市售幼苗的話則移植到3號盆

如果是選用市售幼苗（盆徑6cm），且幼苗尚未充分生長的話，建議可移植到3號盆（直徑9cm），讓幼苗繼續長大。

3月上旬

定植前的準備

1個月前做出馬鞍田畦

定植1個月前，於種植地點挖掘深20cm左右的洞穴，於底部撒入一把完熟堆肥，和土混合後，做出馬鞍田畦。

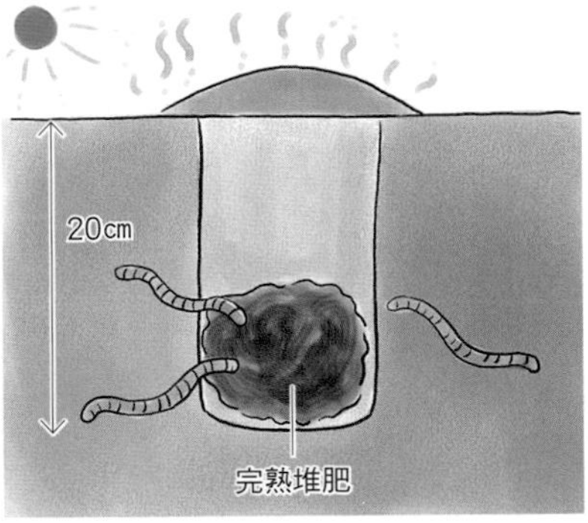

↓

4月上旬

定植

長出7～8片本葉後即可定植

芹菜幼苗的生長速度緩慢。比起過早移植，建議讓幼苗長出7～8片本葉後再定植，扎根情況會比較好。

定植前讓植株吸水

種植芹菜的訣竅，在於要讓定植的幼苗吸飽水分。定植前一晚先澆淋大量的酒醋水，定植當天在水盆倒入深3cm的酒醋水，將幼苗盆於定植前約3小時在水中，讓底部吸水。這樣的話，定植後3天就能不用澆水，有助根部伸長。

⬆蘆筍只要根部長好，往後每年春天都能收成接連竄高的嫩莖。

根部富含營養，能年年收成
用春天的滋味喚醒身體

蘆筍

天門冬科天門冬屬

蘆筍會收成早春冒出的莖部。
為了讓貯存營養的根部充分生長，
從培育種子到能夠收成至少需4年。
接著每一植株的可收成期間將達10年。
讓我們一起品嘗現採的頂級蘆筍滋味吧。

栽培計畫

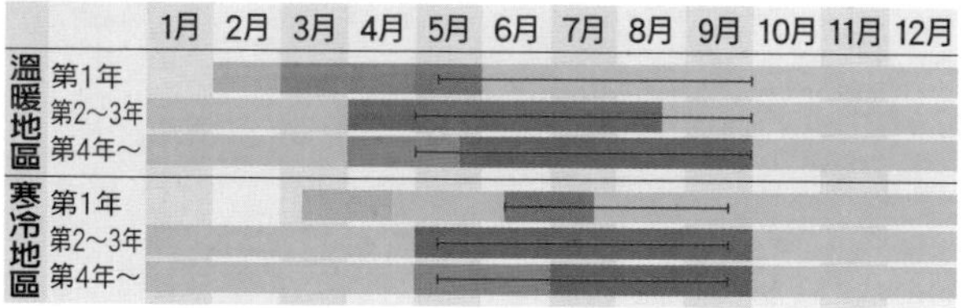

■播種 ■育苗 ■定植 ■生長期間 ■長莖養生
──強化覆草 ■收成

●溫暖地區是以關東地區（茨城縣土埔市），寒冷地區是以長野縣長野市（標高600m）為基準

特徵

原產地	南歐至俄羅斯南部
根部形狀	鬚根深根型
推薦品種	赤茎アスパラガス・サンタクロース（Santa Claus）的莖部為紅色，甜味強烈，加熱後會變深綠色。**瑪莉華盛頓**的莖部較細，但植株健壯，耐病性佳，容易露天種植，為固定品種。ウェルカム（Welcome）早生種的收成量豐富，為高品質的F1種。
共生植物	番茄、韭菜、大蒜、巴西利、鴨兒芹
搭配性差的蔬菜	茄子、玉米
連作	○
授粉	異花授粉
種子壽命	3～5年
適合土質	酸鹼度 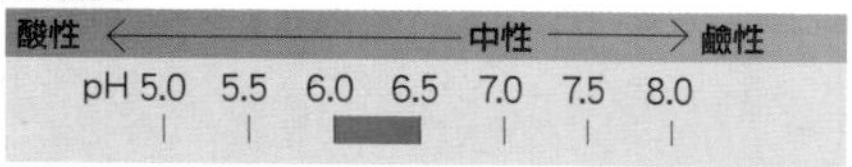 乾濕度 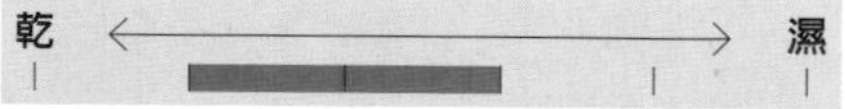

適種指標

熱	×
霜	×
發芽適溫	25～30℃ ※發芽至少需要15～20天，注意不可超過30℃。
生長適溫	15～20℃

貯存於根部的養分
會讓嫩莖長成多年生植物

野生種的蘆筍主要分布於歐洲，西元前後開始人工栽培。日本是在明治時期的北海道開始正式種植蘆筍。

雖然從外觀難以辨別，但其實蘆筍是雌雄異株，雌株莖部較粗，會長出種子。雄株莖細，但收成量豐富。最近還培育出基本上都是雄株的全雄系品種。

蘆筍適合生長於冷涼氣候，冬天遇低溫會休眠，接著萌芽。營養貯存於粗根裡，嫩莖會吸收根部的養分生長。栽培關鍵在於定植2～3年內先不要收成，讓根部吸飽養分，是能夠連續收成10年左右的多年生植物。

蘆筍含有能幫助新陳代謝與恢復疲勞的天門冬胺酸，屬於一種胺基酸。另也富含充沛的維生素，有助維生素C的吸收，強化微血管的蘆丁（Rutin）也是備受注目的成分。

不只能汆燙品嘗，炸成天婦羅、烹炒或炙燒都非常美味。

在自然菜園健康地
種植蘆筍的6個關鍵

關鍵 **1** **挑選日照佳、排水好的肥沃土地**

蘆筍只要種植成功，就能收成個好幾年，所以挑選適合生長、日照佳的田畦就非常重要。蘆筍最致命的病害是黴菌引起的莖枯病，所以要避免種在排水差的地點。肥沃土壤是種植蘆筍的理想條件，但如果為了加速蘆筍生長，施用大量堆肥的話，反而容易造成病害，使根部腐爛，因此切勿急躁，才能慢慢種出好的蘆筍。

關鍵 **2** **育苗要維持適溫，挑選適當時機栽培**

以育苗盤播種育苗，發芽生長一段時間後，再移植到盆栽。蘆筍發芽至少需要半個月，發芽溫度偏高，所以播種後，要放在塑膠箱或溫床保溫。發芽後，要注意溫度過高或土壤乾燥。移植盆栽後，須放在隧道棚內栽培，避免接觸到霜。雖然可以直接播種於盆栽，不再刻意移植，但花點心思移植的話，幼苗會長出更多的根，將有助生長。

關鍵 **3** **根株種在堆成山形的土上，讓根部能充分往下扎根**

蘆筍根會朝下深扎。如果選擇種植市售2～3年的根株，長根很難全部都是垂直朝下，所以挖好植穴後，加入堆肥和炭化稻殼，把土壤堆成山狀，讓植穴邊緣較低，這樣根部就能往斜下方繼續生長。如果是自己從種子種成的盆苗，則是挖出植穴後，將整個土團種入其中。

關鍵 **4** **覆草預防乾燥**

蘆筍討厭過度潮濕，但太乾燥也無法生長。所以要在植株根基處覆草或稻稈，避免土壤乾燥，還能預防梅雨季會造成病害的泥濘噴濺。

關鍵 **5** **以米糠追肥，沒下雨的話要澆水**

覆草後，要在上面撒一些米糠。米糠所含的乳酸菌能夠抑制黴菌繁殖。收成期間每2週補一次各半量的米糠與油粕，將有助隔年根部與莖部的生長。連續2週沒下雨，且覆草下方的土壤乾燥的話，可於傍晚時，為每一植株澆淋約1桶的酒醋水，分3次澆入，讓土壤充分吸水。

關鍵 **6** **莖部長超過20～30cm就要盡早收成**

早春時嫩莖會接連長出，超過20～30cm就是收成時機。太早收成的話，剩下的莖部就會往下長，使根部衰弱，太慢採收則會變硬。當嫩莖愈變愈細，便可結束收成，讓根部繼續貯存養分，為明年的收成做準備。

畦距與株距

夏天莖部會茂盛生長
小番茄的生長情況也不輸給蘆筍

蘆筍能長年收成，所以株距一定要至少相隔1m。莖葉吸收日照後，會長高變茂盛，所以混植建議搭配生長同樣旺盛的小番茄，或是在蘆筍葉子下面也能長得軟嫩的韭菜、巴西利、鴨兒芹，另外也可以選擇秋植並在早春長成的大蒜。不喜日照的茄子或玉米種在旁邊的田畦會遮蓋住蘆筍，導致蘆筍日照不足，無法長大。

蘆筍＋韭菜

在蘆筍株間種植韭菜，韭菜能抑制蘆筍病害，預防鼠類，在蘆筍莖葉下同樣能長得軟嫩。

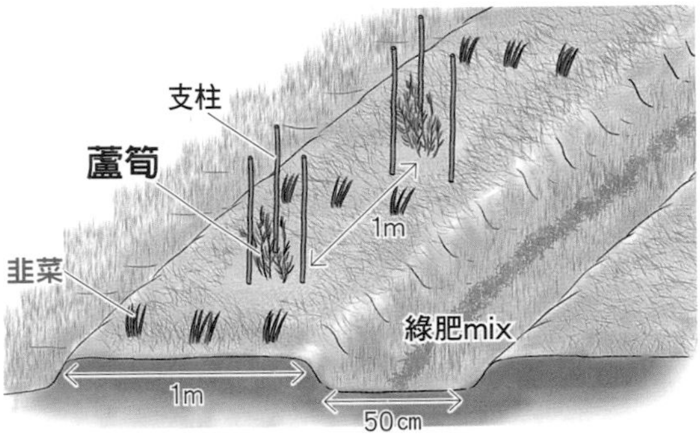

蘆筍＋小番茄

收成蘆筍後，晚植小番茄幼苗，兩者會同時長得跟灌木叢一樣茂盛。番茄能預防蘆筍常見的金花蟲，蘆筍則是能減少對番茄有害的線蟲。

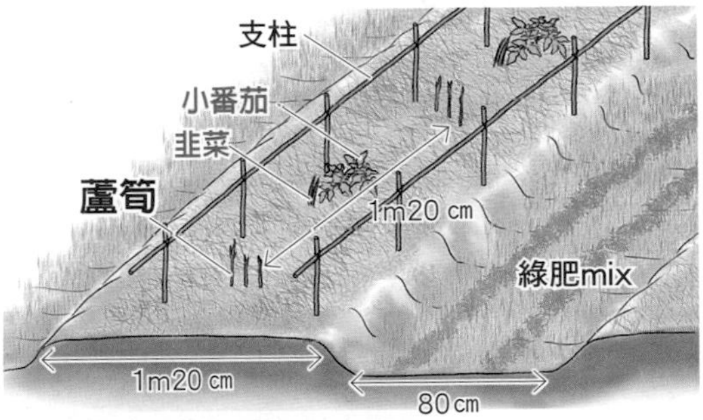

⬅支柱範例。能從兩邊支撐住生長茂盛的蘆筍與小番茄。

蘆筍栽培法

※種植於溫暖地區

田畦準備作業

蘆筍喜好日照佳、排水好的肥沃田地。如果田地缺乏養分較為貧瘠，建議於定植1個月前在整塊田畦撒入①～③，稍微翻耕表面5cm，與土壤混合。

①完熟堆肥　3～4L/㎡
②炭化稻穀　2～3L/㎡
③苦土石灰　100g/㎡

2月上旬～2月下旬

播種

準備育苗土

於播種1週前備妥育苗土。以8：2：1的比例混合市售播種用培養土、田土、炭化稻殼，添加水分（含水量50～60%）充分拌勻，讓育苗土變成用手握捏後會成塊，按搓後會崩散的硬度。接著鋪蓋塑膠墊避免土乾掉，早春時可放在有日照的溫暖處保溫。

↓

準備育苗盤

選用72孔育苗盤。將育苗土均勻倒入育苗盤的每個角落，邊緣也要佈滿土壤，確實按壓。接著用手或刮板刮平多餘的土壤。

↓

每穴播入3顆種子

用手指在每穴的育苗土中間挖出深1cm的植穴，播入3顆種子。覆上育苗土後，以手指施力按壓。

大量澆水

播種完成後，澆淋大量水分，育苗盤的邊緣角落也要徹底淋濕。

↓

覆蓋報紙靜置1週

用報紙包住整個育苗盤，再次澆水預防乾燥。接著靜置1週，避免發芽前土壤乾掉。

↓

早春期間置於溫床保溫

蘆筍的發芽適溫較高，所以早春播種後到取苗期間都要放在溫暖處。❶透明塑膠箱保溫法。將墨汁混水倒入寶特瓶，日照使其變熱後，夜晚鋪在塑膠箱底部。接著擺上幼苗，覆蓋不織布，蓋上箱蓋，再包裹毯子保溫。❷將發酵中的落葉堆肥放入大袋子中，製作成具備發酵熱的迷你溫床。想要保留發酵熱，袋子大小至少要有50cm寬。

發芽需要點時間

蘆筍發芽需要15～20天，但又不愛超過30℃的高溫，發芽後的生長適溫為15～20℃，所以要避免環境溫過高。土壤表面乾掉時，就要大量澆水。根部較脹大的部分會貯存水分，所以很能夠適應乾燥。

↓

3月～4月

移植

移植到3.5號盆

幼苗高超過8cm的話，就要移植到3.5號盆（直徑10.5cm）。在盆內填滿育苗土，挑選溫暖的白天挖出植穴，種入從育苗盤取出的幼苗，充分按壓周圍土壤，並在植株根基處大量澆水。

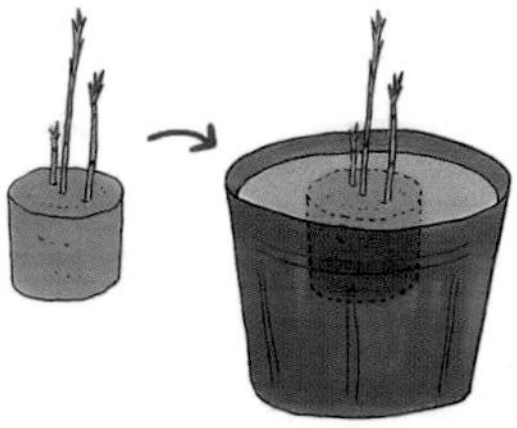

若直接播種3號盆，不做移植的話

如果不想另外移植的話，可直接用3號盆（直徑9cm）播種。在盆中挖出2個植穴，每穴播入2顆種子，每盆種4顆，幼苗長出後無需疏苗，直接定植。

5月上旬～下旬

定植

等到晚霜結束後

植株長到15cm左右時就能定植於田裡，定植前一天的傍晚要澆淋大量酒醋水。

採收後立刻浸水

先將水盆裝水，蘆筍採收後切口立刻浸水，才能維持現採的軟度。若要綑成一束，建議用報紙包起，並豎立帶回，避免蘆筍乾掉。

有些田地會在秋天採收蘆筍

一般而言，蘆筍都是春天開始長莖，但遇到日照不足等惡劣條件時，有些田地可能要等到秋天才長出嫩莖，所以會於秋天開始採收。

春天覆草

收成期間，可以從接近地面處割掉周圍的野草作為覆草運用，頻率為每2週一次，要注意別割到蘆筍。

↓

補撒米糠防病害

覆草完後，接著握一把米糠，繞植株周圍撒一圈作為追肥。這樣不僅有助隔年根部的生長，也能預防病害。

5月～9月
夏～秋季的照料方式（長莖養生）

覆草與支柱

定植後，要從靠近地面的地方割掉植株周圍的野草，作覆草運用。當莖部長高，葉子變茂盛時，就要架設支柱，綁繩子固定，防止植株倒伏。定植後第2～3年先不要採收，讓植株充分生長，使根部貯存足夠的養分。第4年開始收成後的照料方式同上。

↓

11月～3月
晚秋～冬季的照料方式

晚秋時割下植株作為覆草

當茂盛的葉子於每年晚秋開始變黃枯萎，可以在完全枯掉前割除，截成30cm長，就地作為覆草。也可以同時補撒米糠或炭化稻殼，不僅有助早春的生長，更能預防病害。

↓

冬天的田畦要架設支柱防鼠害

進入冬天後，田畦下的蘆筍根會開始休眠。可在田畦某幾處插放支柱預防鼠類啃食。

↓

第4年之後　4月～5月
收成

長至15～20cm即可收成

播種完的第4年之後，當早春時蘆筍長出粗莖，且高度達15～20cm，就能從根基處折下蘆筍收成。當收成1個月左右，莖部開始變細，生長速度開始變慢時，就要停止採收，使莖葉茂盛生長，讓根部得以養生。

排水較差的田地要在植穴底部鋪放赤玉土和腐葉土

如果種在過去是水田等排水較差的田地，植穴底部要鋪放混勻的赤玉土和腐葉土，以改善排水。

↓

剪掉變長的根部

先剪掉從土團長出的根部再移植。

↓

覆草時避開土團上方

將土團放入植穴，周圍填入土壤，緊密按壓與土團密合。土團最上方雖然會稍微低於地面，但不用再覆蓋土壤。只需在外圍覆草，空出土團上方。

購買2～3年根株定植的話

種苗店也有在賣栽培了幾年的蘆筍根株苗，價格雖然比盆苗貴，但能較快收成，種植後隔1～2年就可以採收。建議挑選價格高，但根部粗又多的大苗，這樣才能收成大量且夠粗的蘆筍。定植時請參照下圖，將混有炭化稻殼等資材的田土堆成山形，擺上根株後，讓根部深入土中，頂部則是稍微覆土，再予以按壓。

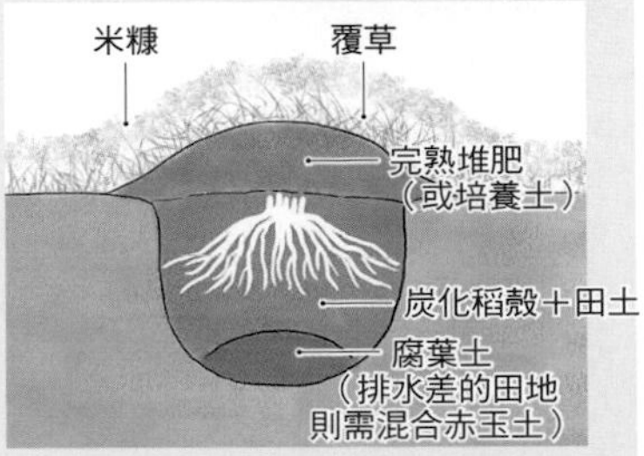

從花朵伸長出的子房柄會鑽入土裡，發育成果莢

落花生

豆科落花生屬

開花後，伸長出的子房柄會鑽入土內，結出落花生。落花生是在貧瘠地也能生長的豆科蔬菜，與茄子混植的話，還有助混植作物的生長。殼內的花生能降低膽固醇，是具備抗氧化作用的健康蔬菜。

⬆落花生鑽入土中的子房柄前端會結果。位於根部，能固定空氣中的氮元素並轉換成養分的根瘤菌群非常發達。

特徵

原產地	原產南美，於江戶時代經東亞傳入日本
根部形狀	直根淺根型
推薦品種	**千葉半立**是戰後被選出的千葉縣在來種，也是該縣種植量最多的品種，加熱炒過後的風味佳。**鄉之香**是千葉縣於平成7年培育出的早生種，汆燙後香甜美味。**おおまさり（Omasari）**於平成22年登錄，為晚生種，是一般落花生的2倍大，汆燙後帶甜，口感軟嫩。
共生植物	番茄、茄子、青椒、番薯、玉米、蔥
搭配性差的蔬菜	一串紅、迷迭香
連作	× ※可混植於其他蔬菜田
授粉	自花授粉（也會雜交，所以不同品種要分開栽培）
種子壽命	1～2年（去莢的話是半年）
適合土質	**酸鹼度** 酸性 ← 中性 → 鹼性 pH 5.0 5.5 6.0 6.5 7.0 7.5 8.0 **乾濕度** 乾 ←→ 濕

栽培計畫

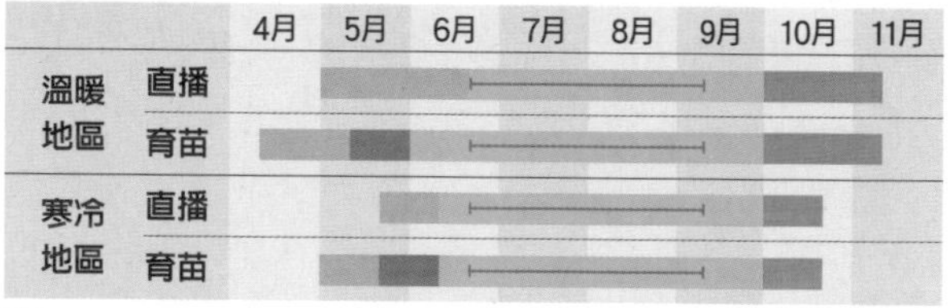

播種　定植　生長期間　強化覆草　收成

※溫暖地區是以關東地區（茨城縣土埔市），寒冷地區是以長野縣長野市（標高600m）為基準

適種指標

熱	△
霜	×
發芽適溫	20℃左右
生長適溫	15～25℃

些許養分就能充分生長，非常適合與夏季蔬菜混植

落花生又名南京豆，為一年生植物，裡頭的果實就是花生。和其他無蔓種的豆科植物相似，落花生的生長高度約30cm。特徵在於夏天開出黃花後，伸長出的子房柄會鑽入土內，前端不斷膨大結成帶殼果實，所以才名叫「落花生」。

落花生原產自安地斯地區，在乾燥的貧瘠地也能長得很好。除了有能夠固定住根部氮元素的根瘤菌作用，土壤中的菌根菌網絡也非常發達，有助養分運用。茂盛的葉子能作為覆草，另也非常適合與茄科植物混植。

花生將近一半的成分都是脂質，富含能夠降低膽固醇的亞油酸等不飽和脂肪酸，更含有大量能預防氧化、促進血液循環的維生素E。有助乙醇與乙醛分解、緩和宿醉的菸鹼酸含量更是所有蔬菜中數一數二之高。再加上花生本身熱量高，些許就能獲得滿滿能量，當然還是要注意不可過量。

在自然菜園健康地
種植落花生的6個關鍵

關鍵 **1** **挑選不會太過肥沃的土地**

共生於落花生根部的根瘤菌在完全沒有養分的貧瘠地無法生成，但是田地太過肥沃的話，根瘤菌也不會變多。如果土裡氮含量過高，葉子雖然能生長茂盛，但會變成徒長葉、不結果，甚至有可能引發蚜蟲蟲害。另也不需要米糠追肥。

種植時要避免挑選黏土質成分過高或排水不佳的田地。太過潮濕可能會使種子腐爛，無法發芽，所以要避免下雨前後播種，播種前的種子也嚴禁泡水。如果土壤殘留草所含的未熟有機物，將會增加豔金龜幼蟲等蟲害，所以可以在1個月前耕田做好準備。另也可以選擇不整地栽培法，不要翻耕有機物，直接播種。

關鍵 **2** **育苗時要防範霜害及鳥類侵食**

落花生不耐霜，寒冷地區建議先育苗才能生長健全。育苗還可以預防種子無法順利發芽，出現缺株。

有些田地比較容易遇到烏鴉或鴿子吃掉剛播種的種子或剛發出的嫩芽。如果無法常去田裡巡視，建議先育苗再定植，預防鳥類侵食。

關鍵 **3** **播種時要考量怎樣的方向種子比較好發芽**

直播的話，種子的擺法要和在豆莢裡的方向一樣。直接種下整個豆莢也會發芽，不過有時豆莢裡可能沒有種子，所以建議播種前先剝開豆莢確認裡面有無種子。

種在盆栽時，比較尖的一端朝下插入。因為嫩芽會從另一邊冒出，所以方向顛倒的話，將無法順利發芽。

關鍵 **4** **開花前都必須確實鋪好草**

要避免葉子茂盛生長，才能讓子房柄順利鑽入土內。割掉落花生根部伸長處四周的野草，作為覆草。落花生不喜歡太過潮濕，但開花時缺乏水分的話也很難結果，所以要在開花前完成覆草作業，保持土壤水分。

開花後就不用割掉植株周圍的野草，也不用覆草，以免截斷剛開始伸長的子房柄。

關鍵 **5** **降霜前採收完畢**

開始降霜，莖葉枯萎的話，子房柄和豆莢也會跟著脫落，使採剩的落花生增加，引來想吃花生的鼠類。所以建議時機成熟時就要試挖看看，開始採收可汆燙食用的落花生。豆莢的網目變清晰時，就能全部採收加以保存。

關鍵 **6** **收成後連葉放乾**

挖出保存用的落花生後，連葉放置至少10天使其乾燥。葉子的蒸散作用能減少黴菌生成。若採收量不大，也可以直接用晾衣夾吊掛放乾。

畦距與株距

葉子可以作為覆草
適合混植於乾燥田畦

喜好乾燥的落花生不會吸取太多水分，所以很適合混植在乾燥田畦上。相反地，如果是要在原本的水田種植番茄，就必須混搭需要大量水分的毛豆。雖然蔥與豆科植物的搭配性很差，落花生卻是例外，可以和蔥混植。田畦中間種蔥、兩旁種落花生，落花生生長旺盛的話，還可以達到培土效果。

番薯＋落花生

番薯和落花生都適合生長乾燥田畦。種落花生的訣竅，在於定植番薯的同時，就要在株間播種或植苗，而不是種在番薯蔓的末端。兩者都是鼠類的最愛，所以要徹底收成，不可留在田裡。

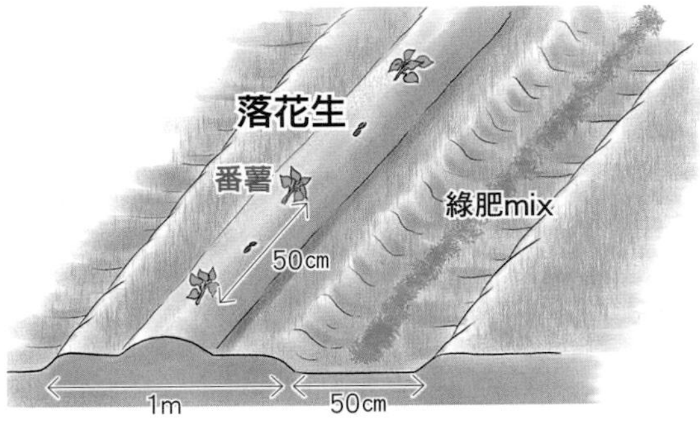

落花生＋玉米

於寬1.2m的田畦種2排玉米，並在畦距中央種植落花生。可以先種落花生，或是先種苗栽培，以免生長速度落後玉米。用收成玉米時割下的草作為覆草，秋天就能作為花生田運用。

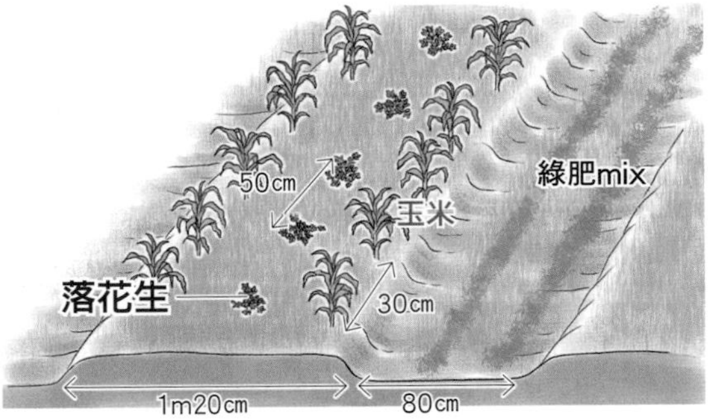

茄子＋落花生

與茄子的混植範例。寬1m的田畦於中間種1排，寬1.2m則可於左右種2排，並在中間種入茄子，還可在茄子的土團旁種韭菜苗。也可同時於株間種入落花生苗，或是播種栽培。

落花生栽培法

※種植於溫暖地區

田畦準備作業

落花生喜愛日照、排水佳，且不會太過肥沃的田地。落花生生長需要鈣，建議可施撒炭化稻穀或貝化石肥料，還能調整pH值。如果要種在沒有養分的棄耕地，建議於定植1個月前在整塊田畦撒入①～②，稍微翻耕表面5cm，與土壤混合。

①貝化石肥料　100g/㎡
②炭化稻穀　2～3L/㎡

4月中旬～5月上旬

播種於盆栽

準備育苗土

於播種1週前備妥育苗土。以8：2：1的比例混合市售播種用培養土、田土、炭化稻穀，添加水分（含水量50～60%）充分拌勻，讓育苗土變成用手握捏後會成塊，按搓後會崩散的硬度。接著鋪蓋塑膠墊避免土乾掉，早春時可放在有日照的溫暖處保溫。

↓

準備盆栽

準備3號盆（直徑9cm）播種。放入隆起的育苗土，充分按壓，讓盆底也填滿土壤，接著用手或刮板刮平多餘的土壤。

↓

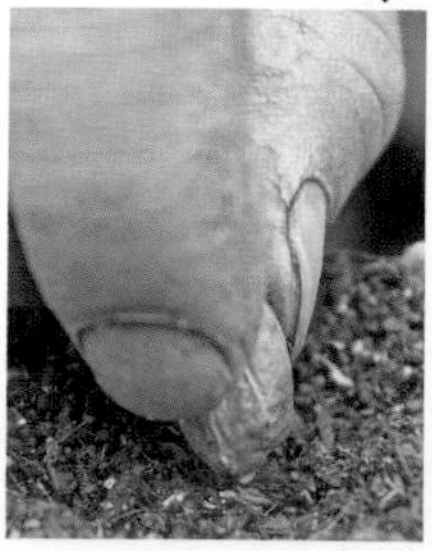

播種時，種子較尖的一端直立朝下插入

大種子每盆放1顆，小種子則可放2顆。種子尖端朝下，垂直插入土中。自家採種所保留下的種子可在準備播種時，再將種子從殼中取出。

淺植，能稍微蓋住種子即可

播種深度不用太深。種子頂端埋進土裡後，再用周圍的土稍微覆蓋即可。

↓

大量澆水

播種後，澆淋大量水分。如果是所有育苗盆要一起澆水，邊緣角落也記得徹底淋濕。

↓

覆蓋報紙靜置5天

用報紙包住整個托盤，再次澆水預防乾燥。5天後的早晨就能拿掉報紙，這段期間無須再澆水。

↓

蓋上黑塑膠墊保溫

落花生的發芽適溫為20℃。要在溫暖的環境下才會發芽，所以溫度無法維持的時候要蓋上黑塑膠墊保溫。白天則要注意避免溫度太熱，播種5天後務必卸除。落花生發芽大約需要7～10天。

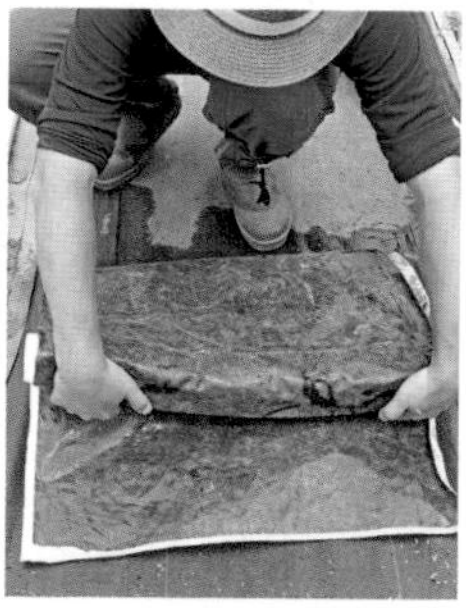

等土乾再澆水

拿掉報紙後，無須頻繁澆水，發現土壤表面乾掉時再給予充足水分。這時很容易因為想加速發芽而澆太多水，或是溫度太熱，導致種子爛掉。如果播種2週後還沒發芽，會建議重新播種。

5月中旬～下旬

定植

要等到過了晚霜

當幼苗長出4～5處帶有4片葉子的本葉時，不用擔心降霜的時候，就能定植於田中。定植前晚先澆淋大量酒醋水。

↓

植穴不用深，能淺植即可

先貼近地面割掉定植區域的野草，用移植鏟挖出植穴。接著植入幼苗，土團上方要與地面等高，不可放太深。

↓

培土蓋住種子

保持土團完整，植入株苗，把挖出的土原封不動地填回洞裡，緊密按壓與土團密合。稍微撥攏周圍的土，蓋住土團上方露出的種子。

↓

覆草時避開土團上方

在周圍覆草作為覆草，能預防乾燥、抑制野草生長。不過要避開土團上方，這樣才能拉高地溫，提升根部成活率。

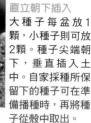

5月上旬～6月中旬

直播於田裡

只要地溫回升，不用擔心遇到晚霜時，也可以選擇直播於田裡。不過要特別注意鳥類、鼠類的侵食以及生長初期長輸野草。

維持花生在豆莢裡的狀態雙播

先從貼近地面處割掉播種區域的野草，鐮刀尖端要插入地面，切斷土裡的根部，並挖出淺植用的植穴，播入種子。每穴2顆，擺放時要維持花生在豆莢裡的狀態，將有助發芽。

覆土按壓

稍微覆土蓋住種子，確實按壓，播種後無需澆水。

播種處鋪上薄薄的覆草

周圍要確實覆草，才能預防乾燥，減少野草叢生。播種處則是鋪上薄薄的覆草，種子才有辦法從縫隙冒芽。

長出本葉前都要做好防鳥害工作

如果要鋪蓋不織布或寒冷紗預防鳥類侵食，建議在播種時鋪放，長出本葉時即可移除。注意不要播在鼠洞旁。如果田地有鼠害問題，可在播種前先將種子噴灑稀釋300倍的木醋液。如果是買消毒過的種子則可省略此步驟。

初期的生長情況可能會不如野草，所以要從接近地面處割掉周圍15cm的野草作為覆草。長出本葉後，植株根基處也要覆草，翻耕過的田地則是改成培土就好。

6月～9月上旬

割草與覆草

開花前都要割草和覆草

❶葉子四周15cm範圍的野草都要貼地割除，並直接鋪作覆草，此作業要持續到開出花朵。

❷花朵枯萎掉落後，子房柄就會於掉落處朝地面往下鑽。這時不用再除掉植株周圍的草，也不用鋪放新的覆草。

10月～11月上旬

收成

先採收汆燙用落花生

下葉開始變黃的話，就可以試挖看看。❶用移植鏟從周圍開始挖掘，❷拉著莖部，將植株挖起。如果豆莢只有些微膨大，剛開始形成網目的話，就表示果實尚未全熟，汆燙品嘗還是很美味。當豆莢的網目清晰，果實全熟，就可收成加以保存。務必加緊速度，於降霜前結束採收。

保存用落花生要確實放乾

汆燙用的落花生可以在收成後立刻烹調。要保存用的全熟落花生則要確實放乾，避免發霉。挑選連續3天放晴，土壤乾燥的時候挖掘，並像下圖一樣，連同葉子倒立擺放，放置至少10天，讓葉子完全乾枯。趁好天氣時拔下豆莢，連同豆莢放入網袋裡吊掛保存。

種子直接連同豆莢保存

從保存的乾燥豆莢中，挑選飽滿的豆莢作為明年栽培用的種子。種子從豆莢取出後壽命會縮短成半年，所以先直接連同豆莢保存，等到播種前再取出即可。

與果菜類植物混植的話，先等果菜類收成結束後再挖掘

與茄子、青椒、番茄等果菜類混植時，先挖出落花生的話會使果菜類枯萎。所以請先收成果菜類，再挖掘落花生。

⬆長蒴黃麻生長旺盛，摘新芽後還能持續收成不斷長出的側芽。

能不斷採收的夏季葉菜
人稱國王菜，富含營養

長蒴黃麻

田麻科黃麻屬

長蒴黃麻來自埃及。
傳說國王喝了長蒴黃麻湯後治好了重病，
所以又有「國王菜」之稱。
富含大量維生素及礦物質，是盛夏季節能夠收成的
珍貴葉菜類。可以不斷摘取嫩梢，收成期間長。

特徵

原產地	埃及附近
根部形狀	直根深根型
推薦品種	無（目前流通於日本的只有1個品種）
共生植物	伏地生長的小黃瓜
搭配性差的蔬菜	茄子、玉米等（長蒴黃麻會長得比較大，吸乾日照和營養）以及蔥
連作	◯
授粉	無須擔心雜交
種子壽命	5年以上
適合土質	酸鹼度

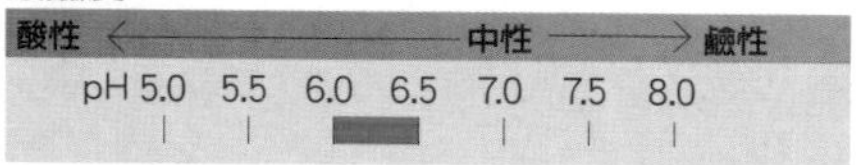

乾濕度

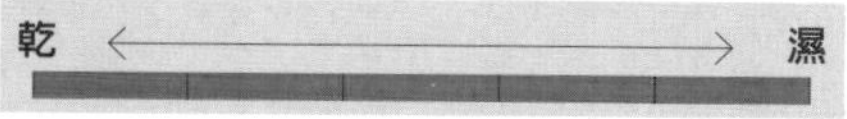

栽培計畫

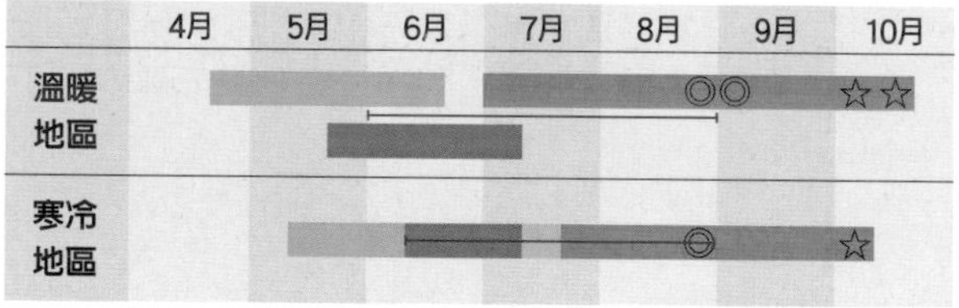

■播種、育苗 ■定植 ■生長期間 ├─┤強化覆草 ■收成
◎開花 ☆採種

●溫暖地區是以茨城縣土埔市，寒冷地區是以長野縣長野市（標高600m）為基準

適種指標

熱	
霜	
發芽適溫	25～28℃左右。
生長適溫	25～28℃，低於10℃會生長不良

富含大量維生素，嫩梢可以連莖部一起食用

據說就連埃及豔后也很喜歡的長蒴黃麻是來自埃及的蔬菜，標榜能夠美容、有益健康，自1980年代起開始於日本普及。具備能有效抗氧化，減緩老化的維生素A、C、E所有元素，其含有量在蔬菜裡更是數一數二。另也含有豐富的維生素B群和鉀。

長蒴黃麻是夏天能夠採收的優質葉菜類。只要植株順利扎根，基本上不會有什麼病蟲害，抵禦颱風、強降雨、乾旱的能力也很強。長蒴黃麻不會倒伏，所以無需準備支柱。進入初霜後會開始枯萎，但能夠持續採摘嫩梢直到秋天結束。

能用手折下的嫩梢很軟，可以連莖部一起食用。關鍵在於要在長花、植株變硬前持續採收。

過度加熱會使營養流失。如果只是稍微過個熱水，那麼可以將莖部浸熱水60秒、葉子浸20秒，葉子變色後立刻撈起，改浸冷水降溫。剁碎後和柴魚片拌勻配白飯、煮湯、炸天婦羅都很美味。

在自然菜園健康地
種植長蒴黃麻的5個關鍵

關鍵 1 於盆栽播種育苗

長蒴黃麻初期生長緩慢，直播容易長輸周圍的野草，所以會建議先育苗再定植。育苗大約需要25～30天。

關鍵 2 等霜季過了再定植

長蒴黃麻喜愛高溫和日照，只要有一丁點霜就會枯萎，必須等到晚霜結束，地溫充分回升後再定植。溫度愈暖，生長會愈旺盛，所以無須太早定植。

關鍵 3 植株達30cm即可摘心

如果想要摘取大量柔軟的嫩梢，植株達30cm時一定要先將主枝摘心。讓側芽長出，葉子才會茂盛。

關鍵 4 覆草與澆水

長蒴黃麻雖然耐乾燥，但水分不足會使收成的嫩梢莖葉變硬。所以乾燥的盛夏期間建議在植株根基處覆草，預防田畦乾掉。超過10天沒下雨的話就要澆水。會不斷長出柔軟的新芽。

關鍵 5 持續採收長出的新芽

新芽不摘會逐漸變硬，所以植株達20～30cm時就可以開始採收。側芽會隨之長出，讓收成不間斷。

畦距與株距

長蒴黃麻生長旺盛，採單排種植即可

氣溫攀升後長蒴黃麻生長就會很旺盛，所以株距切勿太過壅擠。如果只種長蒴黃麻，那麼可以採單排種植，並取40～80cm的株距。若每週只採收一次，側芽數量會比較少，植株會向上伸長，所以可縮短株距。若能夠每日採收，則要拉大株距，側芽才能像灌木叢一樣朝外生長。

長蒴黃麻＋伏地生長的小黃瓜

各位或許想在長蒴黃麻的株間混種其他蔬菜，但大多數的蔬菜都長不贏長蒴黃麻。這時不妨搭配在陰涼處也能長蔓變大的伏地生長小黃瓜。可直接播種於株間，也可移植幼苗。不過，收成時要從長蒴黃麻的葉叢裡尋找小黃瓜果實，沒看仔細的話可能會使果實生長過大，所以要盡量頻繁採收喲。

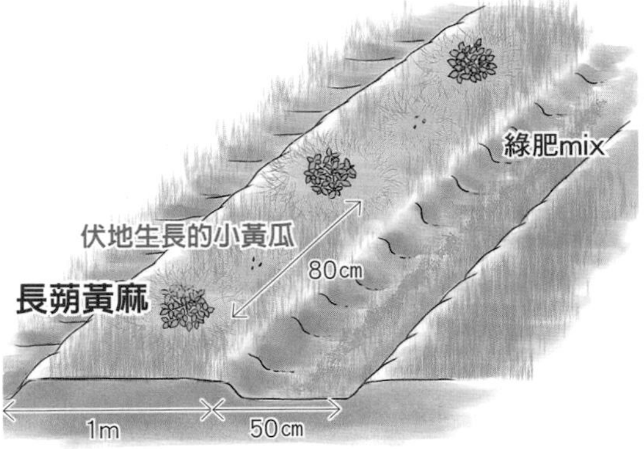

長蒴黃麻
栽培法

※種植於溫暖地區

田畦準備作業

長蒴黃麻不太挑地點，但也喜歡日照、排水佳的肥沃田地。如果要種在沒有養分的棄耕地，建議於定植1個月前在整塊田畦撒入①～③，稍微翻耕表面5cm，與土壤混合。

①完熟堆肥　3～4L/㎡
②炭化稻殼　2～3L/㎡
③貝化石肥料　100g/㎡

4月下旬～6月中旬

播種、育苗

準備育苗土

於播種1週前備妥育苗土。以8：2：1的比例混合市售播種用培養土、田土、炭化稻殼，添加水分（含水量50～60%）充分拌勻，讓育苗土變成用手握捏後會成塊，按搓後會崩散的硬度。接著鋪蓋塑膠墊避免土乾掉，早春時可放在有日照的溫暖處保溫。

↓

準備盆栽

準備3號盆（直徑9cm）播種。放入隆起的育苗土，充分按壓，讓盆底也填滿土壤，接著用手或刮板刮平多餘的土壤。

每盆播入3～5顆種子

長蒴黃麻的種子很小，所以每盆可播入3～5顆，覆上7～8mm的土壤後，確實按壓。成熟的種子會是翡翠色，如果是咖啡色代表尚未成熟，應避免使用。

↓

澆水，蓋報紙預防乾燥

播種後，澆淋大量水分。用報紙包裹，再次澆水預防乾燥。2天後的早晨就能拿掉報紙，這段期間無須再澆水。

7月上旬～10月中旬

收成

陸續採收長出的新芽

新芽長至20～30cm時，就和前面摘心步驟一樣，摘取柔軟可以彎折下來的部分。只要氣溫攀升，採收的同時側芽又會不斷長出，讓植株變得更茂盛。若植株太硬無法食用，則可剪下作為覆草。

↓

10月上旬～中旬

自家採種

保留要採種的花朵即可

長蒴黃麻的種子帶毒性，所以要摘掉新芽，避免開花，如果開花了，建議從花朵下方整個切除。但如果是要採種，則可在莖部作記號，刻意保留，使其繼續生長開花，結出果莢。

↓

完全成熟後乾燥存放

盡早決定並保留要採種的花朵，待其結果完全成熟。很快就開始降霜的寒冷地區如果太晚保留花朵的話，果莢會來不及成熟。當果莢枯萎變乾後，就能取出完熟的種子加以保存。

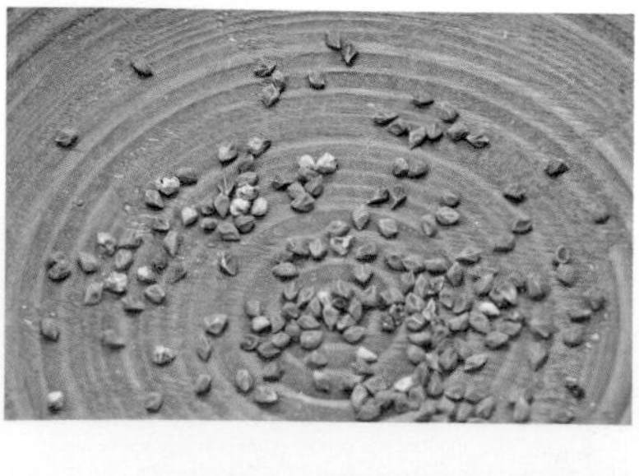

6月中旬～7月中旬

摘心

植株達30cm就要摘心

植株達30cm時，要用手彎折主枝，把能夠折斷的部分摘下，也可用剪刀剪下。接下來收成的時候就可以保留側芽，摘取柔軟的嫩梢。

↓

6月上旬～8月下旬

覆草與追肥

覆草與追肥

梅雨前半季氣溫偏低，生長速度也會較為緩慢。要持續割草、覆草，以免植株長輸野草。開始收成後，可以視生長情況，每10天在覆草上補撒一把米糠。超過10天沒下雨的話就要大量澆水。

長出2～3片本葉後，留剩1株即可

放在溫度不會低於10℃，溫暖且日照佳的地點育苗，但要注意白天氣溫不能超過30℃。長出2～3片本葉後，就能保留生長狀態最好的1株幼苗，其餘的用剪刀剪掉疏苗。接下來，只要最低溫不會低於10℃，晚霜也結束的話，就能改成露天栽培。

↓

5月下旬～7月上旬

定植

長出5～6本葉後即可定植

只要晚霜季節結束，植株也長出5～6片本葉的話，就能定植於田裡。定植前一晚先澆淋大量水分，定植當天在水盆倒入深3cm的水，將幼苗盆於定植3小時前浸在水中，讓底部吸水。

↓

土團上方要與地面等高

先從貼近地面處割掉定植區域的野草，用移植鏟挖出植穴。幼苗土團上方要與地面等高。

↓

覆草時避開土團上方

保持土團完整，植入株苗，把挖出的土原封不動地填回洞裡，緊密按壓與土團密合。在周圍覆草作為覆草，但要避開土團上方，才能拉高地溫。

夏天的天然菜園

覆草能讓作物穩健生長，持續收成

當氣溫攀升、降雨增加時，草的生長也會變得旺盛。把割下的野草鋪作覆草將有助蔬菜持續生長。頻繁採收也是讓收成不間斷的訣竅。

芝麻的豆莢開始結果，抓緊收割時機非常重要。

辣椒和蔥或韭菜一起種的話會長得很好。

生長旺盛的小黃瓜。果實肥大的速度快，最好是能天天採收。頻繁採收能減少對植株的負擔，還能增加收成量。

持續割掉植株下方的野草，作為覆草。這也是進入夏天後，對植株最好的呵護。

長在茄子旁的落花生、早生毛豆和萬壽菊。不斷覆草讓混植的作物生長良好，彼此的搭配性也會更棒。

只要種個1～2株就能享受大量收成的食用酸漿。

綠葉會隨著炎熱程度愈趨茂盛
舒緩夏天帶來的疲勞

苦瓜／夏天的自然蔬菜

葫蘆科苦瓜屬

**苦瓜原產於熱帶亞洲，
帶有獨特苦味，能預防夏天沒精神。苦瓜非常耐乾燥，
也幾乎不用擔心病蟲害，是非常好栽種的蔬菜。
天氣變熱後，藤蔓會不斷伸長，葉子也會變得茂盛，
也常被種植於家中，作為綠色花園植物。**

⬆苦瓜在中國又稱為涼瓜，能舒緩炎熱，預防夏天沒精神。

栽培計畫

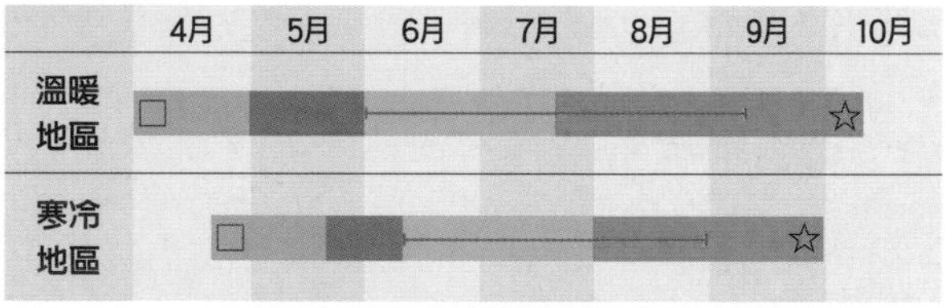

■播種 □做馬鞍田畦 ■定植 ■生長期間 ├─┤強化覆草 ■收成 ☆採種

※溫暖地區是以關東地區（茨城縣土埔市），寒冷地區是以長野縣長野市（標高600m）為基準

適種指標

熱	◎
霜	×
發芽適溫	25～30℃
生長適溫	20～30℃

特徵

原產地	原產於熱帶亞洲，經中國傳至沖繩。沖繩當地稱其為「ゴーヤー（山苦瓜）」，亦是日本常用的名稱。和名為「ツルレイシ（蔓荔枝）」，也叫「ニガウリ」
根部形狀	主根淺根型
推薦品種	**沖繩Abashi苦瓜**為小型尺寸短的固定品種。**沖繩純白苦瓜**同屬短小型，顏色為白色。**島心**為沖繩交配種。**緑のカーテンゴーヤー**是適合盆植的品種，植株生長力強
共生植物	蔥、韭菜、翼豆、豇豆、玉米、萬壽菊、小黃瓜、京水菜、萵苣
搭配性差的蔬菜	四季豆（會增加線蟲害機率）
連作	×（至少間隔2年）
授粉	異花授粉
種子壽命	3～4年
適合土質	**酸鹼度** 酸性 ← 中性 → 鹼性 pH 5.0 5.5 6.0 6.5 7.0 7.5 8.0 **乾濕度** 乾 ← → 濕

苦味成分會增進食慾，是非常推薦的好種蔬菜

苦瓜含有多種皂苷，以及由20種胺基酸所組成，名為苦瓜素（momordicine）的苦味成分，能夠增進食慾、恢復疲勞、降低血糖值。維生素E、礦物質及膳食纖維含量同樣豐富。維生素C是高麗菜的3倍左右，且非常耐加熱。

苦瓜品種繁多，但都是固定品種。島苦瓜系的苦味較淡，薩摩系的「沖繩中長苦瓜」苦味強烈。

保存可用保鮮膜包裹放冰箱冷藏。種子周圍的內膜容易變質，保存前要先清除乾淨。做「沖繩炒苦瓜」料理時，先炒苦瓜再炒豬肉的話，苦味就不會那麼重。也可以撒點糖，放烤箱稍微烤過，做成微苦風味的點心。切片曬乾後稍微炒過，就能拿來泡苦瓜茶。

只要避免太早種植、過度潮濕、株距過密，就能輕鬆種成，但連作會使土中線蟲增加。可與蔥混植，線蟲害情況嚴重的田地則要避免與四季豆混植。

在自然菜園健康地
種植苦瓜的7個關鍵

關鍵 **1**

等溫度攀升後再播種

苦瓜不耐寒，進入夏天就能旺盛生長，所以不要太早播種。溫暖地區雖然可以直播，但還是建議先育苗。於定植1個月前播種，溫暖地區的話會是4月之後。

關鍵 **2**

定植可以晚一些，和蔥一起作業

苦瓜生長適溫高，所以要等到地溫充分升高後再定植。苦瓜是遇到晚霜就會枯萎的夏季果菜類，但也是必須最慢定植的作物。可與蔥混植，減少連作障礙及預防病蟲害，為了讓地溫攀升，植株根基處無須覆草，讓土壤直接照射陽光即可。

關鍵 **3**

長出6片本葉及鬚蔓時就要摘心

母蔓較難長出雌花，結果量不多，所以務必摘心，讓子蔓伸長。摘心後不僅能長雌花，植株也比較容易攀附網架生長。等到長出6片本葉時，就可以摘掉植株前端。在家中種苦瓜作為綠色花園時還是要摘心，藤蔓才能爬滿網架。

關鍵 **4**

先備妥支柱和網子

想要植株茂盛生長，就要架好穩固、風吹不會搖動的支柱，讓藤蔓能攀附在網子上。要在定植前準備好支柱和網子，避免傷到幼苗根部和藤蔓。架設網架作成綠色花園的時候，也要考量到藤蔓重量與風吹承受度。

關鍵 **5**

最先結出的2～3顆苦瓜長至拇指大小時就要先摘果

蔬菜結果後，根莖等植株的生長會變差。當植株還處於不夠健全的生長初期，長出的果實就該先摘除，才能讓植株充分生長，所以最先結出的2～3顆苦瓜長至拇指大小時，就要先摘除。讓植株健康長大，才能長時間豐收。

關鍵 **6**

每7～10天補一次肥，乾旱時要澆水

開始收成後，每7～10天要在覆草上撒一把米糠追肥。追肥不只對蔬菜，對土中微生物也很有幫助。超過1週沒下雨的話，就要在植株根基處大量澆水。一旦水分不足，植株持續處於枯萎狀態的話將很難結果，或果實無法長大。苦瓜不愛太過潮濕，所以無需每天辛勤澆水，等乾燥時大量補水即可。

關鍵 **7**

開花後15～20天即可收成

苦瓜太早採收會很苦，太晚採收種子會變紅過熟，有損風味。收成最佳時期是開花後15～20天，繼續放下去果實也不會變大。不熟悉的人可能會認為果實還會長大，等到很晚才採收，但這其實有損植株生長，也會影響苦瓜結果的能力。

畦距與株距

苦瓜葉可作為覆草綠肥
也適合作為乾燥田畦的混植作物

氣溫攀升後苦瓜會生長旺盛，所以定植時要避免植株過密。苦瓜不喜環境過濕，排水差的田地需做成高畦。

小黃瓜＋苦瓜

小黃瓜定植2週後再種植苦瓜，讓苦瓜緊接著小黃瓜的腳步生長。苦瓜會在小黃瓜收成高峰期開始變得茂盛，並纏繞著小黃瓜的植株生長，不久後就能收成苦瓜。

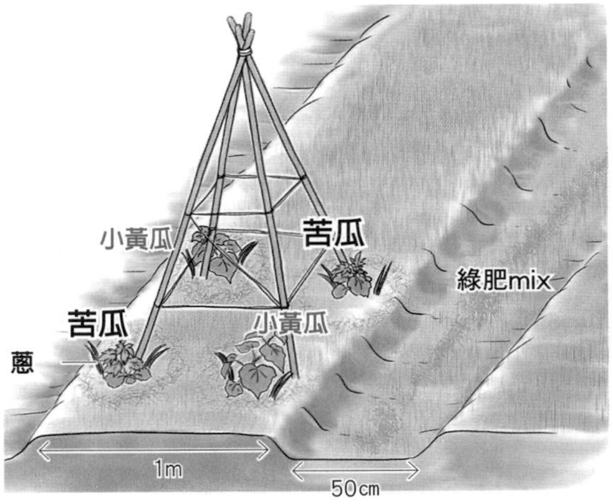

苦瓜＋豇豆、萬壽菊

和苦瓜一樣耐熱的豇豆及萬壽菊能栽培於同個網架。乍看類型跟苦瓜很像的四季豆較喜愛涼爽環境，且會使線蟲增加，所以須避免混植。萬壽菊能夠防線蟲，花朵還能吸引昆蟲，有助苦瓜授粉。

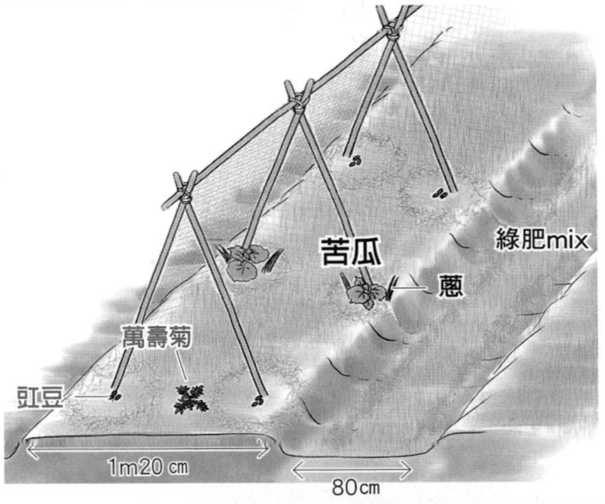

炎熱的盛夏會讓藤蔓伸長，綠葉茂盛。

苦瓜栽培法

※種植於溫暖地區

田畦準備作業

苦瓜喜歡日照好的田地，不喜太過潮濕。如果要種在沒有養分的棄耕地，建議於定植1個月前在整塊田畦撒入①～③，稍微翻耕表面5cm，與土壤混合。

①完熟堆肥　2～3L/㎡
②炭化稻穀　1～2L/㎡
③貝化石肥料　100g/㎡

4月上旬

準備定植預定地

定植1個月前做出種蔥的馬鞍田畦

定植1個月前，在預定地做出種蔥的馬鞍田畦。挖深約20cm的洞穴，底部撒入各一把的腐葉土及炭化稻穀，與土壤混合，植入蔥後，覆蓋土壤，堆成馬鞍形。無須覆草，讓土壤照射陽光，地溫上升。

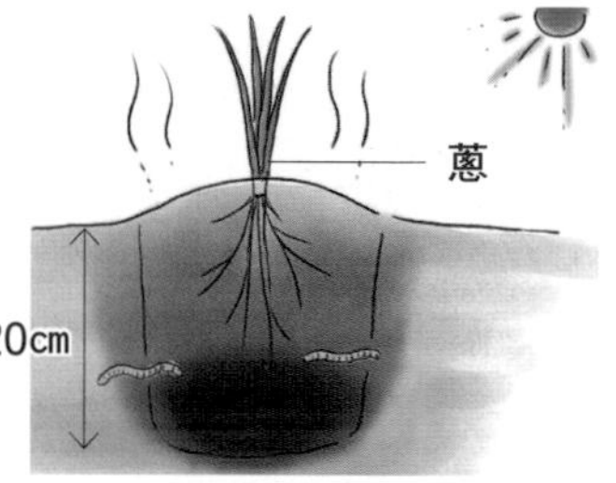

↓

4月上旬～下旬

準備土壤與盆栽

準備育苗土

於播種1週前，先將育苗土填入盆栽。以8：2：1的比例混合市售播種用培養土、田土、炭化稻穀，添加水分（含水量50～60%）充分拌勻，讓育苗土變成用手握捏後會成塊，按搓後會崩散的硬度。

準備盆栽

將育苗土填入3號盆（直徑9cm）。放入隆起的育苗土，充分按壓，讓盆底也填滿土壤，接著用手或刮板刮平多餘的土壤。

↓

4月上旬～下旬

播種

每盆播入2～3顆種子

定植1個月前播種。每盆播入2～3顆種子。自家採種的話有些種子可能不會發芽，所以要播入比需求量更多的種子。種子要像照片一樣方向一致，發芽後雙子葉才不會重疊。

↓

覆上種子厚度2倍左右的土

把種子壓入土中後，再從上面覆蓋育苗土。覆土深度必須是種子厚度的2倍。

↓

充分按壓

覆土後，用手指施力按壓，讓土壤與種子密合，才能促進發芽。

↓

大量澆水

播種後要仔細且大量澆水，讓水分能滲至盆底。接著用報紙包裹，再次澆水淋濕報紙。2天後的早晨就能拿掉報紙，這段期間無須再澆水。

覆蓋黑塑膠墊保溫

苦瓜的發芽適溫偏高，建議報紙上面蓋層黑塑膠墊保溫。

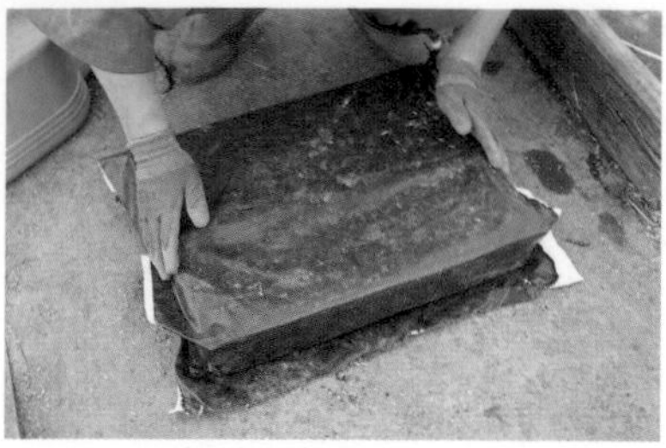

↓

4月～5月

育苗

白天要低於30℃，夜晚要高於18℃

苦瓜的發芽、生長溫度都比較高，建議放在溫室裡的隧道棚或透明塑膠盒內維持適溫。將墨汁混水倒入寶特瓶，排列於透明塑膠箱底，接著擺上幼苗。晴朗白天時可以打開箱蓋，取出寶特瓶曬太陽使其變熱。傍晚時再將寶特瓶和幼苗放回塑膠箱，覆蓋不織布，蓋上箱蓋，再包裹毯子保溫。

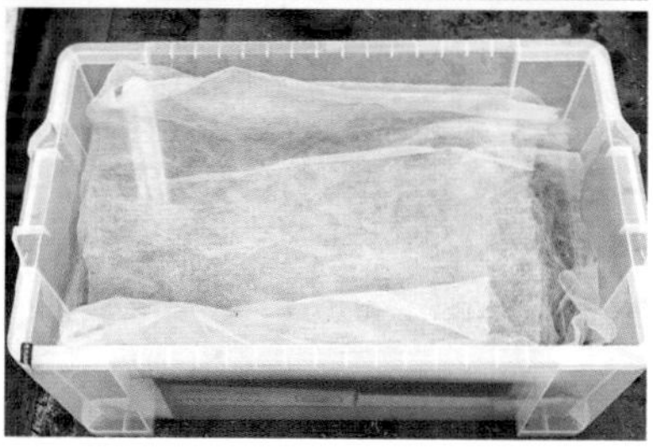

↓

疏苗

開始長出本葉時，就能保留生長狀態最好的1株幼苗，其餘的用剪刀從根基處剪掉疏苗。

7月下旬～10月上旬

收成

收成要愈早愈好，覆草勿間斷

要抓緊時機，每週收成1次。最先結出的2～3顆苦瓜長至拇指大小時可以先摘除，植株會長得更健壯。吃不完那麼多的話，也可以盡早摘掉果實，才能長期收成。收成後要持續覆草，且每7～10天在草上撒一把米糠追肥。

養在高樓層陽台的話改採人工授粉

苦瓜要靠昆蟲授粉結果。如果是養在3樓以上的陽台或屋內等昆蟲到不了的地方，就要靠人工授粉。用雄蕊去沾花瓣下方的雌花柱頭，請於中午前作業。

10月上旬

自家採種

熟透的果實會裂開

收成進入後半階段，可保留長熟的果實作為自家採種用。苦瓜熟到變橘色時會裂開，裡頭紅色的果肉會包覆著種子。清洗乾淨、去除果肉後，選出浸水會下沉的種子，放入網袋，吊掛於通風良好處2～3週晾乾保存。紅色果肉會甜，可食用。

陽台栽培要種2株以上

苦瓜是很好種的盆植蔬菜，不過需要異花授粉，所以要種2株以上。挑選較深的盆栽，植株需間隔至少30cm，如果盆栽尺寸較小，每盆種1株就好。還要立好網架，土壤表面可以覆蓋腐葉土來替代覆草，預防乾燥。每週插入1顆中顆粒的發酵油粕作為追肥，並澆淋充足水分。種植苦瓜很常遇見根爛掉的情況，注意水分不可過量。土變乾後再澆大量水分即可。

移植後按壓

土團上方要與地面等高。把挖出的土原封不動地填回土團與植穴間的縫隙，用手按壓密合。

↓

覆草時避開土團上方

幼苗周圍的土要露出，讓地溫攀升。貼著地面割掉植株約15cm範圍之外的野草，鋪作覆草。定植後不用澆水，保持乾燥才能讓根部往下深扎。

5月下旬～6月

摘心與誘引

長出5～6片本葉時摘心

只要生長順利，定植7～10天後會長出5～6片本葉，接著鑽出鬚蔓。這時就能徒手或用剪刀摘掉莖部前端，促進子蔓生長，接下來不用整枝，放任其生長即可。

↓

剛開始要誘引，讓藤蔓攀附網子

開始長蔓後，就要用麻繩將植株誘引至網架。只要鬚蔓開始攀附網子，接著就不用誘引，會自己沿著網架伸長。要好好讓植株生長直到長出雌花。

拉開苗距與馴化

育苗進入後半階段後，為了避免幼苗徒長，需視生長情況拉開盆缽間距，避免葉子接觸。也要注意白天溫度不可超過30℃。定植1週前就能開始慢慢拉長幼苗露臉的時間，使其適應室外氣溫。

↓

5月

定植

地溫攀升，長出3～4片本葉即可定植

地溫開始攀升後，長出3～4片本葉就能定植。定植前一晚先澆淋大量的酒醋水，定植3小時前再將幼苗盆浸在酒醋水中，讓底部吸水。

↓

在種蔥的馬鞍田畦挖出植穴

定植前，於種蔥的馬鞍田畦架設網架。用移植鏟挖出植穴，接著將田畦的蔥暫時拔出。

↓

與蔥混植

將前面拔出的蔥，種回苦瓜苗的土團旁。

⬆秋天開挖時，長在地面下的就是今年種植的薑。下方留下的種薑就是薑母，同樣能當作調味料使用。

喜愛潮濕的熱帶蔬菜
其香氣與辣味具備藥效

薑／薑黃

薑科薑屬

薑的原產地介於東南亞與印度間，自古就是藥用植物。含有具殺菌力、能促進代謝、去除活性氧等多種功效的成分。喜歡半日照環境，討厭乾燥，建議種在植株較高的蔬菜旁，搭配覆草栽培。

栽培計畫

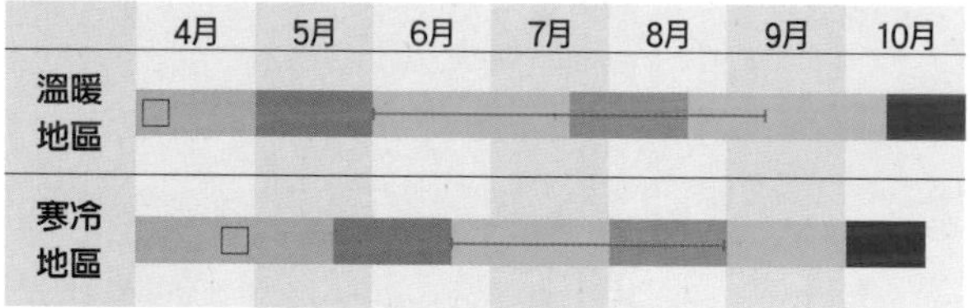

□做馬鞍田畦　■發芽　■移植　■生長期間
├──┤強化覆草　■收成葉薑　■收成根薑

※溫暖地區是以關東地區（茨城縣土埔市），寒冷地區是以長野縣長野市（標高600m）為基準。寒冷地區的葉薑收成要控制在最少量

特徵

原產地	印度至馬來西亞等東南亞熱帶地區。3世紀以前傳入日本
根部形狀	鬚根淺根型
推薦品種	**多福**帶有清爽辣味及芳香，適合當成調味料或醃漬，生長旺盛，是在肥沃田地能健康長大的大型薑品種。**近江生薑**是佐料用薑的必種品種，不挑環境，屬中型薑。**黃金生薑**是金黃色的中型薑，香氣與辣味強烈。**金時生薑**非常好種，是薑芽數較多的小型薑，香氣與辣味強烈，薑芽為紅色。
共生植物	芋頭、小黃瓜、茄子、紫蘇、玉米、青花椰、鴨兒芹
搭配性差的蔬菜	馬鈴薯（要避免混作或互為前後期作物）
連作	×（至少間隔4～5年） 與混植的芋頭互換位置即可連作
適合土質	**酸鹼度**

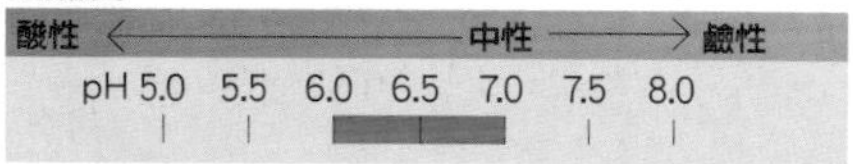

乾濕度

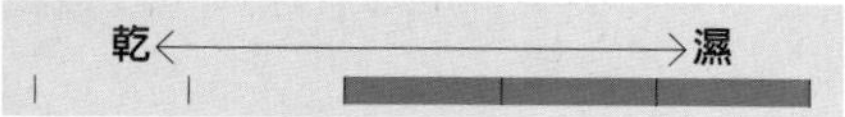

適種指標

熱	○ 30℃以下（避免陽光直射）
霜	×
生長適溫	25～28℃　15℃以下會停止發育

生薑能殺菌、增進食慾，想改善手腳冰冷就要加熱

調味料或搭配生魚片絕對少不了薑，它更被作為生藥廣泛利用。生薑富含一種名叫薑醇（gingerol）的辣味成分，不只能夠殺菌、抗發炎，還能增進食慾，減緩噁心或頭痛。加熱或乾燥後，裡頭所含的薑醇和薑酚（shogaol）也會增加，皆能溫熱身體。所以想用來改善手腳冰冷的話，建議加熱後使用。切成薑片，和砂糖一起燉煮成糖漿後，把取出的薑片冷凍保存，還能加入紅茶飲用。薑皮富含大量成分，如果是自家栽培，甚至可安心地連皮食用。

品種依尺寸分成大中小型，愈小香氣與辣味愈重，吸肥力也很強。想要浸甜醋作成薑片的話可挑選大型薑，調味料則建議挑選小型薑，但若只選一種的話，中型薑使用上會更方便。

薑遇霜就會枯萎，在原產的熱帶地區是多年生植物。原本生長於樹下等半日照處，不喜歡乾燥及超過30℃的高溫。

在自然菜園健康地 種植薑的5個關鍵

關鍵 1　發芽後再定植

直接把薑種入田裡的話，要等2個月才會發芽。這段期間土裡的種薑可能會爛掉或發霉，導致無法發芽。還要除草，避免野草覆蓋，可能因此傷到薑芽。

只要把種薑埋在腐葉土裡，不用特別照顧就能順利發芽。腐葉土不僅能維持適量水分，也不用擔心薑會發霉。再加上只定植有長出芽的薑，所以沒有缺株問題。

要挑選新鮮水嫩的種薑。連同腐葉土一起放入袋中保存直到發芽，預防乾燥。

關鍵 2　定植地點要在1個月前做好馬鞍田畦

薑喜歡相對肥沃的土壤，所以定植地點要先埋入一把完熟堆肥，並做出馬鞍田畦。嫩薑在貧瘠田地的生長狀況不佳，也無法留下種薑。

土中的未熟有機物可能使種薑腐敗，所以務必在定植1個月前做好馬鞍田畦。

關鍵 3　等到地溫充分攀升後再定植

埋在腐葉土裡的種薑開始發芽後就能定植，但原生於熱帶的薑一旦遇到晚霜就會枯萎，所以務必等到地溫充分攀升，紫藤花盛開再定植。較寒冷的地區甚至會等到種薑長芽，甚至開始長葉時才定植。由於薑的生長適溫偏高，晚點定植會比較保險。

關鍵 4　等到芽長至20cm再培土，一次即可

為了讓地溫升高，但土壤又不會變得乾燥，要像P.72的插圖一樣，定植入下凹的地面。下凹處無須覆草。

薑芽長至20cm時，先撥開覆草，培土填平地面，接著把覆草鋪在植株根基處。培土一次即可。

關鍵 5　鋪疊覆草，土變乾前就要澆水

要依序覆草和稻稈作為覆草，避免培土後薑露出表面。薑喜歡穩定的地溫及土壤濕度，所以務必確實覆草。

葉子數量超過12片時，可在草上撒薄薄一層米糠追肥。但要注意，追肥過量會引來斜紋夜盜蟲侵食莖葉。

薑討厭乾燥，1週沒下雨就要趁土變乾前澆淋大量水分。

畦距與株距

做好覆草有助生長
也很適合與喜好水分的蔬菜混植

薑喜歡排水好、帶點濕氣的土壤，不喜歡乾燥與猛烈日照帶來的高溫。種在植株較高的蔬菜旁會長得很好。

茄子＋薑

定植茄子時，一起移植發芽的薑。薑會在茄子葉下方的半日照處健康長大。

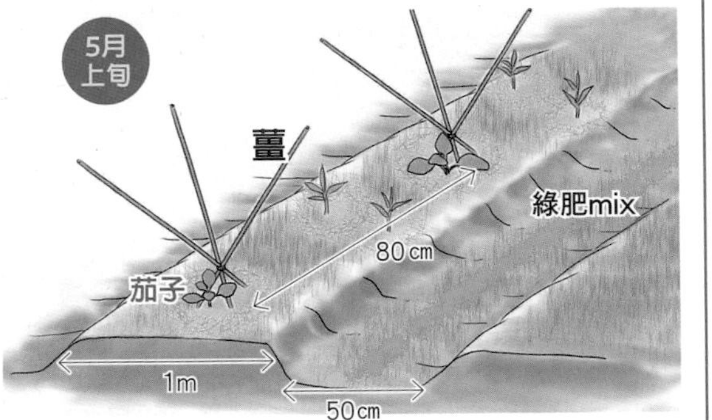

芋頭＋薑＋大豆

把發芽的芋頭和薑一起交叉移植入田畦中央。接著在田畦單側播入大豆。兩邊都播種大豆的話容易引來椿象。隔年只要把芋頭和薑的位置互換，就能不用換田，繼續連作。

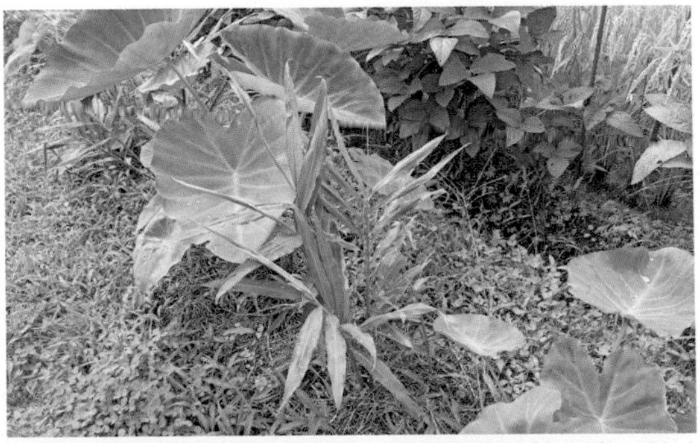

⬆薑和芋頭的生長適溫都偏高，喜歡帶濕氣的土壤，所以可以把薑種植於講究日照的芋頭株間，在這樣的半日照環境下，兩者都能健康生長。

薑
栽培法

※種植於溫暖地區

田畦準備作業

薑喜歡帶點濕氣，排水良好且相對肥沃的田地。如果要種在沒有養分的棄耕地，建議於定植1個月前在整塊田畦撒入①～②，稍微用耙子翻耕表面5cm，與土壤混合。

①完熟堆肥　2～3L/㎡
②炭化稻殼　2～3L/㎡

※酸度較高的田地則是加撒100g/㎡的貝化石肥料。

4月
準備定植預定地

定植1個月前做馬鞍田畦

定植1個月前，在預定地做出馬鞍田畦。挖深約20cm的洞穴，撒入一把完熟堆肥與土壤混合後填回，堆成馬鞍形，讓陽光能充分照射。

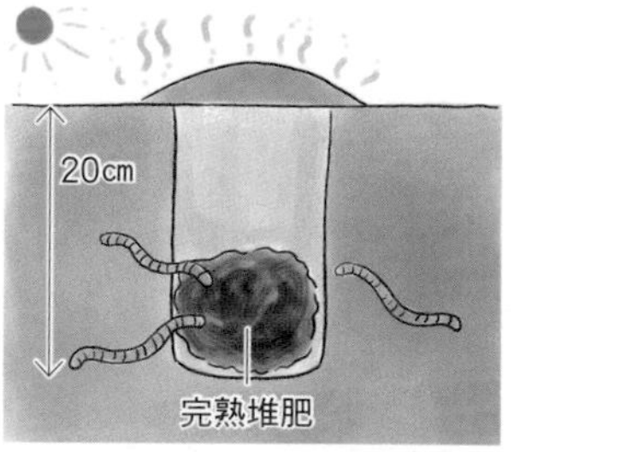

↓

4月
發芽

埋入腐葉土

在盆栽或底部挖洞的魚貨箱放入腐葉土，埋入整塊種薑。

↓

大量澆水

覆上腐葉土蓋住種薑，澆淋大量水分。

蓋上報紙，再次澆水

用報紙蓋住腐葉土，再次澆水淋濕報紙。

↓

蓋上塑膠袋，搓小洞

覆蓋塑膠袋，塑膠袋與報紙間要留縫隙，讓空氣能流入。接著用竹籤在塑膠袋刺出間距5cm的小洞，避免悶住。如果是放在溫室內，則無需蓋塑膠袋，以防溫度過高。

↓

放置溫暖處

讓腐葉土裡的地溫維持18～28℃，濕度達90%。白天將培育箱放在日照處，傍晚則是用毯子包裹，改放於溫暖處保溫。等待發芽的1個月期間如果有覆蓋塑膠袋的話就不太需要澆水，但還是要注意避免乾燥。

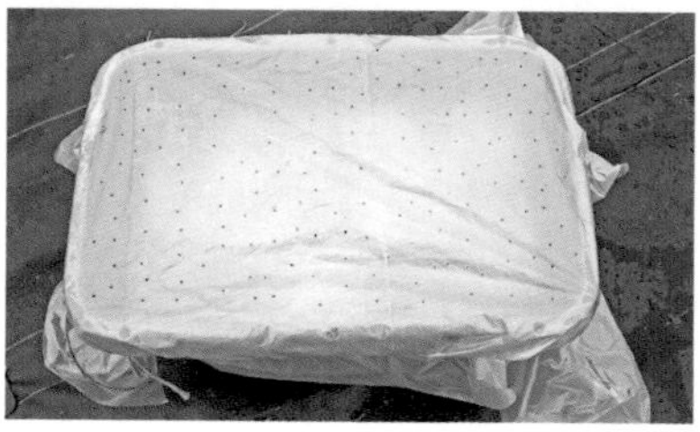

芋頭可放在同個箱子發芽

既要種薑也要種芋頭的話，可以將培育箱分成上下兩層，就能同時發芽。箱底放入芋頭，蓋上腐葉土。薑芽比較脆弱，挖出來的時候容易損傷，所以薑一定要放在上方。

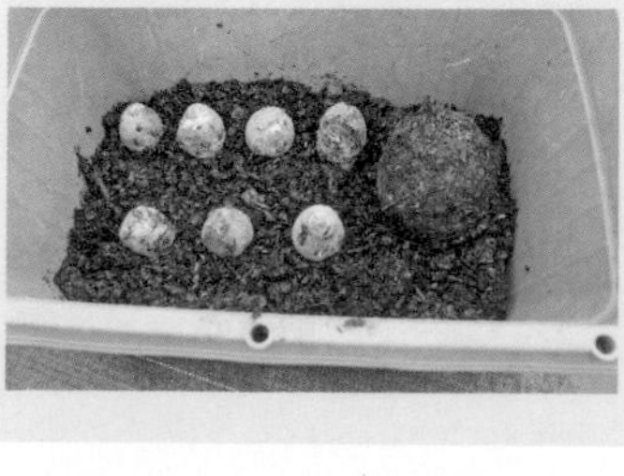

5月
移植

1個月左右就會發芽

薑大約1個月就會發芽。只要條件適合就能定植，如果田地地溫較低，那會建議先拿掉報紙，讓芽繼續生長，等到看見葉子後再定植會比較保險。薑芽折斷後無法再生，所以要特別小心。

↓

分切成50g

移植帶有2～3個薑芽，重量約50g的種薑。如果種薑比較大塊，可在移植前切成50g左右的大小，下刀時要注意是否帶有薑芽。切口不用曬乾直接植入。如果是帶有薑芽，但重量不足50g的種薑，則可集中2～3塊小種薑，讓重量達50g再一起移植，將有助生長。

↓

澆植於深20cm的植穴

在馬鞍田畦挖出深20cm的植穴，底部鋪放一把發芽用的腐葉土，放入種薑時芽必須朝上。撥土蓋住種薑後，再覆上5cm厚的土壤並按壓。移植後，植穴會呈凹陷狀，凹槽處無須覆草。

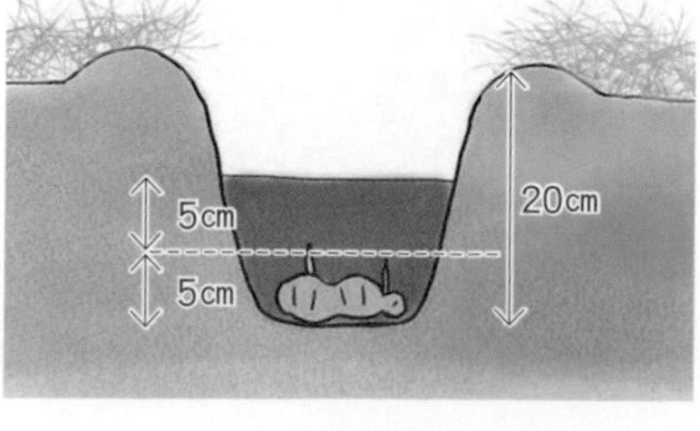

過冬的氣溫要高於15℃、濕度達90%

想長時間保存薑的話，溫度至少要15℃，濕度則須維持90%。低溫會使薑受損，潮濕則會發霉。可以把今年新長的嫩薑在秋天挖起，挑選外皮完整的薑塊埋入土裡，作為隔年要用的種薑。先挖掘約1m深的洞穴，把薑塊連同稻殼一起放入，接著蓋上土壤，以維持溫度。如果是室內溫暖處，則可放入腐葉土中，切勿完全密封，要讓袋子或容器裡的腐葉土透氣，以防薑塊受損。然而，寒冷地區的薑塊很難保存過冬，建議直接購買種薑。

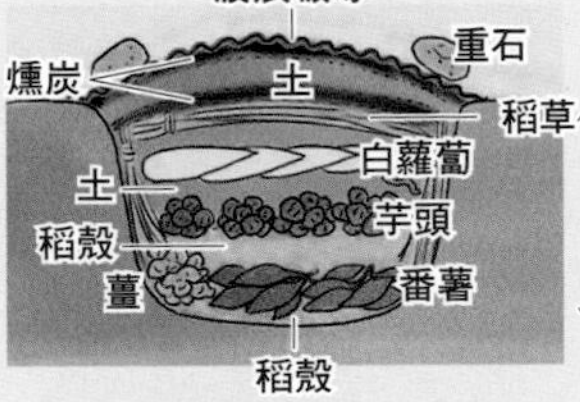

⬆薑、番薯都是冬天很容易受損的蔬菜，如果要挖洞貯藏的話，必須埋放在最深處。

栽培薑黃基本上跟薑的方法一樣

薑黃原產於印度，是薑科薑黃屬的多年生植物。它的塊根長得跟薑很像，可以磨泥、切片、乾燥加工作運用。

又可分成春薑黃與秋薑黃，栽培時期基本上都和薑一樣。一般常見的薑黃是秋薑黃，富含能預防宿醉的薑黃素。春薑黃除了具備薑黃素，精油成分含量也相當豐富，據說能分解膽固醇，甚至抑制癌細胞增生。苦味強烈，常被作為生藥運用。紫薑黃與黑薑黃也是春薑黃的同類。

薑黃的栽培方法基本上跟薑一樣，但薑黃不耐潮濕，種在排水差的田地時要作高畦。移植深度會比薑更淺，覆土按壓後，要與地面等高。可用培土的方式填回土壤。

⬅薑黃的葉片很大，所以種薑黃只需長出1～2個薑芽，混植時的株與株之間需相距80cm。如果只種薑黃，那麼可採株距20～30cm的密植，讓彼此能在半日照的環境下生長。

（照片／松尾吉高）

撒米糠追肥

長出12片葉子後，在植株周圍的覆草或稻草上撒一把米糠追肥。期間每2～3週追肥一次，直到8月下旬，總計約3次。

↓

變乾前就要大量澆水

1週沒下雨的話，就要趁覆草下的土壤乾掉前用澆水器大量澆水，讓水分徹底滲入土壤中。

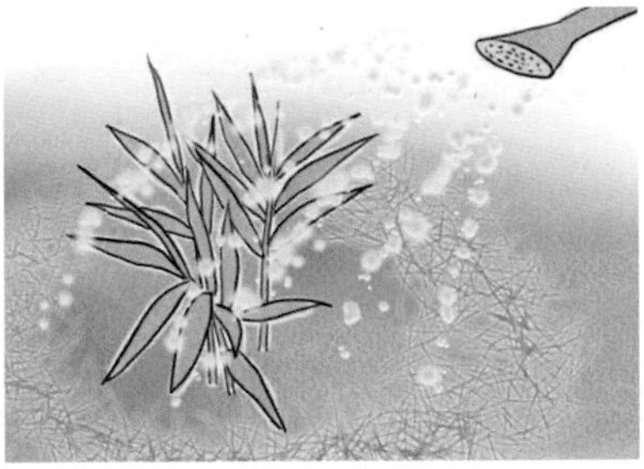

收成薑筆與葉薑

除了秋天能收成根薑，6月～7月也能收成薑筆，7月～8月則是能收成葉薑。甜醋醃漬過的薑筆其實就是烤魚的配角「はじかみ」。收成筆薑時，會壓住植株根基處的土壤，只採收嫩芽的部分。收成葉薑則是會把整個植株拔起。新鮮的薑筆和葉薑都能直接生食。不過，薑在寒冷地區的生長期較短，想要確保收成的話，建議夏天不要採收，放至秋天收成根薑的收成量會比較好。

↓

10月中～下旬

收成

收成根薑

溫暖地區在莖葉開始變黃的10月中旬～初霜期間，就能收成整株薑。插入鏟子，根部騰空後就能拔起。如果是想盡量拉長生長期的寒冷地區，則是在初霜結束後開始收成。

寒冷地區需把長出葉子的種薑連同腐葉土一起移植

如果是移植時期會比較晚的寒冷地區，可等到長出2片葉子後再移植。和前面的作法一樣挖出植穴，連同根部附著的腐葉土一起種入，再覆上5cm厚的土壤並按壓，這時莖葉必須是在地面之上。

↓

6月

培土

填平凹槽，鋪蓋覆草

長出20cm的薑芽後，就能培土填平移植時的凹槽，並在植株根基處覆草。後續也要不斷鋪蓋覆草。

↓

7月～8月

夏季的照料方式

覆草與稻草

長出12片葉子時，就能先撥開覆草，從貼近地面處割掉植株周圍的野草，重新鋪蓋覆草。如果有稻草的話，也可鋪放稻草預防夏季的炎熱及乾燥。

⬆種到又大又肥的絲瓜果實，準備用來製作絲瓜絡。若要食用必須趁小條的時候盡早採收。

可作成絲瓜絡或化妝水
是適合夏天種植的熱帶蔬菜

絲瓜

葫蘆科絲瓜屬

只要在菜園種絲瓜，
就能輕鬆做出過去各戶人家都會使用的絲瓜絡。
早摘絲瓜是含有豐富膳食纖維的夏季健康蔬菜。
獨特甜味非常適合熱炒，絲瓜在炎熱季節會生長旺盛，
所以也很適合作為綠色花園植物。

特徵

原產地	原產於熱帶亞洲。中國南部、台灣、東南亞皆可見絲瓜，於江戶時代傳入日本。沖繩當地稱作「ナーベラー」，是相當受歡迎的夏季蔬菜。
根部形狀	主根深根型
推薦品種	**粗絲瓜**是會用來做成絲瓜絡一般常見的品種，若要食用必須很早就採收。**沖繩絲瓜**就是沖繩所說的ナーベラー，長度短，適合食用。**食用絲瓜**長度較長，但纖維不易變硬，口感黏稠。**十角系瓜**為小型食用品種，果面帶10個稜角。
共生植物	蔥、豇豆
搭配性差的蔬菜	基本上無
連作	×
授粉	異花授粉
種子壽命	3～4年
適合土質	**酸鹼度**

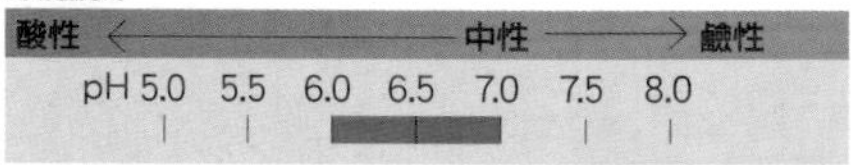

乾濕度

適種指標

熱	◎
霜	×
發芽適溫	28℃
生長適溫	25℃

栽培計畫

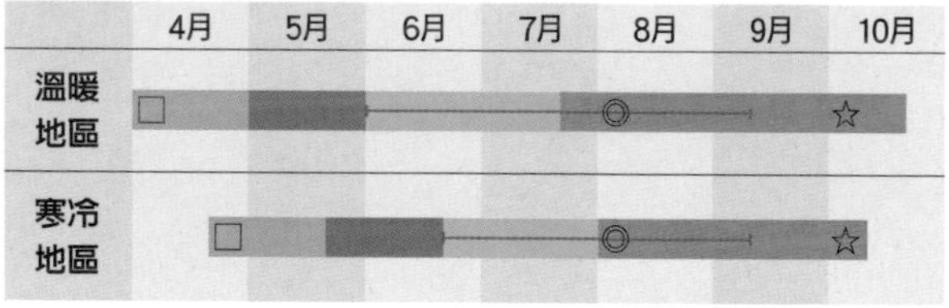

■播種　□做出種蔥的馬鞍田畦　■定植　■生長期間
⟝⟞ 強化覆草　■收成　◎篩選採種果　☆採種

●溫暖地區是以關東地區（茨城縣土埔市），寒冷地區是以長野縣長野市（標高600m）為基準

能補充夏季的鉀含量不足，滋潤因陽光照射疲乏的肌膚

絲瓜除了能做成絲瓜絡，自江戶時代起，更把根部吸收的絲瓜水當作化妝水使用。在沖繩是夏天必見的蔬菜，可以切圓片後用味噌蒸煮成ナーベーラーンブシー（味噌絲瓜）、用來熱炒或做成湯品。一般會削皮去囊，早摘的食用品種只需削皮就能食用。帶有苦味的話就表示錯過採收時機。

絲瓜含有非常豐富的鉀和膳食纖維。鉀能把多餘的鹽分排出體外，預防血壓上升，有助肌肉活動，所以非常適合用來補充夏天會跟著汗水流失的鉀。絲瓜還含有名為水溶性果膠的膳食纖維，不僅能夠整腸，還能穩定血糖、吸收脂質，因此一般認為能夠預防糖尿病及肥胖。

絲瓜同時含有抗氧化、抗老化作用的皂苷。絲瓜水還可用來作為流汗或日曬後的護理。

在自然菜園健康地
種植絲瓜的6個關鍵

關鍵 **1** **盆播育苗**

絲瓜的發芽、生長適溫高，遇霜會枯萎，所以要先盆播，並於溫暖處育苗。定植前1個月是播種的最佳時機。切勿太早播種，等到染井吉野櫻盛開後再播種即可。溫暖地區可於4月後半播種，寒冷地區甚至能等到5月中旬。

關鍵 **2** **定植1個月前，先在預定地做出種蔥的馬鞍田畦**

絲瓜喜歡相對肥沃的土壤，所以定植前1個月要先在預定地埋入一把完熟堆肥，做馬鞍田畦。順便種蔥的話，共生於蔥裡頭的微生物還能促進堆肥分解，形成抗生素，有助預防疾病。

關鍵 **3** **等地溫充分攀升後再定植**

絲瓜不耐寒，所以絕對禁止太早種植。和小黃瓜一起種的話會太早，它和苦瓜一樣，都是春播葫蘆科植物中，種植時機最晚的作物。幼苗長出3～4片本葉為最佳定植時機，長太大的話會影響扎根情況，務必多加留意。定植前要讓底部充分吸水，與暫時拔起的蔥一起重新種回馬鞍田畦後，植株根基處無須覆草，讓土照射到陽光，使地溫攀升。

關鍵 **4** **長出6片本葉時摘心，將藤蔓誘引至網架**

長出6片本葉時就要摘心，藤蔓才能布滿網架。絲瓜藤蔓不會自己攀上網子，所以剛開始要先綁繩子誘引。只要藤蔓開始攀附網架，接下來就不需要任何動作，絲瓜便會自己往上爬。

關鍵 **5** **不斷覆草，乾燥時就要澆水 每月撒一次米糠追肥**

絲瓜需要水分，所以乾燥的盛夏期間要割掉長出的野草，持續覆草。不過，太過潮濕反而會造成根部腐爛，基本上不太需要澆水，一段時間沒下雨，土變乾的時候再澆水即可。定植後每月要在覆草上撒一次米糠追肥。

關鍵 **6** **依照用途決定何時收成**

絲瓜在白天較長的7月難以長出雌花，夏至過後，從9月起白天變短就會開出雌花並開始結果。何時收成取決於絲瓜的用途。如果是要食用果實，開花8～10天後即可採收，要做絲瓜絡的話，開花後要繼續放2個月讓果實變大。如果要自家採種，則是要等到果實枯萎開始龜裂的時候。

用來做絲瓜絡的品種其實也能食用，但很快就會變硬，所以一定要及早採收。如果要以食用品種做絲瓜絡，就必須放到完全長大，不過以尺寸和纖維質表現來說，食用品種並不適合做絲瓜絡。

畦距與株距

拉大株距，植株才能變得茂盛密實
搭配斜支柱，讓整體更穩固

絲瓜喜歡肥沃、排水與保水性佳的土壤，但又不像小黃瓜或苦瓜那麼挑地，相對容易種植。

絲瓜＋蔥

定植絲瓜的同時，可以沿著土團種入蔥，將能預防葫蘆科會有的蔓割病。架設合掌型支柱，鋪掛網子，為每株保留寬1m的間距，才能讓絲瓜長得茂盛密實。但合掌型支柱容易傾倒，所以務必加入斜支柱補強。

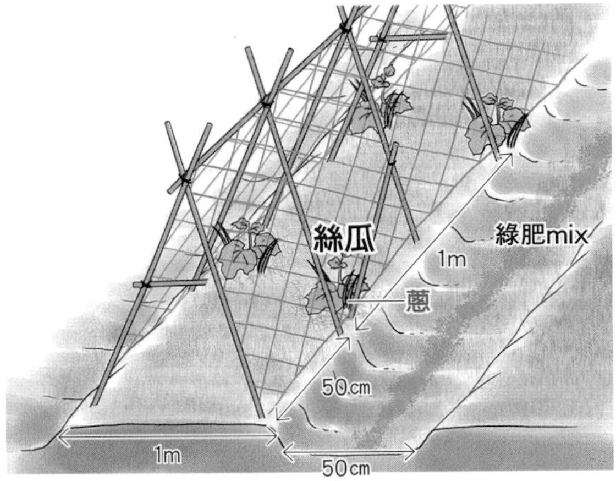

絲瓜＋蔥＋豇豆

定植絲瓜的同時沿著土團種入蔥，株間則是播入豇豆栽培。

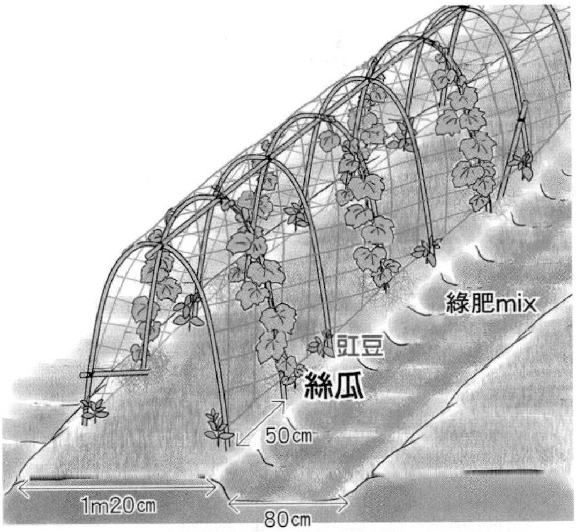

食用絲瓜要趁小條的時候盡早採收。

絲瓜栽培法

※種植於溫暖地區

田畦準備作業

絲瓜喜歡保水性佳的田地，但討厭太過潮濕，排水差的田地需做成高畦。如果要種在沒有養分的棄耕地，建議於定植1個月前在整塊田畦撒入①～②，稍微用耙子翻耕表面5cm，與土壤混合。

①完熟堆肥　1～2L/㎡
②炭化稻殼　1～2L/㎡

4月
準備定植預定地

定植的1個月前做出種蔥的馬鞍田畦

定植1個月前，先在預定地做出種蔥的馬鞍田畦。挖深約20cm的洞穴，底部撒入各一把的腐葉土及炭化稻殼，與土壤混合，植入蔥後，覆蓋土壤，堆成馬鞍形。無須覆草，讓土壤照射陽光，地溫上升。

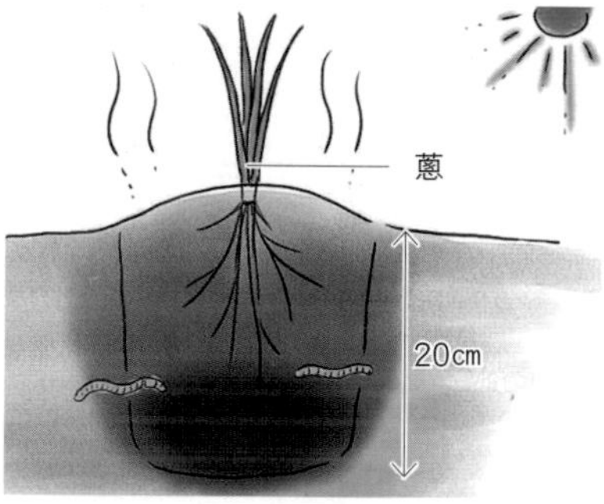

↓

4月上旬～下旬
準備土壤與盆栽

準備盆栽

播種1週前，將育苗土填入3號盆（直徑9cm）。放入隆起的育苗土，充分按壓，讓整個盆栽填滿土壤，接著用手或刮板刮平多餘的土壤。

用市售土壤調出育苗土

以8：2：1的比例混合市售播種用培養土、田土、炭化稻殼調配出育苗土。添加水分（含水量50～60%）充分拌勻，讓育苗土變成用手握捏後會成塊，按搓後會崩散的硬度。

4月上旬～下旬
播種

種子播入的方向要一致

定植1個月前播種。每盆播入2顆種子。種子尖端的方向要一致，發芽後雙子葉才不會重疊。

↓

覆土後按壓

用手指把種子壓入土中後，再從上面覆蓋育苗土。覆土深度必須是種子厚度的2倍。

↓

大量澆水

播種後要仔細且大量澆水，讓水分能滲至盆底。接著用報紙包裹，再次澆水淋濕報紙。2天後的早晨就能拿掉報紙，這段期間無須再澆水。建議報紙上面蓋層黑塑膠墊保溫。

↓

4月～5月
育苗

白天要低於35℃，夜晚要高於18℃

絲瓜的發芽、生長溫度都很高，建議放在溫室裡的隧道棚或透明塑膠盒內維持適溫。將墨汁混水倒入寶特瓶，排列於透明塑膠箱底，接著擺上幼苗。晴朗白天時可以打開箱蓋，取出寶特瓶曬太陽使其變熱。傍晚時再將寶特瓶和幼苗放回塑膠箱，覆蓋不織布，蓋上箱蓋，再包裹毯子保溫。

疏苗

開始長出本葉時，就能保留生長狀態最好的1株幼苗，其餘的用剪刀從根基處剪掉疏苗。

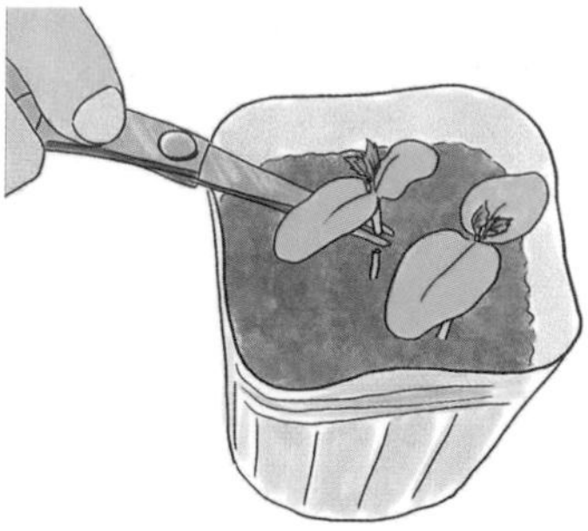

注意不可超過35℃

育苗期間，白天的環境溫度勿超過35℃。幼苗遇高溫可能枯萎。為了避免幼苗徒長，需視生長情況拉開盆缽間距，避免葉子接觸。定植1週前就能慢慢拉長幼苗露臉的時間，使其適應室外氣溫，但也要注意是否會降霜。

↓

5月
定植

地溫攀升，長出3～4片本葉即可定植

地溫開始攀升後，長出3～4片本葉就能定植。定植前一晚先澆淋大量的酒醋水，定植當天在水盆倒入深3cm的酒醋水，將幼苗盆於定植3小時前浸在水中，讓底部吸水。

架設支柱，在種蔥的馬鞍田畦挖出植穴

定植前先架好支柱鋪設網子。從貼近地面處割掉定植預定地長出的野草，用移植鏟挖出植穴。接著將田畦的蔥暫時拔出，並貼著植入幼苗的土團，直豎於植穴邊壁。

10月上旬

自家採種

放到瓜皮龜裂

讓絲瓜繼續生長，放到瓜皮龜裂，種了完全變熟，也可從要做絲瓜絡的絲瓜裡，保留大尺寸的。為確保絲瓜有足夠的時間完全熟成，所以要盡早決定哪些要作為採種果。果實枯掉乾燥後，就能輕鬆取出絲瓜籽。放太久的話種子反而會自行掉出。

絲瓜絡用的絲瓜
要等到開花後2個月再採收

做絲瓜絡的絲瓜先不要採收，等纖維充分長出，徹底長大後再摘取，大約是開花後2個月。食用品種則是要等到果實變黃。

定植後，土團上方要照到陽光

土團上方要與地面等高。把挖出的土原封不動地填回土團與植穴間的縫隙，用手按壓密合。植株周圍要覆草，但土團上方要露出，照射到陽光。定植後不用澆水，保持乾燥才能讓根部往下深扎。

↓

在中秋節取絲瓜水。

絲瓜水是指絲瓜根部吸附的水分。切取自地面算起30cm的絲瓜梗，靠近根部的那頭先插入寶特瓶就能採集水分。9月中秋節前後最適合收集絲瓜水。絲瓜梗切下後要立刻插入瓶中，以免切口損傷。2～3天就能收集到1～2L的絲瓜水，不過每株的吸水情況不太一樣，建議取2株才能確保絲瓜水量。如果沒什麼下雨，採收的3～5天前要大量澆水。上方剩下的植株會枯萎，所以可將已經結出的果實做成絲瓜絡。

➡用保鮮膜封住瓶口，避免蟲子侵入。有陽光的時候要用報紙包覆遮光，以防內部悶熱。

⬆絲瓜水能直接使用，但因為容易腐敗，建議煮沸1分鐘殺菌。

➡用咖啡濾紙過濾後，放入容器可冷藏保存1週左右。分量較多時則改冷凍保存。

輕鬆製作絲瓜絡

絲瓜收成後，切成能放入鍋內的大小。

⬇

倒入大量的水煮滾，放入絲瓜。用小蓋子蓋在上面避免絲瓜浮起，也可以用筷子下壓，汆燙30分鐘。

⬇

起鍋後，將絲瓜浸冷水降溫，就能輕鬆去皮。

⬇

搓揉或甩動絲瓜，去掉裡面的籽。去不掉的籽可以等放乾後再挑出，將絲瓜放到乾掉，即可完成絲瓜絡。

5月下旬～9月

定植後的照料方式

長出
6片本葉時摘心

長出6片本葉時，就要摘掉莖部前端，並綁麻繩誘引，讓下面的側芽長出。摘心才能讓側芽充分生長，要取絲瓜水的植株則無需摘心。

↓

覆草、追肥與澆水

為避免絲瓜長輸周圍的野草，須不斷將野草割掉作為覆草。每月在植株周圍的覆草撒一把米糠追肥。1週沒下雨，土變乾的話就要大量澆水。

↓

7月下旬～10月中旬

收成

食用的絲瓜
要及早採收

開花後8～10天就能採收嫩絲瓜作為食用。食用品種尺寸較小，粗絲瓜品種則是長20～30cm就能採收。

⬆據說荏胡麻在各地約有共300種的在來種，如果當地有找到在來種，就會很好種成。

栽培計畫

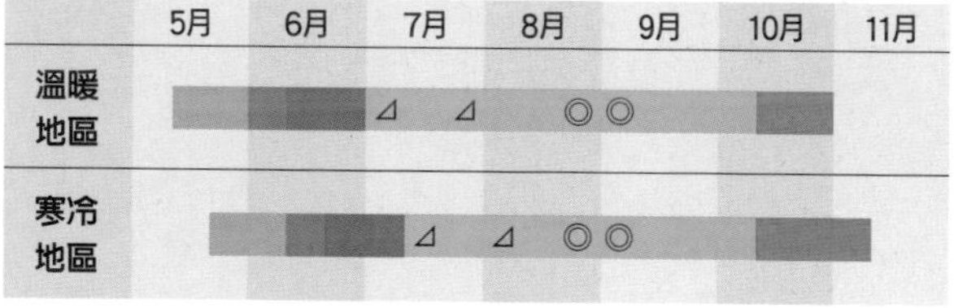

■播種　■育苗　■定植　■生長期間
⊿培土　◎開花　■收成　※不同地區的收成適期皆為數天

※溫暖地區是以關東地區（茨城縣土埔市），寒冷地區是以長野縣長野市（標高600m）為基準

自古流傳至今的唇形科植物
是人氣不斷攀升的健康油

荏胡麻

唇形科紫蘇屬

荏胡麻種子榨取的油裡含豐富的必需脂肪酸α-亞麻酸，受到高度關注。可將炒過的種子加工成泥狀使用，也可以用葉子包燒肉一起品嘗。不會遭受山豬或鹿等動物的侵食，在貧瘠土地能充分生長，也很適合種在山地。果實容易自行掉出，所以種植時務必抓緊收成時機。

特徵

原產地	喜馬拉雅山麓至中國南部及印度
根部形狀	主根深根型
推薦品種	**白荏胡麻**顆粒大，含油量比黑荏胡麻少，適合做成荏胡麻醬或糕點。**黑荏胡麻**顆粒小，含油量高，適合榨油。**蔬菜荏胡麻**會採收葉子使用，別稱為韓國荏胡麻，種子小又硬，不適合榨油
共生植物	無 ※相剋作用強，會抑制其他植物生長
搭配性差的蔬菜	所有蔬菜
連作	○
授粉	異花授粉
種子壽命	1～2年
適合土質	**酸鹼度**

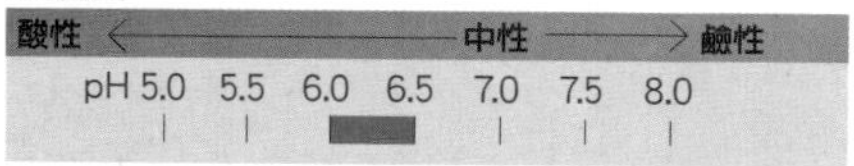

乾濕度

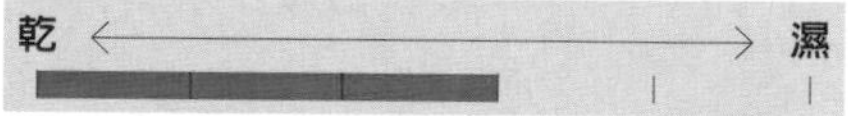

適種指標

熱	○
霜	×
發芽適溫	20℃
生長適溫	20～25℃

種子裡的油分帶有豐富的α-亞麻酸

荏胡麻自古就被種植於東南亞，作為食用、藥用與榨油用植物。日本繩文時代的遺跡也有發現荏胡麻種子。葉子可與燒肉一起品嘗，或醃做泡菜，常見於韓國料理中。

荏胡麻外觀看起來就像長得非常健壯的紫蘇，吸肥力強，在冷涼地區或貧瘠土地也能長得很好，不怕被山豬、鹿、猴子等野獸侵食，是很好栽種的蔬菜。

據說吃了能多活10年，所以又有ジュウネン（十年）的別稱。從種子榨取油脂的荏胡麻油自鎌倉、室町時代就被用來塗抹於傘上防水，或是作為燈油使用。隨著菜籽油的普及，荏胡麻的產量也跟著減少，但最近又因為富含α-亞麻酸這項特性，成為備受注目的油種。α-亞麻酸能抑制癌細胞增生、降血壓、促進血液循環，改善發炎與過敏症狀。

不過，荏胡麻油非常容易氧化，氧化後對身體有害，所以榨油後要盡快使用完畢。另也很推薦將荏胡麻果實磨泥食用。

在自然菜園健康地
種植荏胡麻的7個關鍵

關鍵 **1** **用盆栽育苗**

荏胡麻播種後的生長初期容易長輸給野草，所以家庭菜園要種荏胡麻的話，建議不要直播田裡，而是先盆播育苗。生長適溫為20～25℃，所以晚上須放在溫暖處。

關鍵 **2** **斜植以增加不定根**

定植時，讓幼苗微微傾斜植入的話，莖部會長出不定根，長大後將不易傾倒。豎立深植無法長出不定根。

關鍵 **3** **培土減少收成損失**

想增加不定根，培土就很重要，根扎得夠穩，植株就不易搖晃，減少種子自行掉落地面的損失。培土還能順便除草，7月如果能培土2次，將可增強荏胡麻的相剋作用，不易長出野草。

⬆斜種和培土，來自莖的不定根也發達，莖也能穩定的成長。

關鍵 **4** **摘心讓側枝長出**

無論是要取種子榨油，還是食用葉子，摘心都能讓側枝增加，提升收成量。長出5～6處節後就要摘心，側枝一樣要摘新，留下4～6片葉子即可。想要長時間收成葉子，就要持續摘心順便採收。

關鍵 **5** **抓緊收割時機，先不要去殼**

太早採收種子的話，含油量會比較少，太晚採收種子則是會大量掉落，影響收成量。當2/3的葉子變成黃色，用無名指碰葉子就會掉落的話，便是最佳收割期。建議使用剪定鋏切取粗莖。剪下後直接平放使其乾燥。脫殼則是要等到1週後，於晴朗白天進行。

關鍵 **6** **水洗汙泥，充分晾乾**

將剪下的荏胡麻鋪在乾淨的藍色塑膠墊曬乾，避免蟲子躲在其中，也可以去掉土石。篩過後水洗，換水清洗幾次後，種子會浮起，泥土和石子則會下沉。

這時的重點在於一定要完全曬乾，只要有一點濕氣就會發霉。

關鍵 **7** **若要榨油，栽培前務必先找好榨油廠**

種植荏胡麻現在變成活化社區的一環，因此備受注目，也愈來愈多業者願意幫忙榨油。如果是要種來榨油，務必先找好榨油廠，確認條件符合後再開始栽培。每間油廠能幫忙榨油的季節與所需的最少種子量都不同，各位必須配合油廠開出的條件。

畦距與株距

充分確保株距，準備專種荏胡麻的田畦

荏胡麻植株會長至約1m左右，所以要取足夠的株距。荏胡麻的相剋作用強烈，接續栽種的作物不僅難以生長，收成時種子也很容易掉出。落地的種子會在隔年發芽，所以建議不要種在菜田，而是準備專種荏胡麻的田地。荏胡麻不易被動物侵食，動物甚至不喜歡荏胡麻，所以很適合種在電圍籬和蔬菜田之間作為緩衝地帶。

荏胡麻連作區

既要吃種子也要吃葉子的話，可栽種多株荏胡麻，並規劃專用地，每年種在相同地點。

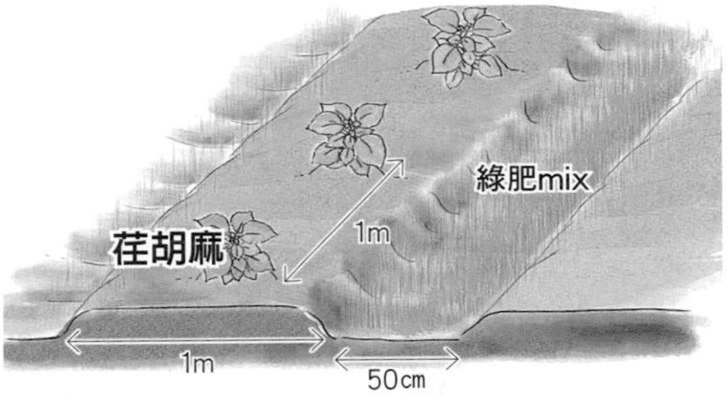

栽培榨油用荏胡麻

需要栽培大量用來榨油的話，可先做出平畦，以培土方式種植，就能除草同時預防植株倒伏。栽培、收成情況好的話，1公畝的地可以採收約10kg的種子，榨取3L左右的荏胡麻油。

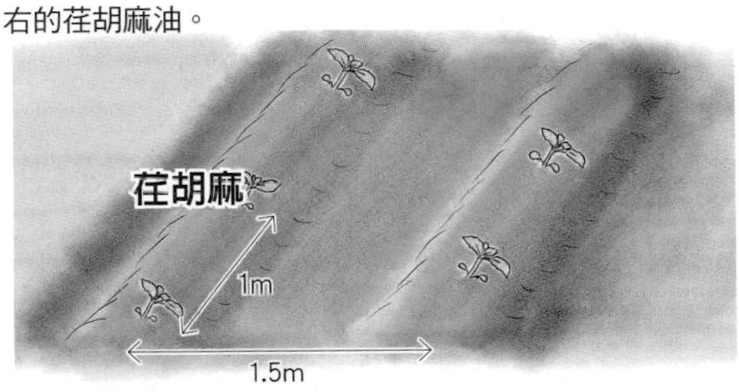

⬅在種植高粱等雜糧的專用田培育荏胡麻的範例。荏胡麻會與紫蘇雜交，所以要拉開兩者的距離。

荏胡麻的相剋作用強烈，只要初期培育順利，接下來就能抑制野草生長。

荏胡麻栽培法

※種植於溫暖地區

田畦準備作業

荏胡麻在貧瘠田地也能生長，氮肥過量容易引來蚜蟲，基本上採無肥料栽培即可。準備時只需均勻撒入炭化稻殼，無須堆肥。

炭化稻殼　1～2L/㎡

5月中旬～下旬

播種

準備育苗土

以8：2：1的比例混合市售播種用培養土、田土、炭化稻殼，添加水分（含水量50～60%）充分拌勻，讓育苗土變成用手握捏後會成塊，按搓後會崩散的硬度。

準備盆栽

將育苗土填入3號盆（直徑9cm）。放入隆起的育苗土，充分按壓，讓盆底也填滿土壤，接著用手或刮板刮平多餘的土壤。

每盆播入3顆種子

等到地溫充分攀升，不用擔心遇到晚霜，紫藤花盛開再播種。將盆土下壓出凹槽，每穴播入3顆種子，再從上面覆蓋種子厚度2倍深的土，並用手指施力按壓，才能促進發芽。

大量澆水

播種後要仔細且大量澆水，讓水分能滲至盆底。剛開始先讓澆水器的出水口朝上，淋濕土壤，接著再讓出水口朝下，透過水壓讓土壤更密合。用報紙包裹盆栽，再次澆水淋濕報紙，預防乾燥。2天後的早晨就能拿掉報紙，這段期間無須再澆水。

5月下旬～6月上旬

育苗

長出本葉時疏剩1株幼苗

開始長出本葉時，就能保留生長狀態最好的1株幼苗，其餘的用剪刀從根基處剪掉疏苗。

6月中旬～下旬

定植

斜植幼苗，讓根部位於淺處
一半的莖部要埋入土內

植株長至10～15cm，冒出4～5片本葉後就可以定植。定植前一晚先澆淋大量的酒醋水，定植當天在水盆倒入深3cm的酒醋水，將幼苗盆於定植3小時前浸在水中，讓底部吸水。定植時將幼苗傾倒，淺植根部，並將靠近雙子葉的莖部埋入土內，並施力按壓。隔天植株就會立起。

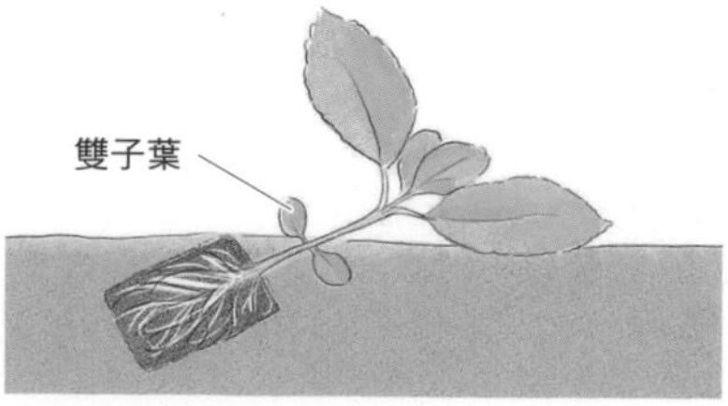

7月

摘心

5～6節長出葉子後就能摘心
第2次摘心就能順便收成葉子

荏胡麻每節會長出2片葉子，葉子根基處又會長出側枝。所以當植株長至50cm，長出5～6節的葉子後，就能用手將第3～5節折斷，做第1次摘心。側枝伸長後，則做第2次摘心，留下4～6片葉子即可。

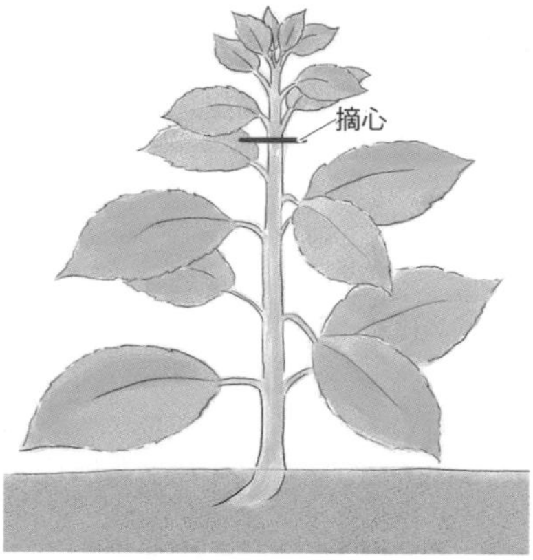

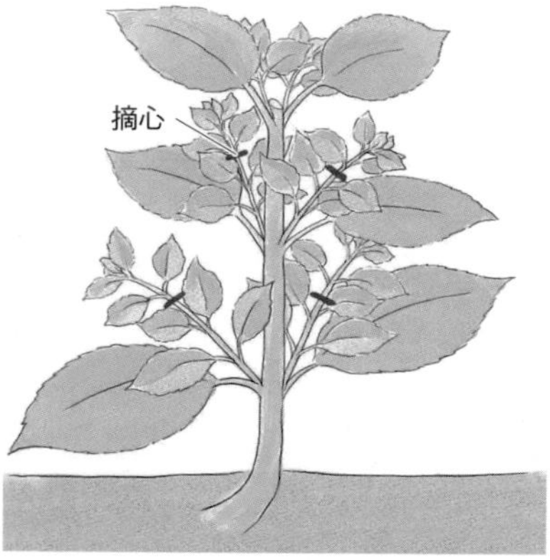

氮含量過高會引來蚜蟲

荏胡麻不易遇蟲害，不過氮肥過量還是會引來蚜蟲，須特別留意。常侵食葉子的則是名為Pyrausta panopealis的螟蛾，會在葉子留下黑糞。定植後如果遭到侵食會造成缺株，所以一旦發現就要立刻撲殺。

水洗，撈掉浮起的荏胡麻

桶子裝水，放入荏胡麻並攪拌。讓土砂沉至桶底，用篩子撈掉浮起的荏胡麻。換水後再作業1次，重複3次左右。

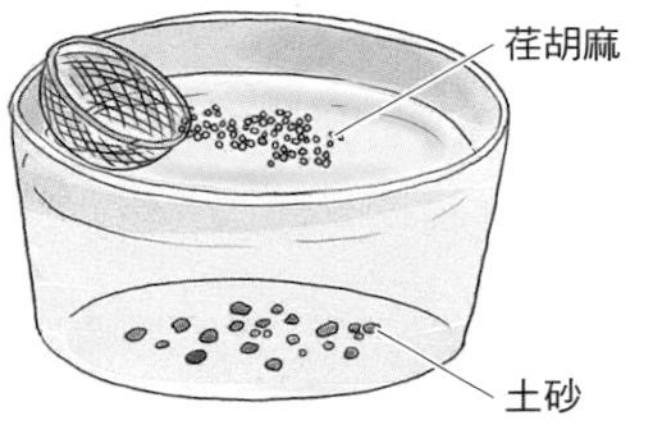

↓

於陰涼處充分乾燥

瀝乾水分，鋪在寒冷砂或紗窗等網目較細的網子上乾燥。日曬會使溫度升高，容易氧化，所以要放在通風良好的陰涼處4天以上，徹底風乾。

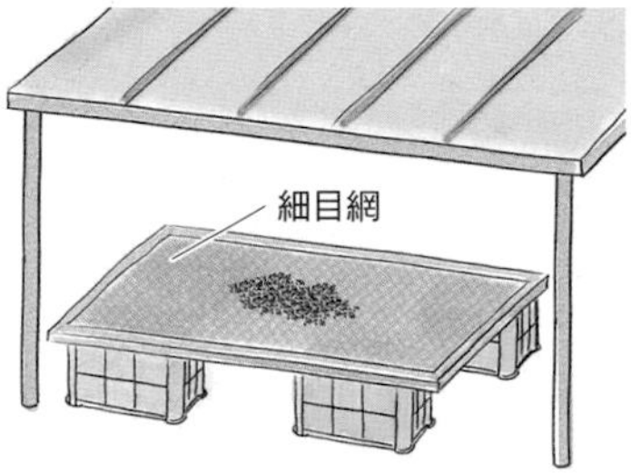

隔年用的種子存放於冰箱冷藏

想把收成的種子留到隔年播種的話，有幾點注意事項。其一，荏胡麻容易與紫蘇雜交，兩者栽培至少要相距200m。荏胡麻的種子壽命短，容易受損，充分乾燥後，要和乾燥劑一起放入密封袋，並冷藏保存。

種子與葉子的美味運用法

如果不想榨成油，卻又想要吃到荏胡麻油裡的成分，建議可做成荏胡麻醬。把生種子用平底鍋稍微加熱，飄香後用磨缽磨成細粉，接著加入砂糖、熱水拌成泥。荏胡麻醬可以用來抹吐司，也可裹麻糬品嘗。

如果想用葉子做可以久放的料理，會建議醃漬醬油。取下述分量的食材醃漬於瓶罐中。既可用來沾燒肉、配白飯，也可捲在飯糰外，都非常美味。

醬油漬荏胡麻葉　材料

荏胡麻葉（也可用紫蘇葉代替）…約40片
醬油…100ml
芝麻油…3大匙
味醂…3大匙
蒜泥…2小匙
一味辣椒粉…1小匙～，依喜好添加
白芝麻…4大匙
韓式辣醬（可有可無）…1大匙

植株穗部變咖啡色時就能脫殼

在田裡7天曬乾，或是鋪放在屋簷下的塑膠墊風乾，等到穗部變咖啡色，連同塑膠墊一起搬運，進行脫殼。可拿著植株朝板子敲打，也可用棒子敲打植株。建議挑選晴朗的白天作業，種子會比較容易脫粒。

↓

篩選種子

過篩網，篩掉枝葉。用粗網篩過後，換成稻作用苗箱作為細篩網，讓外殼留下，只有種子掉落。篩好種子後，薄鋪在塑膠墊，曝曬一段時間，避免裡頭藏有蟲子。

7月上旬～下旬

培土

順便除草，梅雨季結束前要培土2次

7月上旬，植株長到40cm高時就要培土，順便去除株間的野草，培土高度大約是接近雙子葉的位置。如果種荏胡麻是要用來榨油，那麼就要把植株養大。等到7月下旬梅雨季結束前後，植株長到約70cm時第2次培土。除掉株間野草的同時，把培起的土堆放於植株莖部，差不是本葉下方的高度。

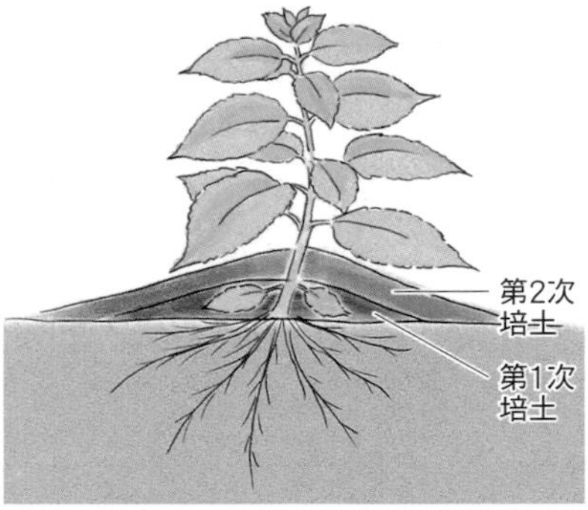

如果只想採收葉子的話

沒有要採收種子榨油，單純只想收成葉子的話，種個幾株就很足夠。這時可以選擇培一次土就好，後續只要覆草，但無須補撒米糠。

長出種子後葉子也會跟著變硬，想長時間收成就要在採收葉子時順便摘心，讓側枝不斷長出。

10月中旬～下旬

收成、脫殼與篩選

2/3變黃就能收割

開花30天後，植株2/3變黃時，就能小心翼翼地收割荏胡麻，直接擺放地面，以免種子掉出。建議挑選種子不易脫粒的帶露早晨，或是無風的陰天脫殼，才能減少損失。

↑韭菜每年可收成數次，幾年後分株，增加植株數量的話，就能年年收成既粗又軟的韭菜了，非常有栽種價值。

每年可收割4～5次的多年生植物 獨特香氣有助消化

韭菜

石蒜科蔥屬

韭菜源自於中國，在古事記和日本書紀都有提到韭菜。從江戶時代起開始被種植為藥草運用。是每年可收割4～5次，生命力旺盛的健康蔬菜。獨特香氣能增進食慾，幫助維生素的吸收。在蔬菜裡，算是少數的多年生植物，收成要等到播種後第2年，第3年則須開始分株。

特徵

原產地	中國
根部形狀	鬚根淺根型
推薦品種	**大葉韭菜**的葉子特別寬，耐寒暑容易栽種。只要扎根順利，可收成4～5年。**テンダーポール（花韭菜）**主要食用會長出花苞的嫩花梗，帶甜味，香氣不像葉韭菜那麼強烈，葉子很硬無法食用。
共生植物	大多數的茄科植物、苦瓜、櫻桃蘿蔔
搭配性差的蔬菜	草莓（果實會變小）、萵苣（無法結球）
連作	△（2～3年不換植的話葉子會變細）
授粉	異花授粉
種子壽命	1年
適合土質	酸鹼度

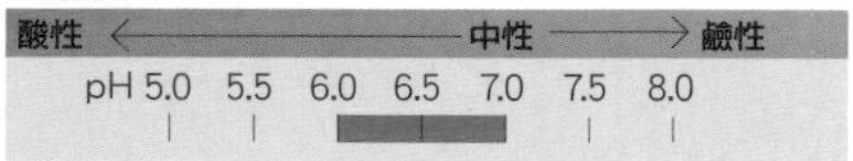

乾濕度

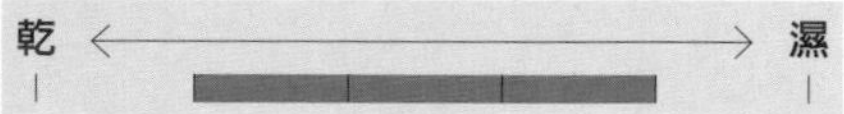

栽培計畫

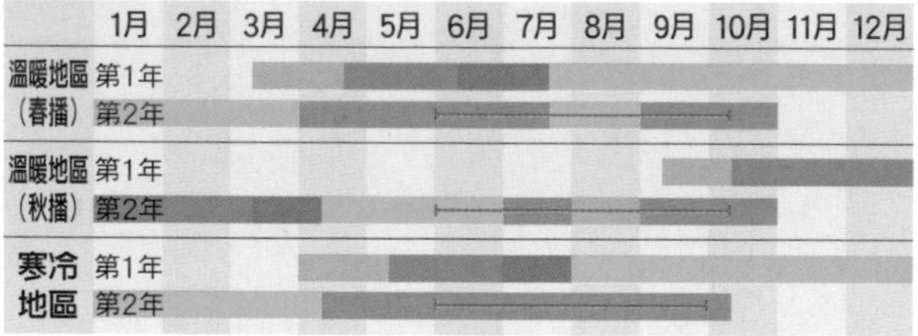

■播種 ■育苗 ■定植 ■生長期間 ├─┤強化覆草 ■收成

●溫暖地區是以關東地區（茨城縣土浦市），寒冷地區是以長野縣長野市（標高600m）為基準

適種指標

熱	○
霜	△（遇霜會枯萎，但能撐過冬並於隔年春天生長，為多年生植物）
發芽適溫	20℃
生長適溫	20～25℃

可預防夏天的炙熱疲勞，增進食慾 無農藥也能健康生長

韭菜為多年生，能夠自生的植物。可見於漢方，是能夠預防夏天沒精神、改善手腳冰冷、恢復疲勞的蔬菜。富含能在體內轉換成維生素A的胡蘿蔔素，以及大量的維生素B_1、B_2、C、鉀、鈣、鎂。

韭菜的香氣是來自一種名叫大蒜素（二烯丙基硫化物）的成分，能促進消化液分泌，增進食慾。另外還能幫助維生素B_1的吸收，與富含維生素B群的肝臟類可是絕配。

中式料理高級食材的韭黃是以不曬陽光的方式軟化栽培而成，葉子柔軟、含水量高且帶甜味，同時更富含可活化腦部的大蒜烯。

韭菜相對較耐寒，夏天氣溫上升後雖然會加快生長，葉子卻會變得又細又薄。市面上幾乎很少看見無農藥韭菜，但其實種在天然菜園裡並不會遇到什麼病蟲害。韭菜風味多元，混植還能幫其他蔬菜驅蟲，同時減少連作障礙的發生。

在自然菜園健康地
種植韭菜的6個關鍵

關鍵 1 先在育苗盤或盆栽育苗

韭菜播種到發芽非常耗時，初期生長速度也很緩慢。直播於田裡的話很容易長輸野草，無法種成。建議先播種在育苗盆或盆栽，發芽狀況也會比較一致。請育苗到一定的大小後再定植。春播時，如果會擔心晚霜的話，就先放在溫室或日照良好的屋簷下種植，晚霜結束後就能直接露天擺放。

關鍵 2 第1年不收成，覆草培育

播種、定植後第1年就收割韭菜的話可能會使植株無法繼續生長，建議第1年不要收成，讓植株充分長大。韭菜討厭乾燥容易長輸野草，所以要經常割掉根基處的野草，鋪作覆草。

關鍵 3 第1年建議種在夏季蔬菜的植株根基處

建議將第1年不收成的韭菜種在茄子、番茄等夏季蔬菜的植株根基處。這樣能避免長出野草，隔年春天韭菜就會從原本種夏季蔬菜的位置長出。

關鍵 4 收成等到第2年春天後

第2年的春天，葉子長超過20cm的時候就能收割。貼著地面收割的話，植株可能會整個消失，所以請留下約3cm的植株根基處。收割後撒點米糠追肥。

⬆獅子辣椒田裡，葉子生長旺盛的第2年韭菜。

大量收成要等到第3年，收割後葉子會再長出，溫暖地區可收成4～5次，寒冷地區每年則能收成3～4次。生長旺盛時期只需等約20天就能再收成。訣竅在於再生後，要趁長出花苔前採收軟嫩的葉子。

關鍵 5 不收成的植株一樣要割下作為覆草

第3年以後，韭菜如果不收成繼續長出花朵的話，會耗損植株，讓植株變得瘦小。如果韭菜收割了吃不完，還是要在長出花苔時先割掉，鋪作為覆草。

關鍵 6 第3年起，每2～3年就要分株移植

韭菜長出6片葉子後就要分球。每年分個3～4次能增加植株數，但如果持續分球，葉子會變得又薄又細。想避免此情況發生的話，播種定植後的第3年要挖起植株，分株後，重新種在其他地方。其後每2～3年都要分株移植，就能不斷收成又粗又俊的美味葉韭菜。

畦距與株距

能預防茄科植物的疾病，
避免櫻桃蘿蔔會引來的蟲類

韭菜是大家熟知的茄科共生植物，亦是多年生植物。播種後第3年分株的話，能增加收成量，也可在田地空閒處設韭菜專區。

韭菜＋櫻桃蘿蔔

在韭菜田畦左右兩旁種植櫻桃蘿蔔。韭菜能預防常出現在櫻桃蘿蔔等十字花科作物的蟲害，收割後等待韭菜再生的同時，就能收成櫻桃蘿蔔。

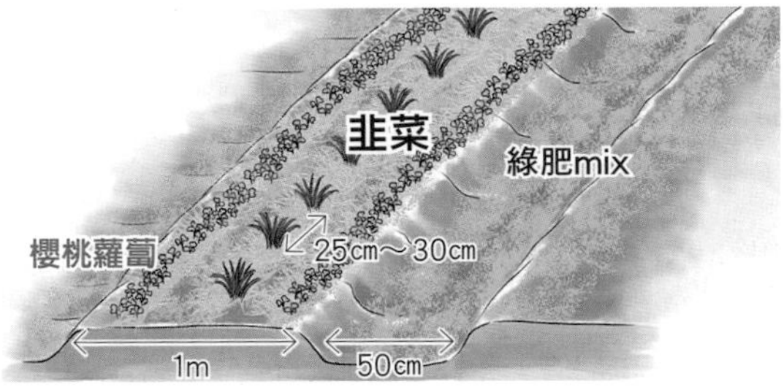

茄子＋韭菜

第1～2年的韭菜容易長輸野草，與茄子混植的話將有助生長。可選擇與茄子幼苗一起栽種，也可在定植茄子時，於土團旁種入韭菜幼苗或分株的韭菜。茄子株間也能種入韭菜。

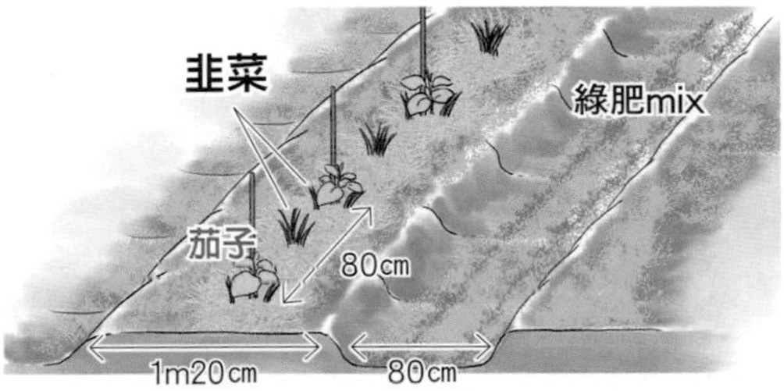

⬆取茄子幼苗時，在盆栽播入韭菜種子。

⬆定植茄子時，在土團旁種入韭菜。

蘆筍＋韭菜

於蘆筍田畦左右兩側栽種韭菜。有了韭菜，田畦土裡就比較不會看見鼠類。

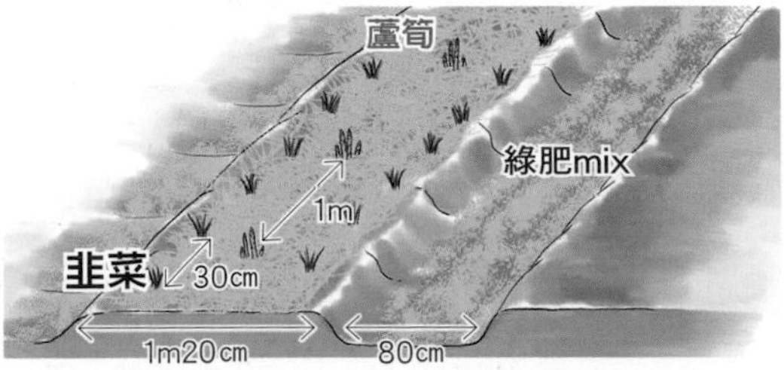

韭菜栽培法

※於溫暖地區春播

田畦準備作業

韭菜不怎麼挑土，但酸性土有害生長。排水差的田地需做成高畦。含有二烯丙基硫化物的蔥屬植物特別喜愛帶有該成分的牛糞堆肥。

①完熟牛糞堆肥　2～3L/㎡
②牡蠣殼石灰　100g/㎡
③炭化稻穀　1～2L/㎡

3月中旬～4月中旬

播種

準備育苗土

以8：2：1比例混合播種用培養土、田土、炭化稻穀，拌製成育苗土。添加水分（含水量50～60%）拌勻，讓育苗土變成用手握捏後會成塊，按搓後會崩散的硬度。

↓

準備盆栽

將育苗土填入3號盆（直徑9cm）。放入隆起的育苗土，用手掌充分按壓，讓盆底也填滿土壤。

↓

刮平土壤表面

用手或刮板刮平多餘的土壤。

每盆播入10顆種子

用手指稍微在土壤中間壓出凹槽，每盆播入10顆種子。

苗數較多可使用多孔育苗盤

育苗數較多時，可改用72孔育苗盤。這時每穴改播入5顆種子即可。

覆土按壓

用周圍的土蓋住種子，覆土深度必須是種子厚度的2倍，並用手指施力按壓。韭菜的種子很小顆，注意不要播得太深。

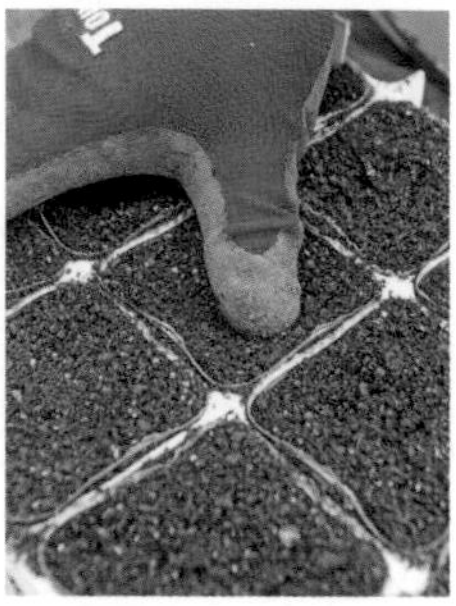

↓

撒點炭化稻殼

韭菜喜歡pH值較高的土壤，建議播種後在土壤表面撒上炭化稻殼，這樣還能預防乾燥。

↓

大量澆水

播種後要仔細且大量澆水，讓水分能滲至盆底。剛開始先讓澆水器的出水口朝上，淋濕土壤，接著再讓出水口朝下，透過水壓讓土壤更密合。用報紙包裹盆栽，再次澆水淋濕報紙，預防乾燥。要等10～14天才會發芽，第10天就能拿掉報紙，期間須放在溫室內或窗邊等溫暖處，無須澆水。

6月中旬～7月中旬

定植

讓植株長至15cm左右

育苗期間不用疏苗，土乾的時候大量澆水即可。韭菜初期生長速度緩慢，大約要3個月才能定植，等植株充分長至15cm後再定植。

↓

定植前底部要吸水

定植前一晚先澆淋大量的酒醋水，定植當天在水盆倒入深約3cm的酒醋水，將幼苗盆於定植3小時前浸在水中，讓底部吸水。

↓

土團與土壤要密合

挖出定植用的植穴，必須是能讓土團上方與地面等高的深度。植入株苗，把挖出的土原封不動地填回縫隙，緊密按壓與土團密合。

收割後，撒米糠追肥

收割韭菜後，在植株周圍的覆草撒上一些米糠追肥。

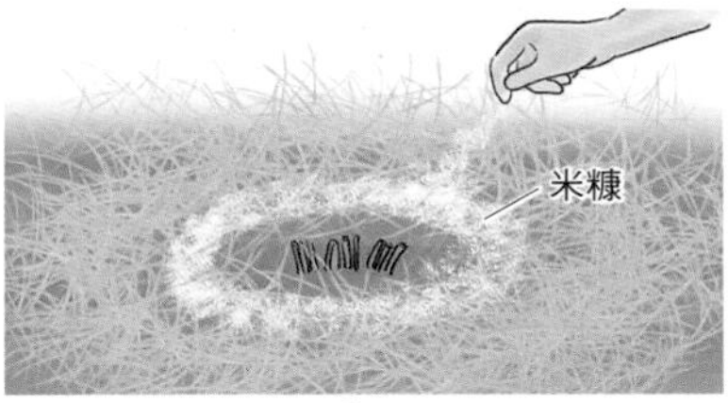

第3年的4月、9月

分株

分開植株並移植

第3年的春天或秋天時，須將植株挖起，分成每3株一份，重新種植在其他地方。種1株的話較難繼續長大，種5株則會立刻變細，植株莖部下方會帶有彎度，重新種植時，根部的方向必須一致。

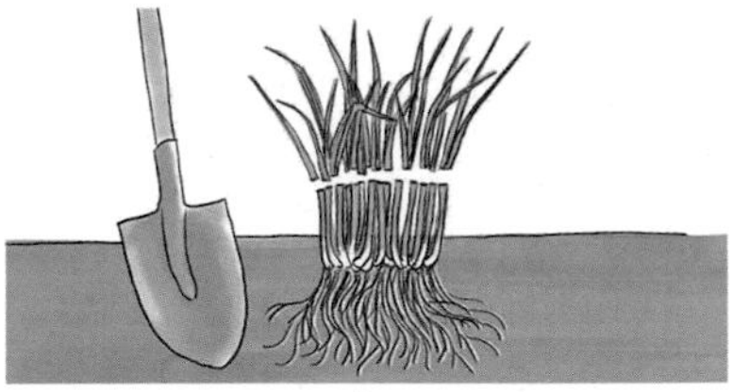

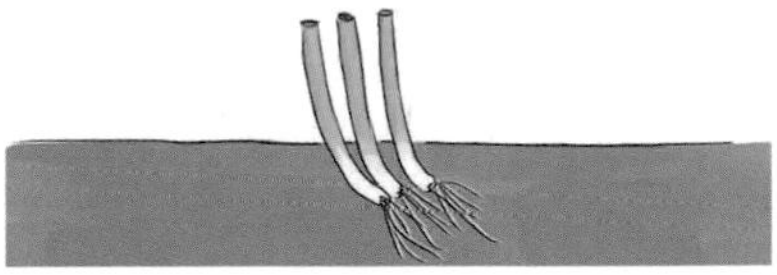

分蔥、淺蔥是以鱗莖分株
蝦夷蔥則和韭菜一樣

分蔥、淺蔥、蝦夷蔥都是石蒜科的多年生植物，和韭菜一樣以分株方式培育。但分蔥和淺蔥不會長種子，剛開始就是種植鱗莖（球根）育苗。

蝦夷蔥在日本又名叫西洋淺蔥，但和韭菜一樣，都是先播種育苗後再定植。除了能食用葉子，被作為園藝用途的紅紫色花朵裹粉漿下鍋油炸也很美味。

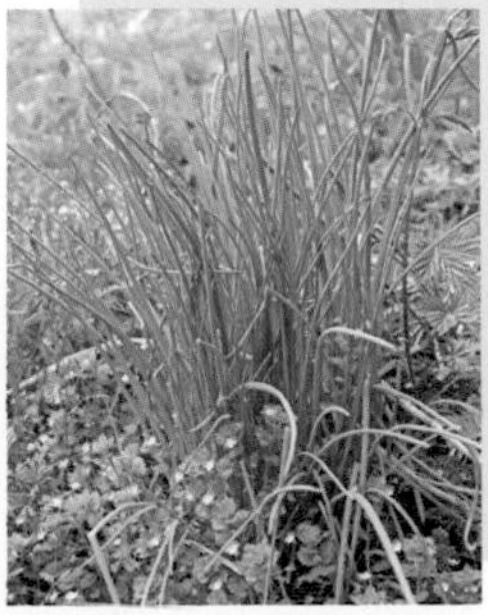

⬅淺蔥和韭菜一樣，定植後第2年就能不斷收割採收，並用分株方式增加植株數。

切口浸水

韭菜收割後很快就會枯掉，所以要先備妥裝水的水盆，收割後立刻將韭菜的切口浸水，才能保持爽脆口感。帶回時則要用報紙包住，預防乾燥。

收成的花苞可以用來烹炒
開花後則可作為驅蟲的覆草

第2年之後，韭菜到了夏天就會抽苔，長出花朵。可以趁還是花苞的時候，用手折取軟嫩的部分烹炒料理。變硬無法食用的花朵及莖部則是收割作為覆草。植株切口會飄出獨特香氣，有助驅蟲。

⬆韭菜的花朵雖然可愛，若要食用就必須趁韭菜還是軟嫩花苞的時候摘取。

⬅收割硬莖作為覆草，將有助驅蟲。

植株根基處覆草

定植後，在植株根基處覆草，不僅能預防乾燥，還能減少野草長出。

第1年注意別讓植株長輸野草，
無須追肥

定植幼苗後的第1年不要收成，讓韭菜繼續生長，但這時植株很容易長輸野草，所以要割掉周圍的野草，避免野草長高於韭菜，並將割下的野草鋪在植株根基處作為覆草。追肥容易出現蚜蟲，所以開始收成的第2年之後再追肥即可。

第2年的4月以後

收成

收割留剩3cm

到了第2年春天，植株高度超過20cm時，保留下方約3cm的韭菜，用剪刀收割要食用的分量。葉子會繼續長出，再以相同方式持續收割即可。

甩掉髒污後帶回

收割後，握住整束韭菜葉的上方，甩掉下面的髒污和枯葉後即可帶回。

⬆成熟時，豆莢會枯萎，蹦出紅豆。初期可先從已熟的豆莢開始手摘收成。

豐收的秘訣在於抓準時機
播下在來品種以及勤勞採收

紅豆／豇豆

豆科豇豆屬

紅豆是人們自古就很熟悉的一年生植物，它被做成祭典上的紅豆飯、小正月的紅豆粥、日式糕點的內餡等，對日本人的飲食生活而言，是不可或缺的豆類。紅豆也被作為生藥利用，有利尿及解毒功效。紅豆喜歡溫暖氣候，不耐寒冷，種植訣竅在於必須等到地溫充分攀升後再播種。秋天就能從已熟的部分開始勤勞採收。

栽培計畫

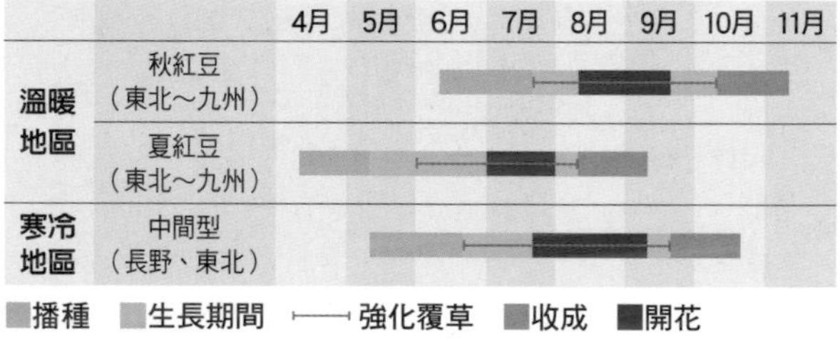

●溫暖地區是以關東地區（茨城縣土埔市），寒冷地區是以長野縣長野市（標高600m）為基準

適種指標

熱	○
霜	×（遇霜會枯萎）
發芽適溫	20～30℃
生長適溫	20～25℃

特徵

原產地	日本與東南亞地區
根部形狀	主根淺根型
推薦品種	根據氣候、地理條件以及栽培時期挑選合適品種。大致上可分為三類。**夏紅豆**當日均溫累積值達一定水準時就會開花。本州地區能夠春播夏收，北海道則是5月播種，9～10月收成。**秋紅豆**是當晝長短於一定的時間時就會開花的品種，屬夏播秋收型。**中間型**介於夏紅豆與秋紅豆之間，入夏播種，主要栽培於日本中部山區或東北地區。
共生植物	大豆、小麥、大麥、玉米
搭配性差的蔬菜	基本上無
連作	×（至少間隔3年）
授粉	自花授粉
種子壽命	5年
適合土質	**酸鹼度** 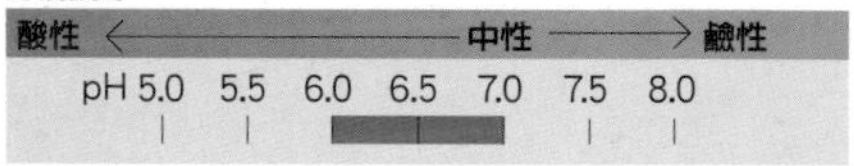 **乾濕度** 

東南亞相當常見，自古就被作為藥物使用

日本不只繩紋遺跡曾挖掘出紅豆，在古事記中也有記載，目前認為，日本國內的紅豆應該是以自生於野外的野紅豆品種改良而來。紅豆自古就被作為藥用，日本漢方的生藥名稱為赤小豆。據說紅豆水能夠利尿，消除水腫。豆子本身含有大量能促進糖質代謝，預防累積於皮下脂肪的維生素B1。長壽飲食法中，以紅豆、南瓜和昆布一起煮成的「燉表親」（いとこ煮）更被認為對糖尿病有益。

紅豆容易出現連作障礙，會比大豆等其他豆類更敏感。大納言、中納言等知名紅豆屬晚生的大顆粒品種，但相對不易種植。反觀，各地區其實都有許多在來品種，種植難度較低。

紅豆喜歡日照充分，肥沃度適中的土地，討厭太過潮濕。浸水狀態下無法生長，如果是排水較差的田地就要做高畦。紅豆自古就被作為「畦豆」種植，因為種在畦邊土堤的話，根部就能在需要的時候吸收水分，生長相當旺盛。

在自然菜園健康地
種植紅豆的5個關鍵

關鍵 1 挑選在地品種，在適當時機播種

挑選適合當地氣候環境的品種，並於適當時機播種，就能順利結果。初次種植可以請教在地農家或種苗店合適的品種與種植期間。也非常推薦各位去在地的農戶購買新豆作為種子。也可以嘗試種植複數品種，將播種時間錯開1週，分兩次播入。只要持續採種2～3年，植株根會扎得更深，收成也會變穩定。

每種品種適合播種的時間都不會很長，大約是2～3週。太早播種可能會徒長葉子無法結果，或造成發芽障礙。

關鍵 2 每處播4顆，別忘了預防鳥害

播種的訣竅在於每處點播4顆種子。這些種子會互相合作，讓根部扎得更廣更穩。紅豆容易被鳥類侵食，鳥類較常出現的田地在播種前可以拉繩子，並將種子播在繩子下方。趁傍晚鳥類視線較差的時候播種也是個好方法。

若田地曾遭受鳥害，那麼隔年也會被鳥盯上，所以務必盡早架設防鳥繩。太早播種的話會與養育雛鳥的時間重疊，遭侵食的機率便會增加，所以就這點來看也不建議各位太早播種。

關鍵 3 種在耕地的話要培土，棄耕地則是覆草

植株傾倒，豆莢沾到土壤的話可能會發霉，紅豆也會因此脫落。

如果是種在耕地，當植株長出4～5片本葉以及即將開花時，就要分別在植株根基處培土，才能讓植株穩健生長不傾倒。如果是種在棄耕地或接在麥類作物之後，則是直接播種，並改成在根基處覆草，無須培土。

關鍵 4 開始結果就要依序採收，7成成熟時就能全部收割剷平

紅豆的開花期間較長，即便是同一植株，紅豆的成熟速度也會有落差。只要有豆莢變淡咖啡色，變硬變乾時，就能開始手摘收成。繼續放著不理會的話，豆莢會蹦開，紅豆也會掉出。

手摘收成2～3次，植株整體約7成枯萎時，就能整株收割剷平。挑選豆莢帶濕氣，紅豆不易掉出的一大清早或陰天收割。將植株連同豆莢收割，倒放鋪平在田裡的話，大約1週的時間就能把所有的紅豆催熟。

不過，如果是霧較濃的地區或當年度比較多雨，紅豆可能會發霉或發芽，這時就要先移到屋簷下避免紅豆濕掉，並催熟乾燥。

關鍵 5 放在寶特瓶去氧保存

紅豆脫殼後，要盡快水洗篩選。放太久容易長蟲。待紅豆充分乾燥後，就可放入寶特瓶，蓋子半開，如此一來紅豆就能呼吸，讓瓶內充滿二氧化碳。只要用此方式去氧，蓋緊蓋子並存放在陰涼處，就不會長蟲能存放好幾年。

畦距與株距

與禾本科作物交替種植，減少連作障礙

紅豆容易因連作出現疾病，與大豆混植或與禾本科交替種植能減少連作障礙。

紅豆＋大豆

每種豆類會出現的根瘤菌都不太一樣，混植較不易引發連作障礙。將紅豆種在田畦兩側會比較好收成，不過，太靠邊緣的話會無法培土，須特別留意。

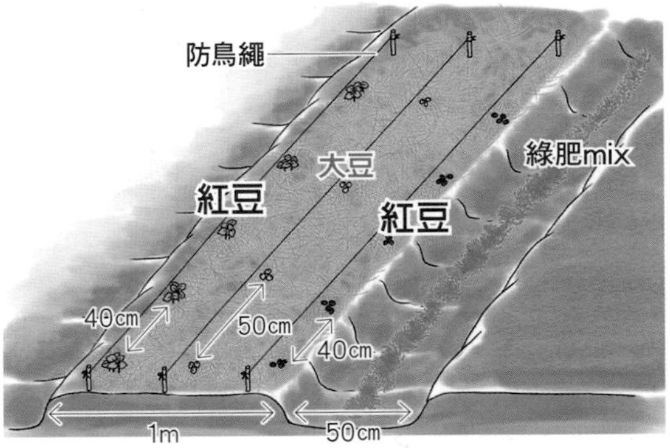

大麥→夏紅豆
小麥→秋紅豆

種完麥子後不用耕田，直接在收割留剩的植株間播入紅豆。此作法除了不易出現連作障礙，鳥類較難找到種子外，根瘤菌也會非常發達，有助長出大量紅豆。若要栽培播種時期較早的夏紅豆，前一作物可選擇較早收割的大麥。夏播的秋紅豆則建議種在小麥之後。通風不良會使椿象增加，所以株距要足夠，採取穿插式播種。

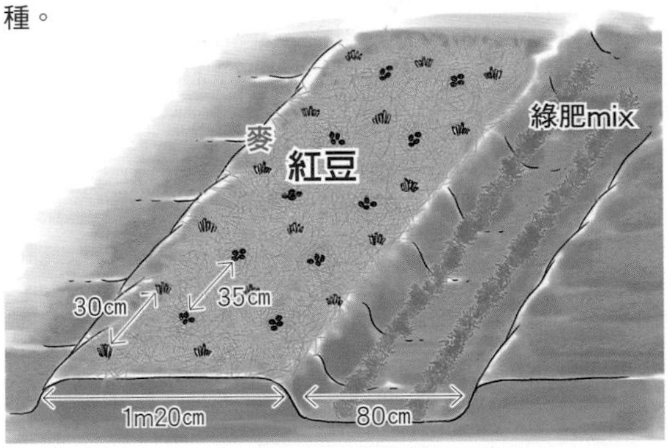

豆莢開始枯萎，即將能夠收成的黑紅豆。

紅豆
栽培法

※於溫暖地區夏播（秋紅豆）

田畦準備作業

紅豆不耐濕害，排水差的田地需做成高畦。氮肥過量容易徒長藤蔓或引來蚜蟲，但在貧瘠地也種不成功，所以如果是第1次栽培作物的田地，需在播種1個月前撒入①～③，用耙子翻耕，與土壤混合。

①完熟堆肥	1L/㎡
②牡蠣殼石灰	100g/㎡
③炭化稻殼	1～2L/㎡

6月中旬～7月中旬

播種

每穴直播4顆種子

挖出植穴，每穴播入4顆種子。

↓

用炭化稻殼調整pH值

播種後可以在植穴撒些炭化稻殼，將能防鳥、促進發芽與調整pH值。

覆草預防鳥類

覆上種子厚度2倍的土壤並加以按壓，接著割點葉子較細的野草，稍微鋪放作為覆草。

種在未翻耕的田地時，種子播於覆草之間

如果是未翻耕的田地，則是將種子播於覆草之間，覆土按壓後，再鋪放葉子較細的新野草，種子就會自己從縫隙發芽鑽出。周圍覆草或混植麥類能減少鳥類侵食。接著以覆草取代培土，將能讓根扎得更穩，避免倒伏。

⬆將播種處的草撥開，鐮刀刀尖插入土裡後拔起，做斷根處理。

↓

⬆挖出相當於手指第1指節深的洞，每洞播入4顆種子，覆上種子厚度2倍的土壤並加以按壓。

↓

⬆播種後，割點葉子較細的草稍微覆蓋，將有助防鳥。

6月下旬～7月下旬

疏苗、培土與防止倒伏

長出2～3片本葉時就要疏苗

植株長出2～3片本葉時，保留生長狀態最好的2～3株幼苗，其餘的用剪刀剪掉疏苗。

↓

長出4～5片本葉和開花前培土

若紅豆是種在翻耕過的田地，那麼長出4～5片本葉時，就能進行第1次培土，培土高度大約是接近雙子葉的位置。等到開花前進行第2次培土，根才能扎得夠穩。

↓

架設支柱與網子

紅豆種在翻耕過的田地時，長出4～5片本葉就要架設支柱支撐，才能減少因颱風倒伏的情況。植株數較多的話，可立支柱環繞植株，周圍再用繩子圈住。倒伏容易使豆莢中的紅豆發霉。

10月下旬～

保存

放入寶特瓶去氧保存

把乾燥的紅豆放入寶特瓶，約9成滿，立起瓶身，瓶蓋半開，置於溫暖處，去氧約1個月，接著蓋緊瓶蓋保存。

從健康的植株採集種子

以蚜蟲為媒介的嵌紋病毒病等疾病會傳染給種子。紅豆種子很難分辨有無得病，所以各位在採種時，務必仔細挑選沒有病害的健全植株。

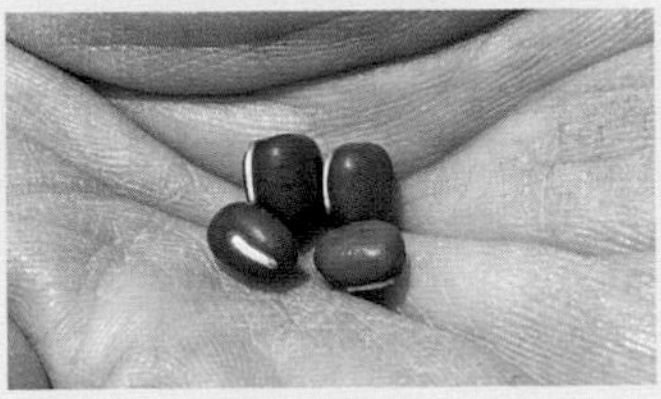

長蟲就要改成冷凍保存

若去氧不足，紅豆長出玉米象的時候，就要直接放進冰箱冷凍。如果要用來播種，只要種子存放不超過1年，就能先放冷藏解凍，避免播種當天結露。

原產於非洲的豇豆非常耐熱

豇豆煮了外皮也不會破，所以關東地區特別喜歡用豇豆做成紅豆飯。有蔓種豇豆只要架設支柱就會往上攀爬，栽培方法和紅豆一樣。豇豆原產於非洲，非常耐熱與乾燥，算是非常好種的植物。

⬆豇豆品種包含了照片中的三尺豇豆，此品種主要會食用剛長出的豆子，另外還有和紅豆一樣，會食用完全成熟豆子的品種。豇豆多半為有蔓種，無蔓種基本上也能長到50～60cm高。

篩掉莖葉與豆莢

使用紅豆能夠穿過的篩網，將豆莢放在上方搓動，篩選出紅豆。

↓

放在畚箕，吹掉小髒污

把紅豆放在畚箕，吹掉比較輕的髒污。

↓

水洗挑掉瑕疵豆

紅豆不同於大豆，吸水較慢，所以能夠快速清洗處理。把紅豆浸在水中輕輕撥動，除了能去除泥土，還能讓蟲咬過的瑕疵豆浮起。

↓

日曬後，於屋簷下風乾

清洗瀝掉水分，鋪平於網子日曬1～2天。接著在通風良好的屋簷下風乾1週，讓紅豆完全乾燥。

種在肥沃田地或較晚播種的話要摘心

如果是種完夏季蔬菜後接著種紅豆，或是種在肥沃田地、較晚播種的話，要摘心抑制長高，促進植株結果。長出5～6片本葉時，就要摘掉植株前端，讓側芽長出。

10月中旬～11月上旬

收成

先開始手摘枯掉的豆莢

紅豆的成熟速度不一，只要有豆莢變淡咖啡色，變硬變乾時，就能開始手摘收成。將摘下的豆莢鋪放在淺箱中，豆莢會自己蹦開，掉出紅豆。

↓

豆莢7成枯萎時就能全部收割劃平

植株整體約7成的豆莢乾掉變成淡咖啡色時，就能從植株根基處收割並直接鋪放地上，靜置1週放乾使豆子成熟。建議早上作業豆子比較不會掉出。田地潮濕植株沾到土壤的話容易發霉，所以下面要鋪放草蓆。

↓

10月中旬～11月上旬

脫殼與篩選

包覆塑膠墊踩踏

植株放乾，豆子成熟後，就能利用晴朗、空氣乾燥的白天脫殼。將豆莢用塑膠墊包住，從上踩踏，豆莢就會蹦開，掉出紅豆。

⬆採收青花椰菜的頂花苞後，就能接著採收從旁邊長出的側花苞。

富含維生素與礦物質
食用頂花苞及側花苞

青花椰菜／白花椰菜

十字花科蕓薹屬

青花椰菜是以高麗菜的祖先，
也就是把芥藍的菜花巨大化後品種改良而來。
富含各種維生素與礦物質，被認為能有效防癌。
青花椰菜喜歡排水佳的肥沃田地，
適合種在夏季蔬菜生長良好的田地。天然菜園的
青花椰菜莖葉都很柔軟無澀味，整顆都能美味享用。

栽培計畫

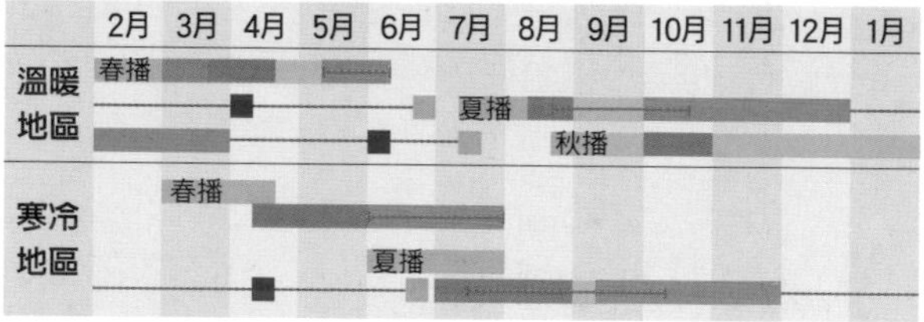

■播種 ■育苗 ■生長期間 ├─┤強化覆草 ■收成
■開花 ■採種

●溫暖地區是以關東地區（茨城縣土埔市），寒冷地區是以長野縣長野市（標高600m）為基準

適種指標

熱	× 25℃以上會停止生長
霜	△～× 5℃以下會停止生長，遇強霜會受損
發芽適溫	20～25℃
生長適溫	15～22℃

特徵

原產地	地中海沿岸，古羅馬時代也有食用。15～16世紀開始正式栽培，17世紀從義大利傳至歐洲各國，並於明治時代傳入日本，但日本普及要等到1980年代。
根部形狀	主根淺根型
推薦品種	ドシコ（De Cicco）固定品種為早生種，採收頂花苞後，就能食用側花苞。スティクセニョール（Stick Senor）則會採收不斷長出的側芽梗與花梗上的花苞。ロマネスコ（Romanesco）的頂花苞為螺旋狀，側花苞並不發達。
共生植物	萬壽菊、金蓮花、洋甘菊、巴西利、鼠尾草、一串紅、薄荷、萵苣、大蒜、蔥 ※高麗菜與青花椰菜為同屬，但要避免與蔥混植，因為蔥會妨礙結球
搭配性差的蔬菜	迷迭香
連作	×（間隔2～3年）
授粉	異花授粉
種子壽命	2～3年
適合土質	**酸鹼度**

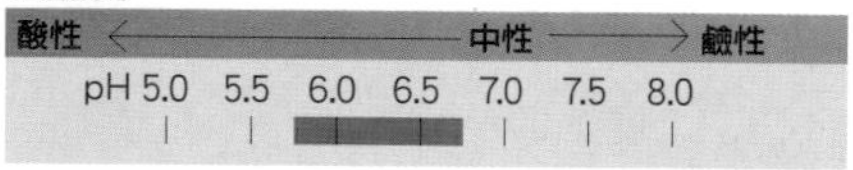

乾濕度

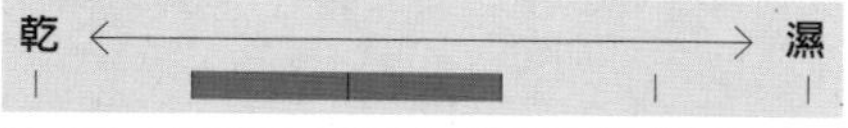

維生素C豐富，同時含有抑制癌症的成分

每1g青花椰菜所含的維生素C高於檸檬。只要食用100g，就能補足一日所需量。另也含有製造紅血球不可或缺的葉酸。青花椰菜所含的蘿蔔硫素（sulforaphane）具備抗氧化與解毒作用，能夠防癌，青花椰菜嫩芽的蘿蔔硫素相當高，因此備受關注。

想保留住青花椰菜裡的水溶性維生素C，就不能汆燙太久。不過最近相當有人氣，外表特殊的寶塔花菜是例外，此品種口感硬，歐洲人喜歡燉煮後，做成義大利麵醬等料理。

播種時期為早春與夏天，非寒冷地區則可選擇秋播晚生種，如此一來就能在隔年早春收成。無論何時種植，都必須先育苗再定植。

青花椰菜原產於地中海沿岸，不過要等到20世紀，義大利裔的移民引進美國加州後才開始商業栽培。品種繁多，日本也有許多國產品種。青花椰菜幾乎都是F1一代交配種，能採種的固定品種並不多。

在自然菜園健康地
種植青花椰菜的5個關鍵

關鍵 1 適合種在夏季蔬菜生長良好的地點

青花椰菜會充分利用土中適量分解的有機物生長，但如果未熟有機物太多，反而容易遭受病蟲害。

青花椰菜適合種在夏季蔬菜生長良好的地點，因為土中微生物已吸收養分，肥沃度適中，能直接定植幼苗。特別建議接續種在小黃瓜的株間，不用撤除棚架，青花椰菜就能在陰涼處穩健長大。

如果不是接續種在夏季蔬菜的田地，就要在定植2週前先做好腐葉土的馬鞍田畦。

關鍵 2 注意夏天的高溫與早春的低溫

青花椰菜要先播種於盆栽育苗，注意需維持在15～25℃的適溫。

夏天育苗期間的溫度大約是25℃，一旦高溫超過25℃，幼苗就會從花苞處長出葉子，所以建議放在陰涼處育苗。

春天育苗大約需要35天。育苗期間或定植後溫度低於5℃的話，花苞就會無法長大，所以氣溫降低時，要蓋上不織布保溫。

訣竅在於每盆植2株幼苗，這樣不僅能耐熱、耐乾燥，還能抵禦霜害及蟲害。

關鍵 3 長出3～4片本葉就可定植，5～6片時疏剩1株

天然菜園的青花椰菜長出3～4片本葉時就可以定植。放到5～6片時才定植的話雙子葉早已掉落，有損定植後的成活率。定植3～4小時前浸洒醋水，讓苗盆底部吸水，定植後不用澆水，才有助根部伸長。

直接將每盆2株幼苗移植，長至5～6片時疏剩1株。

關鍵 4 增加天敵，預防蟲害

青花椰菜容易出現毛蟲、小菜蛾、蚜蟲侵食，尤其是第1年的天然菜園很難順利種出青花椰菜。不過，害蟲增加，也代表吃害蟲的天敵也會變多。除了混植共生植物，還可以趁種植前一夏季作物的時候，好好覆草，養足害蟲的天敵。蟲子會愈來愈少的夏～秋播比較容易種植。夏天育苗可蓋上黑色寒冷紗，不僅防暑也防蟲。如果要春天種在田裡，架設不織布隧道棚防蟲的話，可在定植的時候順便架設完畢。

關鍵 5 及時收成，準備從田裡回家前再採收

頂花苞比市售花椰菜小一圈，大約10～15cm的時候就能採收。長太大的話接下來就很難長出側花苞。相反地，如果頂花苞還不到10cm就先採收，將能長出比較大的側花苞。

花苞收成後容易損傷，農家都是一早收成，蓋上碎冰再出貨。種在家庭菜園的話，建議準備回家前再採收，回家後立刻汆燙。

畦距與株距

與共生植物混植能預防病蟲害

青花椰菜不耐潮濕，根部容易腐爛，所以排水差的田地須做成高畦。與能夠防病蟲害的共生植物混植將有助生長，除了下述植物，金蓮花、鼠尾草、薄荷、茼苣也都能驅蟲。一旦發現蟲子就為時已晚，建議定植幼苗時一起混植，能提前植入共生植物會更好。萬一多生年的鼠尾草或薄荷在田裡長得太茂盛，蔬菜作物會無法長大，所以建議種在素燒盆裡，並將植株連同盆栽一半埋入土裡。

青花椰菜、白花椰菜＋巴西利、洋甘菊、一串紅、萬壽菊

白花椰菜和青花椰菜不僅種法一樣，種在同塊田畦還能互助生長，減少蟲害。如果再搭配味道能預防蟲害的巴西利、一串紅，或是能抑制土中線蟲的萬壽菊，以及可促進其他植物生長的洋甘菊一起種植，效果會更顯著。

※青花椰菜與白花椰菜須穿插種植

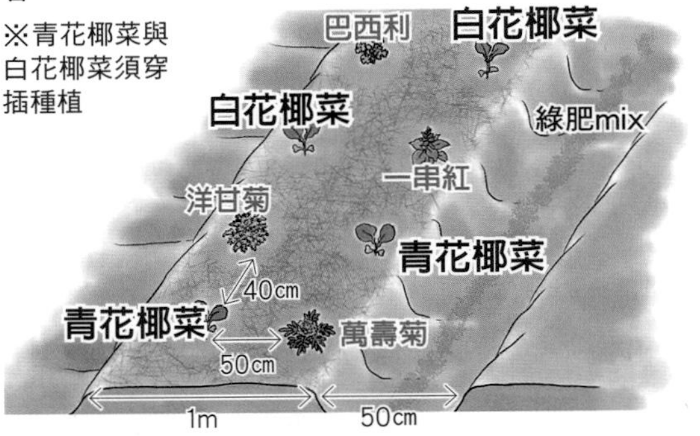

青花椰菜、白花椰菜＋大蒜、蔥

混植大蒜或蔥有助預防青花椰菜及白花椰菜的病蟲害。

※青花椰菜與白花椰菜須穿插種植

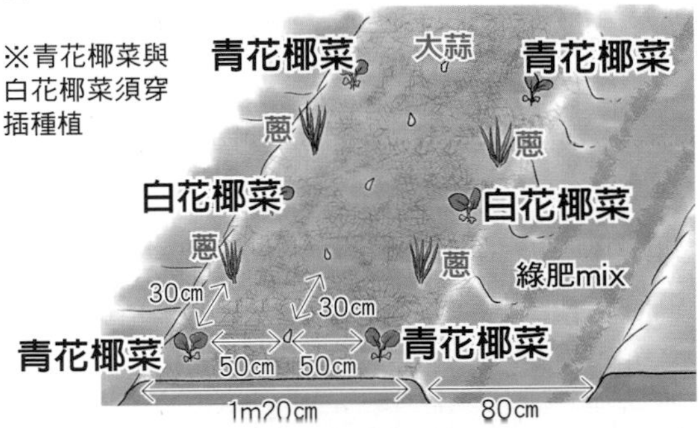

白花椰菜也會長出頂花苞，但只能收成一次，不會長出側花苞。

青花椰菜栽培法

※於溫暖地區夏播

田畦準備作業

如果是夏季蔬菜生長順利的田地，就不需要特別做準備。但如果是缺乏養分的貧瘠地，建議於定植1個月前在整塊田畦撒入①～③，稍微翻耕表面5cm，與土壤混合。

①完熟堆肥　2～3L/㎡
②牡蠣殼石灰　100g/㎡
③炭化稻殼　1～2L/㎡

7月中旬～下旬

腐葉土的馬鞍田畦

第1次種菜的田地要做出馬鞍田畦

如果是第1次作為天然菜園的田地，定植2週前要先在定植處挖出洞穴，撒入一把腐葉土和一撮米糠，和土混合後，做出馬鞍田畦並加以按壓。在土壤微生物的作用下，定植後的青花椰菜生長會更順利。

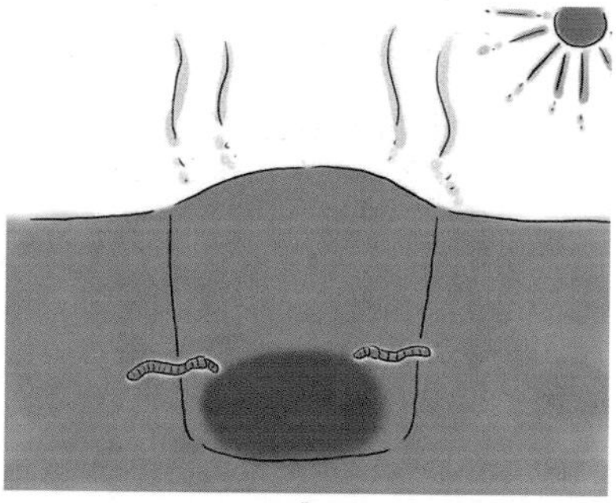

↓

7月中旬～8月上旬

播種

混合育苗土

播種1週前，混合好育苗土。以8：1：1的比例混合市售培養土、篩過的田土、炭化稻殼，添加水分（含水量50～60%）充分拌勻，讓育苗土變成用手握捏後會成塊，按搓後會崩散的硬度。

盆栽塞滿育苗土

在2號盆栽（直徑6cm）放入隆起的育苗土，充分按壓，讓盆栽塞滿土壤，接著用手或刮板刮平多餘的土壤。

↓

於2處分別播入2顆種子

每個盆栽壓出2個凹槽，每處播入2顆種子，總計4顆。覆上種子厚度2倍的土壤並用手指加以按壓。

↓

澆水，覆蓋報紙

所有盆栽均勻澆水，蓋上報紙後再次澆水。2天後的早晨就能拿掉報紙，期間無須再澆水。

↓

7月中旬～8月中旬

育苗

覆蓋黑色寒冷紗防暑、防蟲

準備一個以黑色寒冷紗覆蓋的容器，播種後就把盆栽放入其中防暑，減緩夏季太陽直射與地面形成的輻射熱。為了避免蟋蟀侵食，要從下方徹底用寒冷紗包住，不可有縫隙。夏天育苗期間要特別注意乾燥，土變乾就要在早晨或傍晚大量澆水。

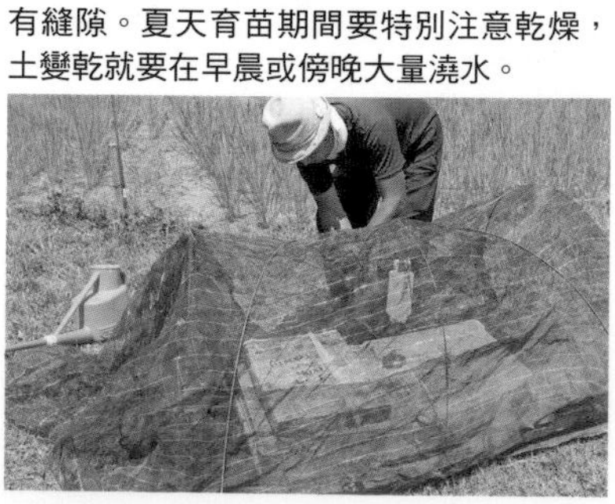

春天要放在保溫箱避寒

春播時，為了維持所需溫度，晚上要放在保溫箱育苗。白天則是一定要打開箱蓋，避免溫度過高，並在下午開始變冷前貼緊覆蓋不織布，接著蓋上箱蓋。

長出1～2片本葉就可疏剩1株

播種1週後，幼苗基本上都會長出雙子葉，開始長本葉的話，就能保留生長狀態最好的1株幼苗，並將另1株用剪刀剪掉疏苗。每處留1株，所以每盆會留2株。

↓

8月中旬～下旬

定植

定植前盆底要吸水

長出3～4片本葉後即可定植於田裡。定植前一晚先澆淋大量的酒醋水，定植當天在水盆倒入深3cm的酒醋水，將幼苗盆於定植3～4小時前浸在水中，讓底部吸水。定植前仔細觀察幼苗，發現毛蟲卵就要摘除。

2～3週後 開始收成側花苞

採收頂花苞2～3週後，就能再次收成側芽頂端的側花苞。一般品種可收成1次側花苞，專門收成側花苞的品種則可採收2～3次。

> **白花椰菜不會長出側花苞**
>
> 白花椰菜的生長情況幾乎與青花椰菜一樣，不過生長適溫稍低，約10～15℃，所以相對脆弱。白花也不會長側芽，收成僅限頂花苞，只有1次。等花苞變硬變密實的時候再採收，一旦花苞綻開就會立刻受損。

4月上旬

開花

讓側芽繼續生長，開出花朵

青花椰菜屬異花授粉，採種至少需2株以上，建議留下5～6株。不要採收側花苞，讓側芽長出抽苔的話，隔年春天就會開花。開花前要將所有的採種用植株覆蓋網子，預防雜交。植株在寒冷地區無法過冬，自家採種難度高。

↓

6月下旬

自家採種

中午前收割，並於下午篩選

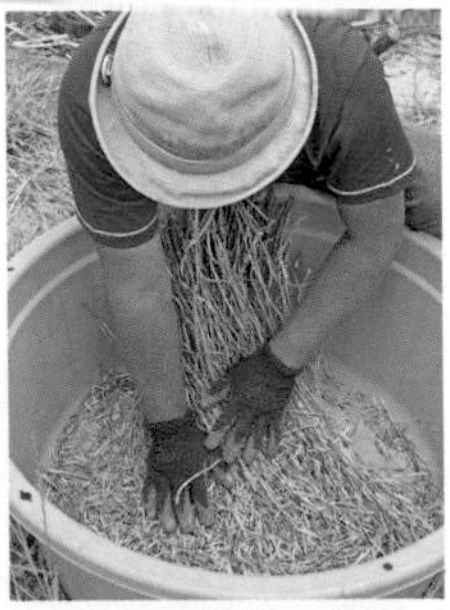

當大數的豆莢都已變乾，晃動時裡頭種子會發出聲音的話，就可挑個晴朗的上午收割植株，掉出的種子也是要裝在水盆裡加以乾燥。篩選則是要在乾燥的白天。把所有豆莢放入盆裡，用手按壓豆莢，種子掉出來後，再用篩網或畚箕篩選種子。

8月下旬～9月

澆水

沒下雨時要澆淋酒醋水

定植後7～10天沒下雨的話，就要在傍晚澆淋大量酒醋水。建議分數次澆水，讓水能徹底滲入土壤深處。

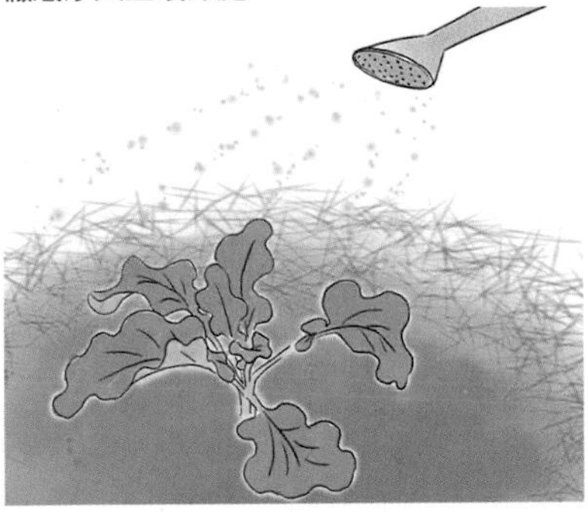

↓

8月下旬～10月中旬

覆草與追肥

每1～2週覆草與追肥

根據青花椰菜的生長狀況與野草的高度，每1～2週割掉周圍15cm內的野草，鋪放在植株根基處作為覆草，接著撒上米糠追肥。生長狀況良好則無需追肥。生長情況很差時，可用土著菌伯卡西肥替代米糠，撒完要再覆草，避免菌類照到紫外線受損。

↓

10月～12月

收成

頂花苞長到10～15cm即可採收

頂花苞長到10～15cm後，就能切取花苞下方收成。要趁整朵花苞尚未分裂前趕緊採收。烹調前可浸水10分鐘，避免花苞裡藏有蟲子。

土團與土壤要密合

將2株要苗連同土團一起定植，土團上方與地面等高。把挖出的土原封不動地填回土團與植穴間的縫隙，施力按壓，讓土團與土壤密合。

↓

四周15cm範圍不用覆草

定植後為了避免蟋蟀等靠近，植株根基處15cm範圍內要淨空，覆草要在15cm之外。還要在植株周圍撒一把米糠追肥，撒薄薄一層即可，以免米糠結塊。這樣蟲子會被米糠吸引，較不會與作物接觸。定植時以及定植後3天內都不用澆水。

↓

8月下旬～9月上旬

疏苗

長出5～6片本葉時疏剩1株幼苗

幼苗扎根，長出5～6片本葉時，就能保留狀態較好的幼苗，並用剪刀剪掉另1株疏苗。

葉片大，營養豐富
日本三大醃菜之一

野澤菜

十字花科蕓薹屬

野澤菜在信州的氣候環境下長大，
不僅葉片大，口感軟嫩，非常適合做成醃菜，
目前仍種植於日本各地。
富含維生素與礦物質，
醃漬過後就是發酵食品，能提高免疫力。
遇霜後再收成能去除澀味，提升糖度，鮮味也會增加。

⬆野澤菜遇霜數次後葉子前端會變紅，澀味也會消失，使口感變甜。

栽培計畫

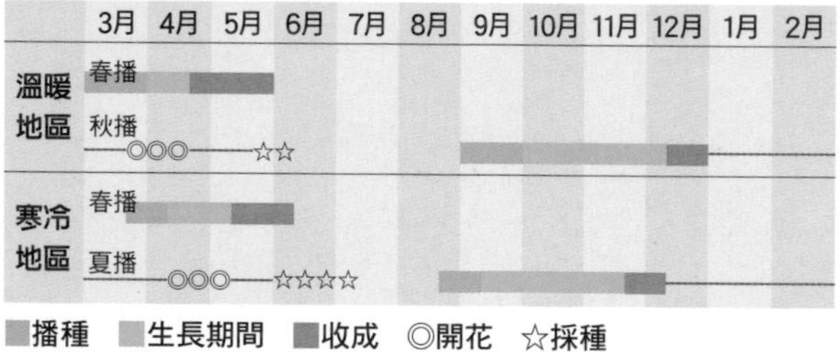

●溫暖地區是以關東地區（茨城縣土埔市），寒冷地區是以長野縣長野市（標高600m）為基準

適種指標

熱	×
霜	◎
發芽適溫	15～25℃
生長適溫	18～20℃

特徵

原產地	相傳260年前，長野縣野澤溫泉村健命寺的住持從京都帶回的天王寺蕪菁為野澤菜的起源。以基因來看，野澤菜是經西伯利亞傳入日本，常見於東日本山區，是非常耐寒的一種西洋系蕪菁。
根部形狀	主根淺根型
推薦品種	**野澤菜**除了固定品種，還有與大白菜交配的F1一代交配種。F1塊根部分的生長並不旺盛，就算是不會降霜的地區也很美味。長野縣的三大醃菜為**野澤菜**、松本市安曇的**稻核菜**以及伊那地區的**羽廣菜**。稻核菜和羽廣菜的葉子及塊根都很美味，知名度雖然不及葉子大片、產量豐盛的野澤菜，不過近年也開始被視為傳統品種。
共生植物	芥菜（紅葉芥菜）、大豆、大葉茼蒿
搭配性差的蔬菜	基本上無
連作	△（間隔1～2年）
授粉	異花授粉
種子壽命	2～3年
適合土質	**酸鹼度**

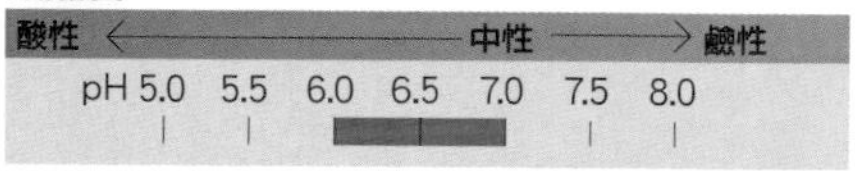

乾濕度

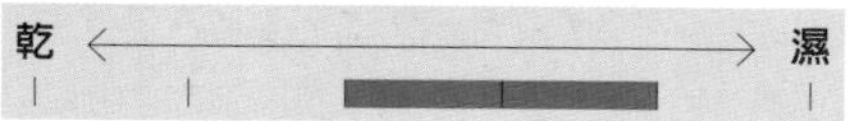

產自信州的傳統蔬菜，遇霜能讓鮮味增加

野澤菜是種植於長野縣野澤溫泉村的傳統蔬菜，此地年均溫9.5℃，是水源豐富的高冷地。野澤菜如同其暱稱「三尺菜」，生長非常旺盛。產地區域培育健全的塊根甚至能長出長度達1m的葉子。但野澤菜的莖葉纖維並不多，質地軟嫩，與廣島菜、九州高菜並列日本三大醃菜。

在長野縣，醃漬野澤菜是初冬的風俗習慣。野澤菜不僅是在地的鄉土料理，目前在日本極具知名度的醃野澤菜更是以植物性乳酸菌發酵而成的食品。除了維生素C含量特別豐富外，更含大量維生素A等胡蘿蔔素、鉀及鈣等礦物質、膳食纖維。甚至有研究報告指出，這些成分能與乳酸菌相互作用，具備優良的抗氧化力，提升免疫力，一般認為能夠預防成人病與癌症。

只要於適當時機播種栽培，遇霜數次後葉子前端會變紅，提升甜味與鮮味。

在自然菜園健康地
種植野澤菜的5個關鍵

關鍵 **1** **避免早播，分2～3次播種**

蕪菁類含有大量鮮味成分的麩醯胺酸，其中野澤菜的含量更是特別多，所以蟲類也很喜愛。最常見的蟲害為蟋蟀，溫暖地區也會出現蚜蟲。氣溫愈高愈容易遭到侵食，所以種植的首要訣竅是避免早播。愈晚播種，生長會愈順利。不過，野澤菜的生長適溫為18～20℃，太晚播種導致氣溫過低的話，植株會長不高。如果要種出大尺寸植株用來醃漬的話，建議於初霜的75天前播種。考量田地狀態與每年的氣候差異，溫暖地區不妨分2～3次，寒冷地區則是分2次左右，以3～5天的間隔分批播種。

關鍵 **2** **沒下雨時要澆淋酒醋水**

野澤菜算是一種蕪菁，需要大量吸水，讓葉子伸長。如果1週未下雨，田地變乾的話，可以澆淋大量的酒醋水，才能讓葉子順利長大。

溫暖地區也可以使用寒冷紗隧道棚

溫暖地區可以使用寒冷紗隧道棚，減緩野澤菜生長初期會遇到的高溫及乾燥，同時能夠防蟲。蟲子跑到隧道棚裡反而會造成反效果，所以一定要在播種時順便架設隧道棚。等到植株長到一定程度，天氣變涼爽，蟲子減少時就能拆掉。

關鍵 **3** **疏苗，讓植株長大**

播種時，種子要間隔1～2cm，這樣能相互幫助，順利發芽。發芽後放置不管的話，反而會造成植株過密，妨礙彼此的生長。想讓植株長大就必須疏苗，確保空間足夠。3～4片本葉時要相隔5cm，6～8片時要疏苗讓彼此株距達15cm。野澤溫泉有道號稱「比鯛魚生魚片還美味」的料理，就是把最初疏苗的植株稍微過熱水汆燙製成。接著會用長到10cm以上的疏苗做成切漬（參照P.97）。

關鍵 **4** **本漬用（醃漬保存用）野澤菜要遇霜2～3次後再收成**

植株高度超過15cm時，就能伺機收成，做成切漬。如果是要做成能夠長時間存放的本漬，就必須讓植株長得更大，否則存放過程可能因此軟爛溶掉。原產地的長野縣會讓植株長超過80cm，遇霜2～3次，葉尖變紅時才收成。溫暖地區則是會等植株長到50～60cm，但是遇霜葉尖也不會變紅，所以建議拔下田裡的葉子試吃看看，只要沒有澀味，變得會甜就可以採收。

關鍵 **5** **讓植株過冬，採收菜花**

初冬未採收的植株會在進入春天時抽苔，並長出菜花。用手折下柔軟的部分，就能長期採收菜花食用。

畦距與株距

植株會長很大，所以條距要足夠
混播對於防蟲也很有幫助

野澤菜的植株可以長到50cm～1m高，所以不能當成一般的蕪菁類或葉菜類，務必確保充足條距。要在高溫季節於寒冷地區播種的話，建議可先種植大豆，並將野澤菜種子播在大豆植株陰影處，等收成大豆後再採收野澤菜。

野澤菜＋紅葉芥菜

如果與同樣能夠做成醃菜，帶有辣味成分的芥菜（或稱高菜）混植，將有助驅蟲。建議挑選裂葉不會遮蔽光線，驅蟲效果極佳的紅葉芥菜混植。播入野澤菜種子時，於同一條播入紅葉芥菜的種子，紅葉芥菜的種子量大約是野澤菜種子的5～10%。

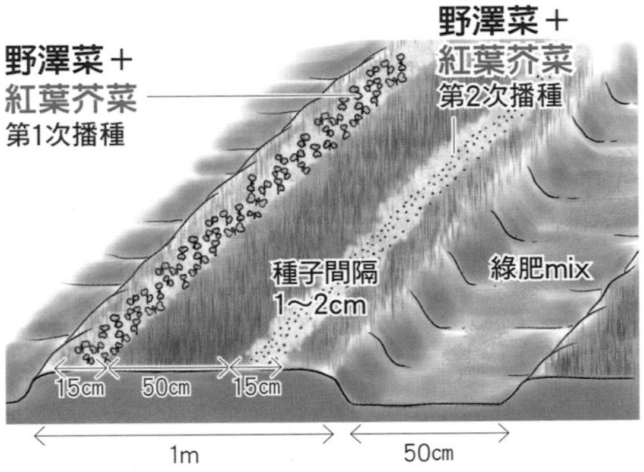

大葉茼蒿＋野澤菜

於田畦中央播入大葉茼蒿種子，等1～2週後再播入野澤菜種子的話，茼蒿的氣味能避免蟲子靠近。先採收茼蒿植株，野澤菜長大後就能跟著收成。

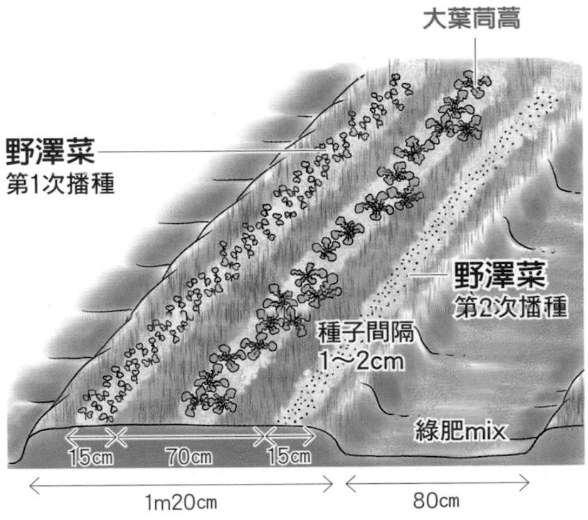

野澤菜栽培法

※於溫暖地區秋播

田畦準備作業

如果是夏季蔬菜生長順利的田地，就不需要特別做準備。但如果是缺乏養分的貧瘠地，秋播建議於播種2週前，春播於播種1個月前在田畦撒入①～③，微翻耕表面5cm，與土壤混合。

①完熟堆肥　2～3L/㎡
②牡蠣殼石灰　100g/㎡
③炭化稻殼　1～2L/㎡

9月

播種

挖出植溝

翻耕後，將整塊田剷平，並用鋤頭面寬挖出一條淺溝，繼續用鋤頭按壓，將溝底壓平。

種在未翻耕的田地時

如果是未翻耕的田地，先貼著地面，把植溝預定範圍的野草割掉，並將帶有大量野草種子的表土撥到左右兩旁。接著把鐮刀刀尖插入土裡再拔起，或是將鋤頭刀刃仔細地插入土裡，切斷野草根。接著用手掌或鋤頭面寬按壓，將溝底壓平。

間隔1～2cm撒播

在植溝中間隔1～2cm的距離撒入種子。如果要與芥菜混種，先播入野澤菜種子後，再播入分量為野澤菜5～10%的芥菜種子，薄薄一層即可。

覆土按壓

播入種子後，在植溝覆土。覆上種子厚度2倍的土壤，接著用鋤頭面寬按壓，或是以手掌用力拍平。

撒上稻殼

有稻殼的話，壓平後可以撒在植溝上預防乾燥。撒完要施力按壓，以免被風吹散。也可以割點禾本科植物的細葉，鋪放薄薄一層在植溝上。

隨興撒在野草叢生的田畦

還有一種方法是把野澤菜或芥菜等葉菜類的種子隨便亂撒，也就是把種子撒播在尚未割草的閒置田地自然生長。要等野草乾的時候再撒種子，以防種子黏在草上，無法掉到土裡。撒好種子後，貼著地面割掉野草，並鋪薄薄一層於地面。必須是能讓種子在草枯萎後從縫隙發芽出來的覆蓋。

隨時都能做切漬

疏苗拔起的幼苗、還在生長的野澤菜以及春播的野澤菜隨時都能做成切漬（即席漬）。將葉子切成5cm，塊根切成薄片，撒入2.5%重的鹽後，只需放入塑膠袋中即可，也可依喜好添加辣椒。醃漬當天就能食用。這是放個3天就很像醃漬物的即席漬作法。不過放個1週就會變酸，建議依食用量分次醃漬。

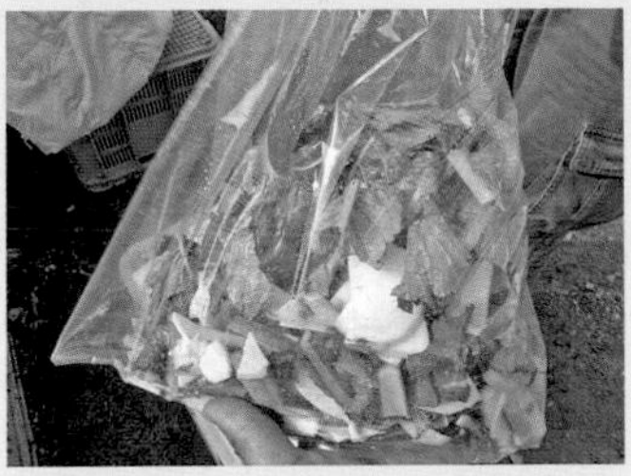

5月下旬～6月上旬

自家採種

掛網避免雜交

要自家採種的話，可保留田畦上1m左右生長良好的野澤菜不要採收，讓10～20株植株過冬。到了隔年春天，先去掉最先抽苔的1成植株，剩餘的植株則是覆蓋寒冷紗或防蟲網，避免開花前因昆蟲授粉而雜交。植株會愈長愈高，建議可架設較長的支柱，蓋上網子，還能順便預防植株倒伏。

↓

豆莢蹦開前就要收割加強乾燥

大多數的豆莢都枯萎乾掉時，就能用個晴朗的上午收割，並放在水盆或塑膠墊繼續乾燥。篩選則是要利用晴朗的白天。將整個豆莢放入水盆裡，用手搓壓，取出豆莢裡的種子，再以篩網或畚箕篩選種子。

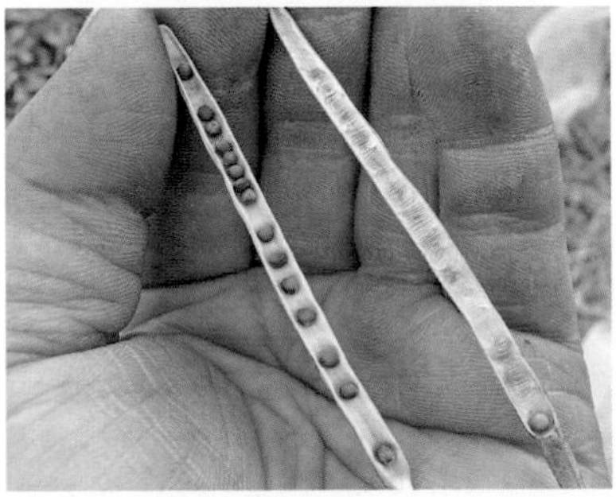

切取塊根上方

試著拔起野澤菜時，會感覺到塊根非常扎實地長在土裡。但其實野澤菜塊根長大後澱粉含量高，並不適合用來燉滷。塊根上方的纖維少，醃漬過後相當美味，所以收成時不要整株拔起，而是將鐮刀插入土中，收割塊根上方即可。

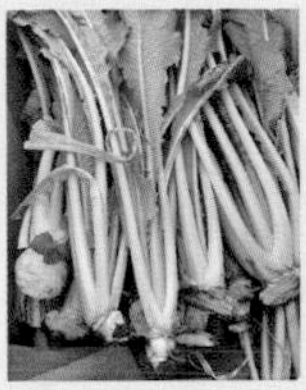

收成當天就要醃漬

建議趁融霜的上午採收。採收當天就要洗淨醃漬。等到隔天再醃漬的話野澤菜可能無法順利出水。

野澤菜醃漬法

1. 洗淨野澤菜，剝掉受損葉片。變紅的葉尖會有澀味，必須切除。
2. 將野澤菜整齊並排於桶子，撒入鹽、辣椒。接著顛倒排列方向，重複相同作業，一層層地堆疊野澤菜。
3. 鹽的用量為野澤菜重量的3～3.5%，可依喜好加入辣椒、昆布、小魚乾、柿子皮、酒等材料。
4. 蓋上中蓋，接著擺上與醃漬食材等重的重石。也可以蓋上兩層塑膠袋再加入水的方式來取代重石。
5. 隔天，野澤菜出水後要先將重石的重量減半，避免口感太硬。
6. 2～3週後，乳酸發酵開始發酸時就能食用。從桶子取出後，因為氧化的關係會很快變酸變苦，所以每次取出要食用的分量即可。擠掉湯汁，無須清洗，分切後即可享用。
7. 在長野縣的話可將桶子置於室外，以半冷凍的方式存放，就能放到春天。溫暖地區則建議視情況分小包裝，再放冰箱冷藏保存。
8. 到了春天，野澤菜的酸味會增加，這時可以浸水半天減低鹹度，接著擰掉水分，與胡麻油拌炒後，就是炒飯或烤蕎麥餡餅的美味餡料。

9月～10月

疏苗與澆水

分數次疏苗，使苗距為15cm

播種後2～3天會發芽。隔週就要開始疏苗，長出3～4片本葉時幼苗要相隔5cm，6～8片時要疏苗讓彼此株距達15cm。

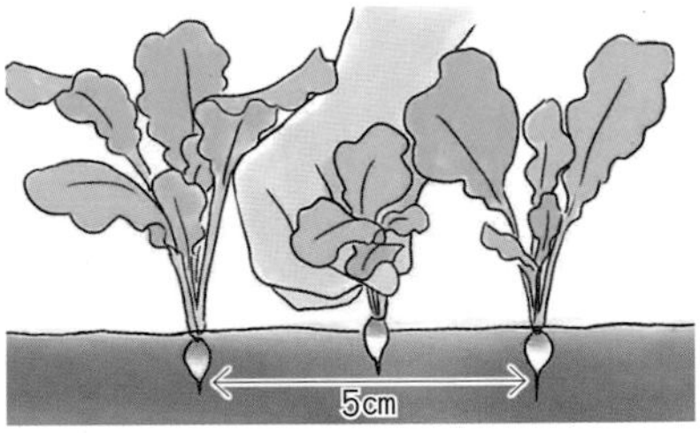

↓

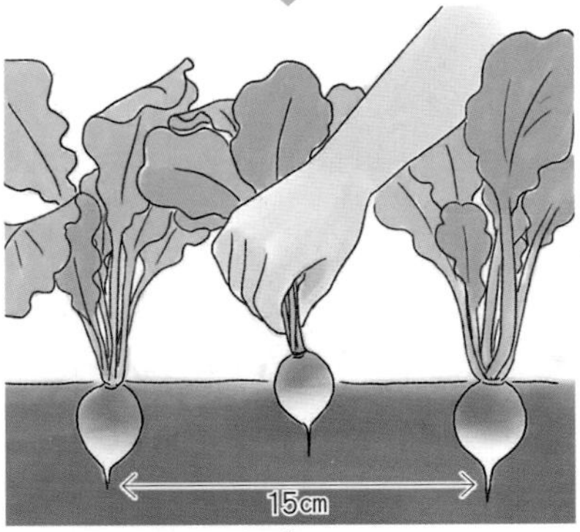

↓

1週未下雨就要澆水

1週都沒下雨的話，就要澆淋大量酒醋水，分數次澆入，讓土壤充分吸水。野澤菜生長期間有下雨的話將有助長大。

↓

12月中旬～下旬

收成與醃漬

醃漬用的野澤菜遇霜2～3次後再收成

醃漬用的野澤菜要等到植株充分長大，遇霜2～3次，葉尖變紅的時候再開始收成。種在溫暖地區的話，葉尖不會變紅，所以只要摘取試吃味道OK就能採收。

⬅蒟蒻必須反覆春天種植、秋天挖掘的作業，歷時數年後才能長成球莖（蒟蒻芋）。左圖為生長3年的球莖。

種出大顆蒟蒻
品嘗自製的生蒟蒻吧

蒟蒻 ／春天的自然蔬菜

天南星科魔芋屬

蒟蒻會在田邊角落或柿子樹等樹下歷經數年生長茁壯。需在秋天挖起，春天時重新種植，基本上還是要培土、覆草等照料工作。等到塊莖變大，就可以收成並在自家廚房製作蒟蒻。獨特的口感與恰到好處的滋味別具風情。

特徵

原產地	印度或中南半島等熱帶地區
推薦品種	**赤城大玉**球莖容易肥大，品質佳，耐病性相對較強。**はるなくろ（蒟蒻農林1號）**味道佳，但不耐根腐病，須種在排水佳的地點。**在來種**為日本自古便存在的品種，較脆弱，但種植地點佳的話品質優異，頗受歡迎。
共生植物	麥類（燕麥）、蔥、柿子
搭配性差的蔬菜	基本上無
連作	△（間隔2～3年）
適合土質	**酸鹼度** 酸性 ← 中性 → 鹼性；pH 5.0 5.5 6.0 6.5 7.0 7.5 8.0
	乾濕度 乾 ← → 濕

適種指標

熱	△
霜	×
生長適溫	15～25℃。栽培年均溫須高於13℃，5℃以下會枯萎。

栽培計畫

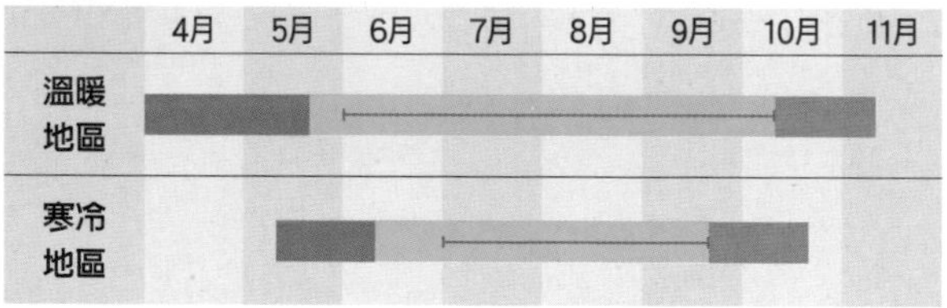

■定植 ■生長期間 ├─┤強化覆草 ■挖掘

●溫暖地區是以關東地區（茨城縣土埔市），寒冷地區是以長野縣（標高600m）為基準

歷經數年肥大的地下莖 膳食纖維有助維持腸道功能

蒟蒻是名為蒟蒻芋的球狀地下莖歷經數年生長肥大後的產物。原產於高溫多濕的東南亞地區，但實際上生長在山區斜坡面的森林裡，所以不耐陽光直射的高溫與風吹，雖然需要水分，卻討厭太過潮濕。熱帶地區為多年生植物，不過遇霜會枯萎，所以秋天要挖起地下莖，存放在不會結凍的地點等到隔年春天再種植培育。

蒟蒻芋內含大量的有毒草酸鈣，汆燙去除後才能食用。基本上不含營養成分及維生素，主要的組成成分為膳食纖維的葡甘露聚醣（Glucomannan），加工後就是餐桌上會出現的蒟蒻。

蒟蒻自古就有「腸道清道夫」、「胃的掃帚」之稱，這是因為蒟蒻聚甘露糖幾乎無法消化，同時能刺激腸道蠕動，與體內老廢物質一起排出。蒟蒻不僅能增加腸內益生菌，降低罹患大腸癌等大腸疾病，最近更發現能預防糖尿病。

在自然菜園健康地
種植蒟蒻的6個關鍵

關鍵 **1** **種在排水佳的高畦**

種蒟蒻的關鍵在於地點。蒟蒻喜歡不會太乾燥、排水佳、半日照的環境，所以適合種在斜坡或柿子樹下。不用刻意挑選蔬菜生長良好的田地，也不用擔心蒟蒻遭動物侵食，建議可從不適合種植其他蔬菜的地點中，物色有無適合蒟蒻生長的環境。但是，太過乾燥或會積水的地點要充分整理才能讓蒟蒻順利生長。排水差的田地必須做成高畦。

關鍵 **2** **種植深度要適當**

種得太深容易根部腐爛，務必多加留意。早春種植時建議淺植即可，這樣地溫攀升較快，有助生長。不過，太淺也有可能會過度乾燥，建議球莖可傾斜30度放入植穴中，並覆上約3～6cm的土壤。同時於株間混植蔥。

關鍵 **3** **長草就要除掉並培土**

蒟蒻植株容易長輸野草，一旦看見野草時就要記得除草，同時別忘了培土。因為移植時覆土量不多，所以必須培一次土預防乾燥，但只需稍微中耕即可，不能覆蓋太厚。

關鍵 **4** **長高的草收割作為覆草**

第2次除草開始，要將葉尖外推15cm範圍內的野草從接近地面處割除，並鋪作覆草。蒟蒻容易發霉生病，覆草能預防雨天時泥濘噴濺，所以非常重要。只要長出草就要割掉鋪放，還能預防乾燥。夏天要覆蓋厚厚一層田畦的野草或稻稈，避免過熱及乾燥。

關鍵 **5** **挖掘後曬乾去土**

挖起的蒟蒻要曝曬避免外皮受損。加工用蒟蒻要利用白天曬個半天～1天，保存用則是曬3天使其乾燥。要翻動個幾次，將整顆蒟蒻曬乾。晚上則是放置室內，避免受寒。

去除乾掉的泥濘，不可水洗，以免傷了球莖。

關鍵 **6** **放入塞有報紙的紙箱保存**

放入紙箱，在縫隙塞報紙保存。置於室內避免溫度低於3℃。若要維持適當的保存環境，濕度須為70～80%，建議選用兼具隔熱和透氣性的紙箱，保麗龍箱會太過潮濕，不適合用來存放。縫隙務必塞滿報紙，否則蒟蒻會從縫隙處開始變質。

畦距與株距

躲在彼此的植株下方生長
視球莖大小調整株距

要根據球莖生長的情況，在第1、第2、第3年種入田裡時，拉開種植間距。除了種在田裡，也可種在柿子樹等枝葉茂盛的植物下，同樣能生長旺盛。另外，還可在畦距間春播大麥，進入高溫季節大麥枯萎後，就能自然形成覆草。此方法也可見於蒟蒻產地。

蒟蒻＋葉蔥

種下2顆蒟蒻後就要混植葉蔥。葉蔥能夠遮蔽日照，避免潮濕腐爛與抑制疾病。第2年秋天開始，挖起蒟蒻後，可在整塊田畦種蔥，等到隔年春天，拔掉蒟蒻種植處的蔥，將能避免連作障礙。

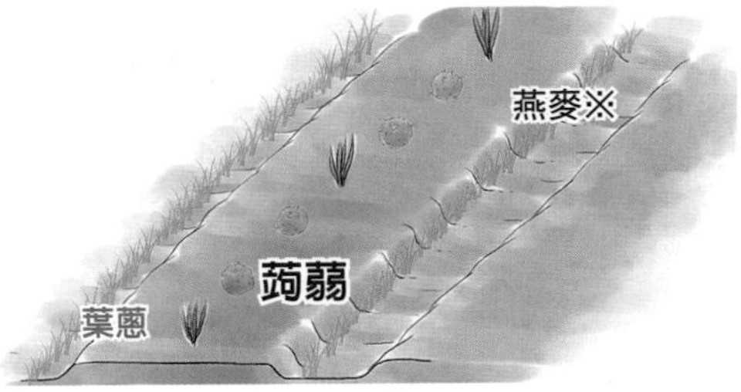

株間

蒟蒻芋第一年長大後會長出日文名為生子的子莖。將生子於隔年春天植入，並在秋天挖掘保存，等到春天再植入，反覆此步驟，歷時至少3年培育蒟蒻芋。也可使用第2年的蒟蒻芋，或直接使用第3年的種芋種植。

第1年（生子）
每處各種2顆。

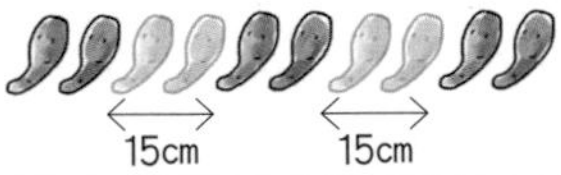

第2年
株間要取相當於3顆第2年蒟蒻芋的距離（約20cm）。尺寸較小可每處種2顆。

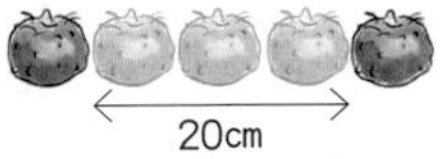

第3年
株間要取相當於4顆第3年蒟蒻芋的距離（約30cm）

⬅混植蔥有助預防疾病。

※走道的燕麥長出葉子後可以直接收割作為覆草利用。

柿子＋蒟蒻

蒟蒻在枝葉茂盛的柿子樹下也會長得很好。還能避免山豬侵食柿子果實。生蒟蒻口感非常澀，山豬吃了會很不舒服，嚇到不敢再靠近。

蒟蒻栽培法

※種植於溫暖地區

田畦準備作業

蔬菜能生長的田地就不須特別做準備，但排水差的話，務必做高畦。缺乏養分較為貧瘠的田地則建議於定植1個月前在整塊田畦撒入①～③，稍微翻耕表面5cm，與土壤混合。

①完熟堆肥　1L/㎡
②牡蠣殼石灰　100g/㎡
③炭化稻殼　1～2L/㎡

4月～5月中旬

移植

視球莖尺寸挖掘植溝深度

移植深度不能太深，才能獲得適當濕度與地溫。覆蓋球莖的土大約3～6cm厚即可。需根據球莖大小，調整植溝深度。

培育球莖的年數

當蒟蒻的地下莖充分長大時，外側會長出日文名為生子的子莖（照片左）。生子的重量約15g，隔年春天植入，等到秋天就能挖掘約100g的第2年蒟蒻芋（照片中）。再種個一年，就是第3年蒟蒻芋（照片右）。超過500g即可食用，但繼續再種一年的話，重量將能達2～3kg。購買的蒟蒻芋生長年數愈長就能快速採收，但蒟蒻的肥大速度實際上還是要看田地的狀態。

斜斜種入

移植時要斜斜種入，避免頂端芽周圍的凹槽積水。

移植2顆生子

如果是植入從母芋長出的生子，每個植穴要放入2顆。蒟蒻不耐日照，趁早讓2株同時生長能互相遮蔽陽光，有助生長。

覆土後覆草

覆土後覆草防止乾燥。

↓

5月

培土

發芽後稍微培土

看見球莖冒芽後，要先去掉覆草，邊除草邊稍微培土，接著再覆草，預防乾燥。

↓

6月～10月上旬

覆草

野草長高就要收割作為覆草

培土只需1次即可。接下來當野草長到一定程度時，就要收割鋪作覆草，重複此步驟，避免野草高度超過蒟蒻植株。

10月中旬～11月上旬

挖掘與保存

降霜前挖出蒟蒻

當大部分的葉子變黃，植莖倒伏時就要盡快挖掘。太晚挖出導致遇霜的話容易受損。鏟子插入時要稍微拉開距離，避免刃面傷了球莖。

↓

↓

曬乾去土

挖起的球莖要當場曬乾。建議挖起後連續3天的白天曝曬於晴朗且乾燥的田地。拍掉變乾的泥土，要保存的蒟蒻需繼續在白天鋪放室外日照曝曬3天。

↓

放入紙箱存放

將蒟蒻放入紙箱，縫隙塞滿報紙，置於室內存放。保存時讓球莖的芽朝上或朝向側邊，隔年春天看見發芽時，就代表能夠準備移植。早春要放在涼爽處，並在長根前完成移植。

小顆生子連同母芋一起保存

保存用球莖若帶有生子，生子超過10cm就必須摘除。小顆生子則是一起存放，避免傷到母芋。

蒟蒻作法

蒟蒻的冷藏保存期間約1週，所以家中自製蒟蒻時，建議使用1～2顆球莖，重量介於500g～1kg即可。作業時務必戴上手套，避免草酸鈣刺激皮膚。

❶削皮，測重。芽的部分非常澀，務必大範圍挖除。

❷切小塊，放入食物調理機，加入適量溫水，分批少量打碎。用研磨器則必須確認是否充分磨成泥。

❸變成泥狀後，加入適量溫水，放入鍋中加熱。建議每1kg蒟蒻添加3L的溫水。加熱時容易焦掉，所以要不斷用鍋鏟攪拌，先以中強火加熱，接著轉小火烹調。

❹加熱20分鐘後會開始變透明、變黏稠，開始飄出滷芋頭的味道時，就能關火放涼。

⬅不斷攪拌加熱，直到鍋鏟能鏟起成形的蒟蒻時便可關火。

❺降溫至50℃～60℃後，加入碳酸鈉溶液（碳酸蘇打水※）使蒟蒻凝固。迅速且均勻倒入，充分攪拌。攪拌不均勻將影響保存性。

⬆添加凝固用溶液時要確認材料溫度。溫度過高會太快凝固，變得不易拌勻。

❻攪拌到沒有結塊，蒟蒻變回泥狀時就可停止作業。萬一攪拌過度，後續加熱可能會使蒟蒻無法再次凝固。

❼倒入沾濕的料理盆中，充分填壓使其凝固。

➡倒入料理盆，靜置3～4小時使蒟蒻冷卻凝固。

❽冷卻凝固後，切成適當大小，再次煮過，讓內部也能充分凝固。

烹煮20分鐘，蒟蒻浮起後，再繼續加熱10分鐘。接著立刻浸水冷卻。

❾浸冷水1天，期間要換水，去掉澀味後即大功告成。接著泡水，存放冰箱冷藏。

※鄉下的藥局會銷售製作蒟蒻的材料包。每1kg蒟蒻的用量約25g，要先加150cc的溫水溶解。如果是用成分只有葡甘露聚醣的蒟蒻精粉製作蒟蒻，那麼就要改添加氫氧化鈣。

春天的天然菜園

播種、育苗、定植的季節

菜園會在春天甦醒，這時要開始準備田地，種植春季蔬菜的同時，也要著手準備種植夏季蔬菜。收成富含養分的葉菜類花苞亦是樂趣。

櫻花綻放時就可以開始定植葉菜類。育苗中的夏季蔬菜要特別留心溫度管理。

覆草照料田地，春季蔬菜的收成之日也漸漸靠近。架設好支柱，定植完夏季蔬菜，菜園便可迎接初夏的來臨。

正值季節交替的春天蔬菜產量少，所以能收成過冬抽苔的葉菜類花苞可讓人相當開心。大蒜等過冬蔬菜也會於此時開始生長。

⬅定植後只要覆草就能順利生長。收成時，只要保留塊根上方的種薯就能每年栽培。

容易種植
富含寡糖及多酚

菊薯／菊芋

菊科菊薯屬

菊薯是病蟲害非常少的菊科蔬菜。
就算種在田地或庭院邊緣也能長大，
到了秋天土裡就會結出塊根。
能增加腸內益生菌的寡糖含量是所有蔬菜之冠，
同時富含大量可預防老化的多酚。塊根作成沙拉、
濃湯、天婦羅品嚐都很美味，還可用莖葉自製菊薯茶呦。

特徵

原產地	以南美祕魯為中心的安地斯山脈地區
推薦品種	サラダオカメ（**菊薯農林3號**）較少裂根，收成量多。塊根去皮後為橘色，帶甜味。 アンデスの雪（**菊薯農林2號**）塊根去皮後為白色，非常適合貯存。
共生植物	柿子
搭配性差的蔬菜	基本上無
連作	○
適合土質	**酸鹼度** 酸性 ← 中性 → 鹼性 pH 5.0 5.5 6.0 6.5 7.0 7.5 8.0 **乾濕度** 乾 ← → 濕

栽培計畫

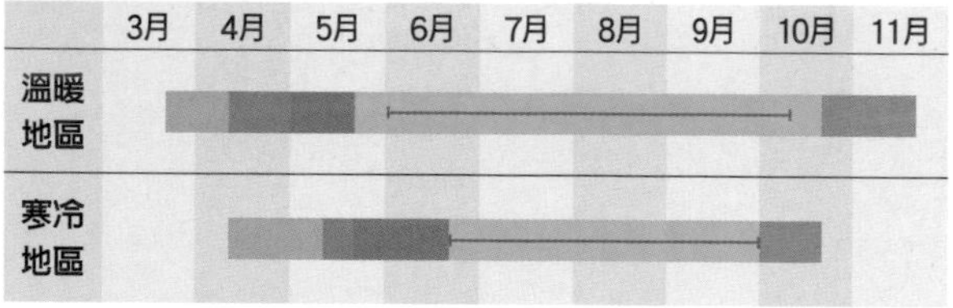

■盆植 ■育苗 ■定植 ■生長期間
├─┤強化覆草 ■收成

●溫暖地區是以關東地區（茨城縣土浦市），寒冷地區是以長野縣長野市（標高600m）為基準

適種指標

熱	△
霜	×
發芽適溫	15～23℃
生長適溫	15～23℃。超過25℃會生長遲緩，遇霜會枯萎

植株強健，在庭院或田地邊緣也能生長塊根美味，莖葉能泡茶

原產於南美洲的菊薯為菊科植物，在1984年引進日本，不易出現病蟲害且容易種植，因此在日本國內持續進行品種改良，希望能廣為普及，目前已是日本人熟知的健康蔬菜。菊薯塊根長得很像番薯，不含澱粉，低熱量，同時富含膳食纖維。菊薯還有另外一個特點，就是含有大量腸道內比菲德氏菌養分的來源，能增加益生菌的果寡糖，因此一般認為兼具整腸與減肥效果。

菊薯也含有能減少活性氧，抑制低密度膽固醇氧化的多酚，其含量之豐富相當於紅酒。含量特別多的莖葉更是被用來作成菊薯茶。

菊薯結合了梨子、蓮藕、白蘿蔔的口感，帶點甜味。建議收成後放置2週，讓甜味增加後再食用。生食可以作成沙拉、醋物，加熱後會使甜味增加，適合作成咖哩或湯品。菊薯也非常適合用油烹調，作成天婦羅或金平菊薯亦是美味。

在自然菜園健康地
種植菊薯的6個關鍵

關鍵 1 挑選日照排水佳且不會過熱的地點

挑選地點的關鍵在於春天要日照良好、夏天則是半日照，且排水佳。

菊薯在會積水的地點無法順利生長，田地較潮溼則須做高畦，同時鋤入炭化稻殼，改善排水。

菊薯在貧瘠地也能生長，適合種在田地邊緣或庭院裡，幾乎沒什麼疾病。不過，田地太肥沃的話，定植後幼苗可能遭螟蛾幼蟲或夜盜蟲侵食導致斷莖。養分過量也可能徒長枝幹，卻無法結出塊根，因此都須多加留意。

關鍵 2 晚霜過後再定植幼苗

以盆栽育苗，夜晚要擺在溫暖室內或放入隧道棚裡避霜。菊薯的生長適溫相當於高麗菜，不會太高，因此無須溫床加溫。但是只要遇霜就會枯萎，所以定植要等到晚霜過後。不過，只要時間到了就要定植，切勿久放。

關鍵 3 覆草抑制地溫、預防乾燥

菊薯雖然不至於因為天氣變熱就枯萎，但會使生長速度變慢。所以進入梅雨季就要持續覆草，到了盛夏季節便能充分鋪蓋。如此一來將能降低地溫，緩和盛夏的乾燥，有助菊薯塊根生長。接著還可視生長情況，每月補撒一次米糠。

關鍵 4 枯萎時大量澆水植株就能復原

菊薯討厭太濕，較愛偏乾的環境，但夏天超過20天沒下雨的話，植株還是會枯萎變得病懨懨。這時要在傍晚澆淋酒醋水。必須是相當於西北雨的水量，且要分數次澆淋，讓土壤能夠吸收。

關鍵 5 降霜前挖掘收成

要在降下初霜前收成菊薯。一旦遇霜，塊根就會受損無法久放，且無法變甜。插入鏟子時要拉開距離，避免傷到塊根。可食用部的塊根上方為保存用的種薯，要用來泡茶的莖葉也須在這時採收。

關鍵 6 種薯埋土裡保存

若是溫暖地區，隔年要用的種薯需先暫時挖起，埋入田裡後，再蓋上波浪板或塑膠墊保存。寒冷地區則是建議將種薯放入擺有田土的紙箱裡，接著再把紙箱放入無蓋的保麗龍箱保溫並存放室內，較能避免發霉。

畦距與株距

植株躲在彼此的樹蔭下或柿子樹下，撐過炎熱夏天

菊薯雖然喜歡日照良好、排水佳的地點，但盛夏太過炎熱會使生長停滯，在半日照的柿子樹下將有助生長。

菊薯

菊薯在貧瘠地點也能長高茁壯，與其種在蔬菜田裡，不如改種在田地邊緣。日照良好處的株間要稍微窄一點，讓植株彼此能夠遮蔭，半日照環境則可拉大間距。

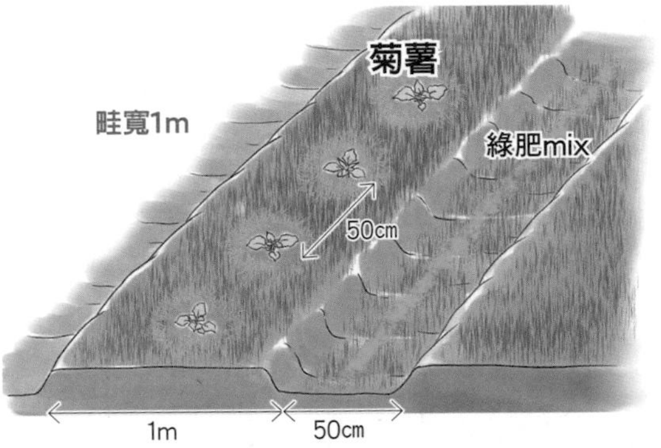

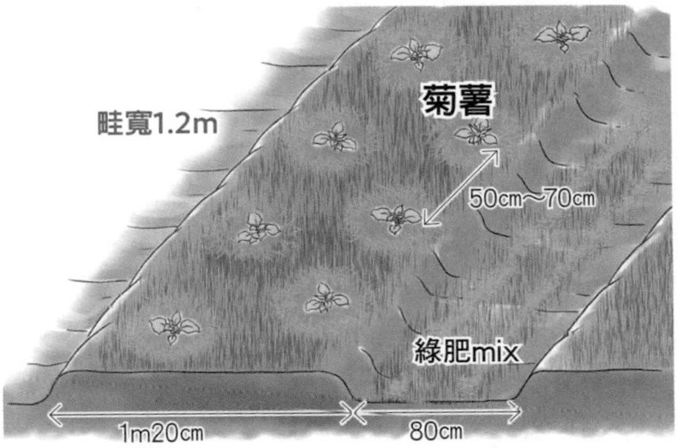

柿子＋菊薯

種在枝葉茂盛的柿子樹外緣下方處也有助菊薯生長。

預防山豬、鼠類侵食田裡作物

菊薯不含澱粉，不受山豬及鼠類的青睞，建議可將菊薯環繞種在番薯周圍，避免動物發現番薯，減少作物遭獸害。

菊薯栽培法

※種植於溫暖地區

田畦準備作業

排水差的地點要做成高畦。種植於非田地的地點時，建議於定植1個月前撒入①～②，稍微翻耕表面5cm，與土壤混合。

①腐葉土　3L/㎡
②炭化稻殼　1～2L/㎡

3月下旬～4月下旬
移植、定植

分切種薯

分切種薯塊，每塊要帶有1～2個芽眼，並靜置數小時讓切口乾燥。

↓

使用3號盆育苗

育苗要使用3號盆（直徑9cm）。盆裡填入7分滿的育苗土，中間挖凹一個洞，植入種薯，芽眼須朝上。

↓

覆土按壓並澆水

覆上土壤，用手掌充分按壓，四周也都要填滿土壤。大量澆水，直到水從盆底滲出。

維持生長適溫

放在溫室、隧道棚或日照良好的窗邊，夜晚則要覆蓋不織布避寒，晴朗的白天要維持通風不可密封住，並維持在15～23℃的適溫。土乾的時候大量澆水即可。

↓

5月上旬～中旬
定植

要避掉晚霜

不必擔心晚霜的時候，便可將植株定植於田裡。定植後30～45天必須長出4～5片本葉，定植關鍵在於必須抓緊時機，植入稚嫩的幼苗。若無法立刻定植購入的幼苗，則可先換到3.5號盆。

↓

定植前讓底部吸水

定植前一天的傍晚要澆淋大量酒醋水。定植當天在水盆倒入深3cm的酒醋水，將幼苗盆於定植3～4小時前浸在水中，讓底部吸水。

↓

貼著地面割除野草，挖出植穴

未耕地要先貼近地面割掉定植區域的野草，再挖出植穴。

讓植株土團與周圍的土密合

定植時，土團上方要與地面等高。把挖出的土原封不動地填回土團與植穴間的縫隙，用力按壓讓兩者密合。定植後無須澆水。

↓

周圍覆草

植株周圍要覆草。不過地溫會隨之上升，所以定植1週後就要先露出葉子下面區域的土壤。

↓

6月～10月上旬
覆草與追肥

覆草避免炎熱與乾燥
每月補撒一次米糠

植株周圍的野草會長高，要在長超過植株前收割作為覆草。梅雨季過後，道路的野草也要收割覆蓋，撐過盛夏的炎熱與乾燥。這段期間可視生長情況，每月撒一把米糠在植株周圍作為追肥。如果夏天太過炎熱，植株看起來快枯掉時，則可於傍晚澆淋大量酒醋水。

耕地要進行一次除草與培土

菊薯幼苗定植於耕地後，如果發現覆草間又長出野草，就要先移除覆草，接著用鐮刀或三角鋤頭收割土壤表面的野草，同時培土，並再次覆草。培土只需在最剛開始時進行一次即可，其後若再長出野草，就可採取和未耕地一樣的步驟，貼著地面割掉野草作為覆草使用。

紙箱放土保存

溫暖地區可將種薯埋於田裡，覆上至少20cm的土予以保存。寒冷地區則是將土放入紙箱，再將種薯放入保存。還要將紙箱放入無蓋的保麗龍箱，置於室內，避免溫度低於3℃。保存時都要維持完整的植株土塊，勿將土壤敲掉。每一植株可分切出5～10顆種薯，但保存時部分種薯可能會發霉，所以建議準備多一倍的種薯量。

保存食用菊薯要注意乾燥

菊薯富含水分，直接保存可能會因此萎縮軟掉。保存可食用部位的塊根時，要先包覆沾水的報紙，再放入塑膠袋，並置於陰涼處。

菊薯茶作法

葉子洗淨，蒸10分鐘後，反覆放在陽光下曝曬數日乾燥。接著再放入平底鍋加熱炒過，搓細後，放入罐子等容器保存。菊薯葉子富含多酚，但苦味強烈，有甜味的是莖部，建議莖葉混合，就能泡出滋味柔和的菊薯茶。

挖掘時不可傷到塊根

鏟子插入土裡時要與植株拉開距離，將整株鏟起，避免傷到塊根。

10月下旬～11月中旬

收成

進入初霜季節前就要採收

要在初霜前採收。建議挑選3天未下雨，土壤乾燥的日子。要做菊薯茶的話，則是從距離地面15cm高的位置收割植株上方。

莖葉可以泡茶

切下菊薯完整漂亮的莖葉部位，攤開乾燥後就能用來泡茶。

➡夏天邁入秋天時會長出黃花。菊芋的植株高大，會擋住陽光，種子還會亂飛，容易到處亂長變成野草。建議挑選離栽培作物的田地較遠的位置種植。

⬅菊芋非常耐寒，11月下旬便可收成，甚至能持續收成到春天。插入鏟子讓土團整個騰空，再挖出根部末端相接的塊根。無須清洗，直接包覆沾水的報紙可冷藏1週左右。埋在土裡則能保存到春天。

⬆3月中旬～5月上旬，直接將種芋植入土中。每處種1顆，取50cm株間，並覆上約10cm左右的土壤。約2週就會發芽。

⬅發芽後，每處要疏剩2～3個芽眼，避免塊根太小。接著放任其生長即可。

菊芋種法

和菊薯同為菊科植物，非常耐寒，還能抑制血糖上升

菊芋是菊科的多年生植物。原產於北美，江戶時代傳入日本後開始野化。口感近似馬鈴薯，但裡頭所含的糖分並非澱粉，而是低熱量，還能抑制血糖上升的菊糖（Inulin）。

菊芋不講究土質，但有嚴重的相剋作用，會阻礙野草或其他蔬菜生長。非常耐寒，挖剩的塊根能在隔年發芽，發芽後疏苗就能繼續培育。若要種植的話，建議先在規畫好的區域田畦圍繞邊板，這樣生長範圍就會自己慢慢擴大，還能預防菊芋野化。山豬也很愛菊芋，要注意侵食。

若要養地，可撒入3L/㎡的腐葉土和1～2L/㎡的炭化稻殼並加稍微翻耕。連作超過3年的話則要添加3L/㎡的完熟堆肥，避免長出的塊根愈變愈小。

具有防癌功效的膳食纖維
剛挖起的水嫩口感最美味

牛蒡／山牛蒡

菊科牛蒡屬

牛蒡為菊科的多年生植物，相當耐寒，根部甚至能承受-20℃的低溫。含豐富的膳食纖維，有助整腸，改善便祕。中藥會用牛蒡種子退燒、解毒、利尿、排膿。
牛蒡亦是耐熱，只要挑選排水佳的田地，
就算無農藥也能順利生長。
天然菜園裡現挖的牛蒡香味驚人，澀味較淡。

⬅⬆短系品種的大浦太牛蒡。與長系品種相比，在較淺的耕作層也能生長，不僅容易挖掘，纖維也較少，口感軟嫩美味。

特徵

原產地	歐亞大陸
推薦品種	**大浦太牛蒡**長度短，口感軟嫩。出現孔洞無損美味程度，還可利用孔洞填入食材做成料理。**百日一尺牛蒡**種植100天就能長至60cm便可收成，是非常好種的極早生種。 **葉牛蒡**為秋播品種，過冬後早春就能食用短短的嫩根及葉柄。
共生植物	胡蘿蔔、菠菜、毛豆、落花生、萬壽菊
搭配性差的蔬菜	秋葵、茄子
連作	×（至少間隔3～5年）
種子性質	自花授粉。壽命為3～5年
適合土質	**酸鹼度**

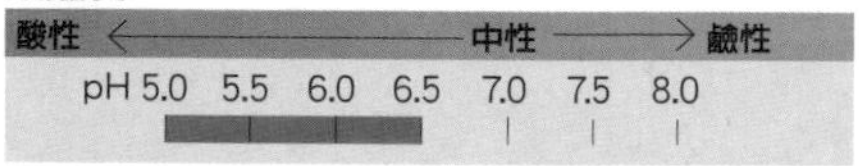

乾濕度

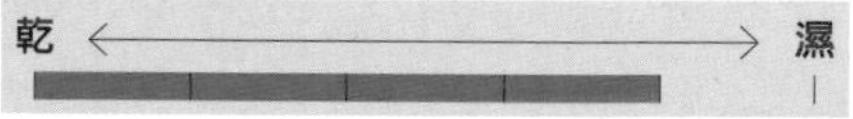

適種指標

熱	◎
霜	◎　※露出地面的部分遇3℃低溫會枯萎。
發芽適溫	15～25℃
生長適溫	20～25℃

栽培計畫

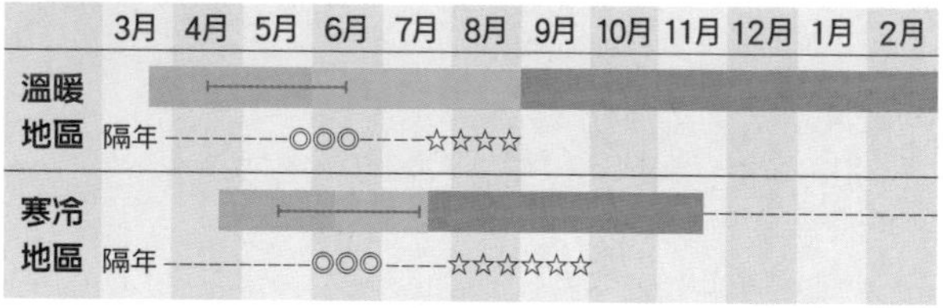

●溫暖地區是以關東地區（茨城縣土埔市），寒冷地區是以長野縣長野市（標高600m）為基準

傳入日本時本為藥用，之後變成蔬菜
內含的膳食纖維有整腸作用

牛蒡在中國主要為藥用，但自古傳入日本後開始被拿來食用，在平安時代便已完全定調為蔬菜類。

以富含膳食纖維，有助腸道蠕動的蔬菜來說，牛蒡非常具代表性。其中，非水溶性膳食纖維的木質素（Lignin）還能吸附腸道內的致癌性物質，有助預防癌症而備受關注。水溶性膳食纖維的菊糖則是能吸收體內多餘水分，改善水腫。菊糖在腸內發酵分解後，還會轉為果寡糖，變成比菲德氏菌的養分。另外，牛蒡所含的鉀等礦物質也非常豐富。牛蒡皮更含有大量能去除活性氧的多酚。

目前常見的牛蒡長度長，中間無孔洞，但其實過去有非常多的短系在來種普及於日本各地。要種在家庭菜園的話，推薦好種、好挖的短系品種。

牛蒡一旦露出地面就會乾掉，馬上影響風味。現挖的自產牛蒡特別水嫩美味，希望各位一定要種植品嘗看看。

在自然菜園健康地
種植牛蒡的6個關鍵

關鍵 1 避免連作，挑選排水佳的地點

牛蒡討厭潮濕，種在會積水的地點無法長大。牛蒡也討厭連作，所以一定要選擇排水佳，且超過3年未種牛蒡的地點。濕氣較重的田地則必須做高畦。相隔再種牛蒡的話，要充分翻土至少50cm深。裝袋栽培也是能解決連作障礙、避免太過潮濕的對策之一。

關鍵 2 覆上薄土，按壓後大量澆水

牛蒡植株會彼此合作，讓根部伸長開來。可採間隔1cm的條播，或是每隔30cm點播入3～4顆種子，之後再疏苗。點播的話疏苗時較輕鬆，條播則是比較不會缺株。

牛蒡屬好光性種子，覆上薄土即可。太過乾燥無法發芽，所以用力按壓後，還要大量澆水。接著可再鋪放薄薄的覆草，預防乾燥。如果有炭化稻殼或一般稻殼也可以鋪撒作為覆草，有助預防乾燥與野草叢生。

關鍵 3 生長初期疏苗與澆水2次

疏苗2次，留下1株植株。分別在長出雙子葉與2～3片本葉時疏苗。挑選雙子葉對稱展開，根部筆直的植株。

播種後到長出3片本葉期間特別需要水分，沒下雨的話一定要澆水。一旦乾燥植株就會枯掉萎縮。

關鍵 4 長出5～6片本葉前要徹底除草與覆草

牛蒡生長初期容易長出野草，所以要留意植株周圍，隨時鋤草並覆草。春天愈早播種愈不容易長出野草，栽培會更順利。長出5～6片本葉時，可在覆草上撒米糠追肥。植株葉子會茂盛長大，接下來只要放任其生長即可。

關鍵 5 收成要食用的分量

根部粗度超過1cm時就能隨時收成。先從田畦單側下鏟挖出洞，再逐次挖出數根牛蒡。

挖出後的牛蒡會乾掉，影響鮮度，建議依食用量逐次收成。如果是種在冬天土壤不會結凍的溫暖地區，牛蒡可以繼續養在土裡，直到春天抽苔。

關鍵 6 勿清洗，直接以沾水的報紙包覆保存

天然菜園裡的現挖牛蒡不用去澀，做成沙拉也很美味。若要保存現挖的牛蒡，可稍微擦拭泥土後，無須水洗，直接用沾水的報紙包覆，接著放入塑膠袋預防乾燥，這樣的話，新鮮美味就能維持1週。建議挖起後還是盡快享用。

畦距與株距

避免連作，與搭配性佳的蔬菜混植

若要長年在田裡種植牛蒡，建議可與同為直根，搭配性佳的胡蘿蔔、菠菜，或是所含的根瘤菌與菌根菌作用能促進生長的毛豆混植。有線蟲害的田地可與落花生或萬壽菊混植，有助預防蟲害。

牛蒡＋落花生

早春先在田裡播種牛蒡，5月時再播種落花生。夏天落花生的枝葉茂盛，能夠減緩牛蒡植株根部的乾燥。

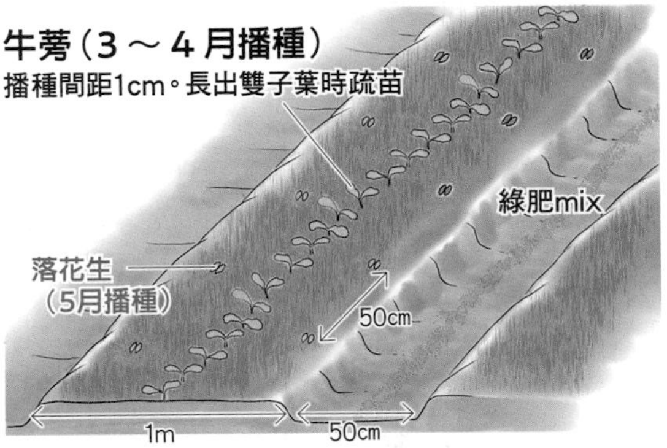

牛蒡＋胡蘿蔔＋毛豆

和同為根菜類，生長期間較長的繖形科胡蘿蔔同時播種，兩者都能順利生長。毛豆則是晚一點再播種。

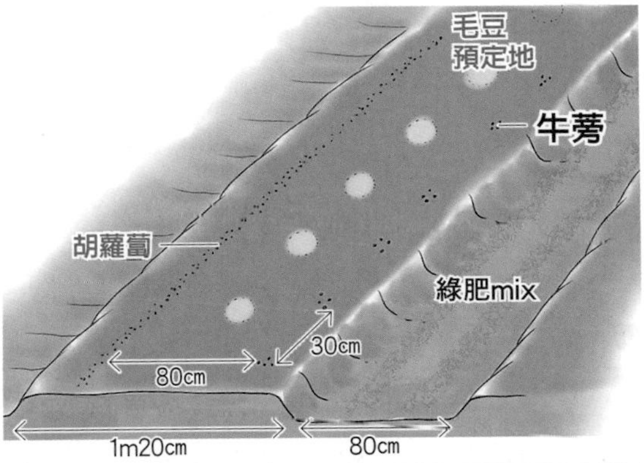

裝袋栽培可預防過度潮濕，輕輕鬆鬆就能收成

如果種植的數量不多，也可以利用肥料或育苗土的空袋栽培。在袋子放入新的田土，置於畦上的淺洞，底部挖空，倒入1桶水，讓土壤與田畦密合，接著播入牛蒡的種子。這種方式能從外側觀察生長狀況，食用疏掉的牛蒡，每袋約可種植3～4支牛蒡。乾燥期間別忘了大量澆水。因為是密植栽培，就無須和共生植物混植。

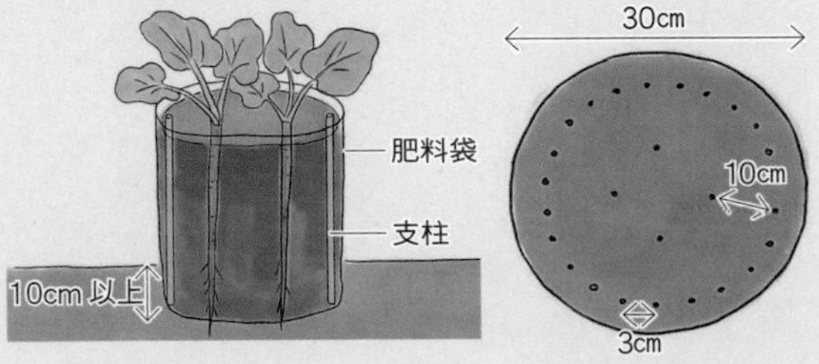

牛蒡栽培法

※種植於溫暖地區

田畦準備作業

撒入1～2L/㎡的炭化稻殼，若土質較硬，就要充分耕耘。去除土中石塊，也要注意是否參雜了未熟有機物。排水差的地點要做高畦。

3月下旬～5月下旬

播種

徹底切除野草，整平土地

從貼近地面處割除掉播床的野草，將鐮刀或鋤頭插入土內，切斷野草根，整平土壤表面。

↓

條播間隔1cm，點播間隔30cm

條播的間隔為1cm，點播則是每穴3～4顆種子，間隔30cm。

覆上薄土，充分按壓

牛蒡種子屬好光性，覆薄土即可。要充分按壓土壤避免種子乾燥才能順利發芽。

↓

覆草與稻殼防止乾燥

鋪上薄草覆蓋，才能讓植株照到陽光，土壤又不會乾掉。可撒點稻殼，天冷時則鋪撒炭化稻殼。只要溫度適宜，1週左右就會發芽。

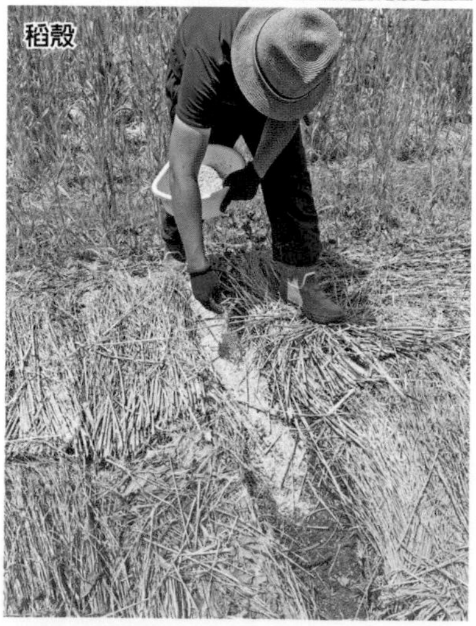

4月上旬～6月上旬

疏苗與澆水

長出雙子葉與2～3片本葉時

長出雙子葉時要第1次疏苗，長出2～3片本葉時則是第2次疏苗，留剩1株植株。2～3片本葉的疏苗菜可以連根享用，非常美味。第2次疏苗前植株要避免乾燥，沒下雨的話就必須澆水栽培。

↓

保留的雙子葉

雙子葉厚實，向外反翹。

疏掉的雙子葉

疏掉雙子葉豎立、顏色不正常的幼苗。

保留的本葉

葉子朝斜向45度健康伸長。

疏掉的本葉

疏掉葉子看起來脆弱、撐不起來、徒長高的幼苗。

4月中旬～6月中旬

覆草與追肥

生長初期容易長出野草

植株在長出5～6片本葉前容易長出野草，所以要頻繁割除周圍的野草，並覆草。長出5～6片本葉後，可在每一植株周圍撒一把米糠追肥。

用手剝開取出種子

用手剝開，取出裡頭的種子，放在畚箕裡吹掉髒污，留下種子。接著就能充分曬乾，加以保存。

寒冷地區適合種牛蒡薊

菊科薊屬的牛蒡薊在日本信州地區又稱為「山牛蒡」。適合種在夏播牛蒡無法過冬的寒冷地區及山區。栽培方法與牛蒡相同。牛蒡薊的根部可達20cm，莖部也能食用。香氣佳，做成沙拉或醃漬醬油都很美味。不過，生長於野外的山牛蒡和洋商陸（美洲商陸）是完全不一樣的植物且有毒，要特別留意。

倒放於土中保存過冬

如果是種在冬天土壤會結凍，不易挖掘的地區，可在晚秋時頻繁挖起，接著倒放在淺穴中，鋪蓋約10cm的土壤。也可用稻稈或麻袋蓋住牛蒡，這樣要挖起時會比較輕鬆。

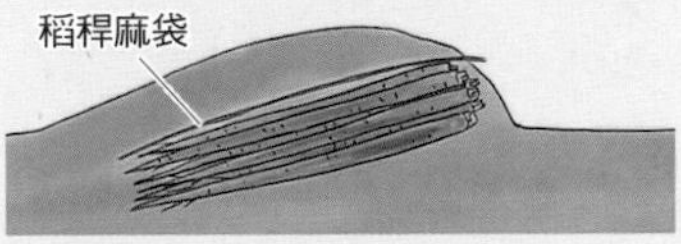

隔年7月下旬～8月

採種

挑選種子撒出也不受影響的地點

牛蒡為自花授粉，留下較晚抽苔的植株，待其開花後，夏天就能採種。採種區域周圍也會撒落種子，順利長出牛蒡。各位也可在無法種植蔬菜的地點重新斜植入植株，讓牛蒡長出種子，撒出的種子就能原地生長。

曬到完全變乾

收割後，放在水盆裡，置於不會沾到雨水的地點，充分曬乾。

6月～8月

夏季的照護

葉子茂盛，任其自然生長

只要植株葉子茂盛，就能抑制周圍野草的生長。這時只需偶爾除草及覆草，避免田畦的野草長太高即可。

9月～2月

收成

從植株單側整個挖起

只要植株根部開始變粗，就能依需求逐一採收食用。先從植株單側下鏟挖出洞，讓牛蒡倒向洞裡後再拔起。土壤潮濕時比較好收成。田地乾燥時，可分數次用水桶澆水，等待30分鐘讓土壤吸水後再挖起。

短系牛蒡較好挖

收成長的牛蒡較辛苦，收成次數頻繁的話，建議選種短系牛蒡會比較輕鬆。

收成量大可做成牛蒡茶

如果想要吸收牛蒡皮所含的大量多酚，不妨做成牛蒡茶。牛蒡洗淨後無須削皮，直接用削皮刀削成片狀，放在陽光下曝曬1天。接著少量逐次放入平底鍋乾炒。中火乾炒約5分鐘，牛蒡焦掉會變苦，所以要在焦掉前關火，攤平放涼即完成。

第 2 章

栽培蔬菜的所需知識

12個月的務農作業

天然菜園非常重視季節變化，每天照料蔬菜的同時，
也要思考如何讓整個菜園的狀態愈變愈好。
在12個月的務農作業累積下，蔬菜將能自然且健康茁壯。

12個月的 務農作業行事曆

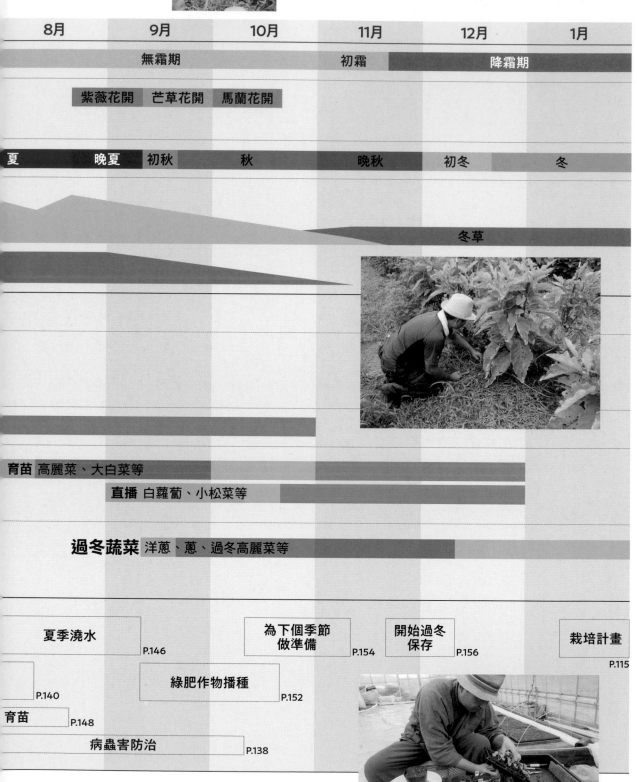

8月	9月	10月	11月	12月	1月

無霜期 / 初霜 / 降霜期

紫薇花開 / 芒草花開 / 馬蘭花開

夏 / 晚夏 / 初秋 / 秋 / 晚秋 / 初冬 / 冬

冬草

育苗 高麗菜、大白菜等

直播 白蘿蔔、小松菜等

過冬蔬菜 洋蔥、蔥、過冬高麗菜等

夏季澆水 P.146

為下個季節做準備 P.154

開始過冬保存 P.156

栽培計畫 P.115

P.140

綠肥作物播種 P.152

育苗 P.148

病蟲害防治 P.138

在天然菜園裡，各式各樣的健康蔬菜會與茄子、番茄、高麗菜、大白菜等主力蔬菜一同長大。
與其說是針對每種蔬菜給予各自的照料，這裡的作法反而是從菜園整體著手，讓蔬菜能夠一一長大。
這就是順應自然的務農模式，訣竅在於跟著大自然的改變，採取適合當下的照料方式。
日本四季分明，下霜及梅雨是季節變化的大分水嶺。站在生物的角度不斷給予照料，
田地的狀態就會愈來愈好，蔬菜生長更是欣欣向榮。下面依照每個季節，彙整出一整年的務農工作安排。

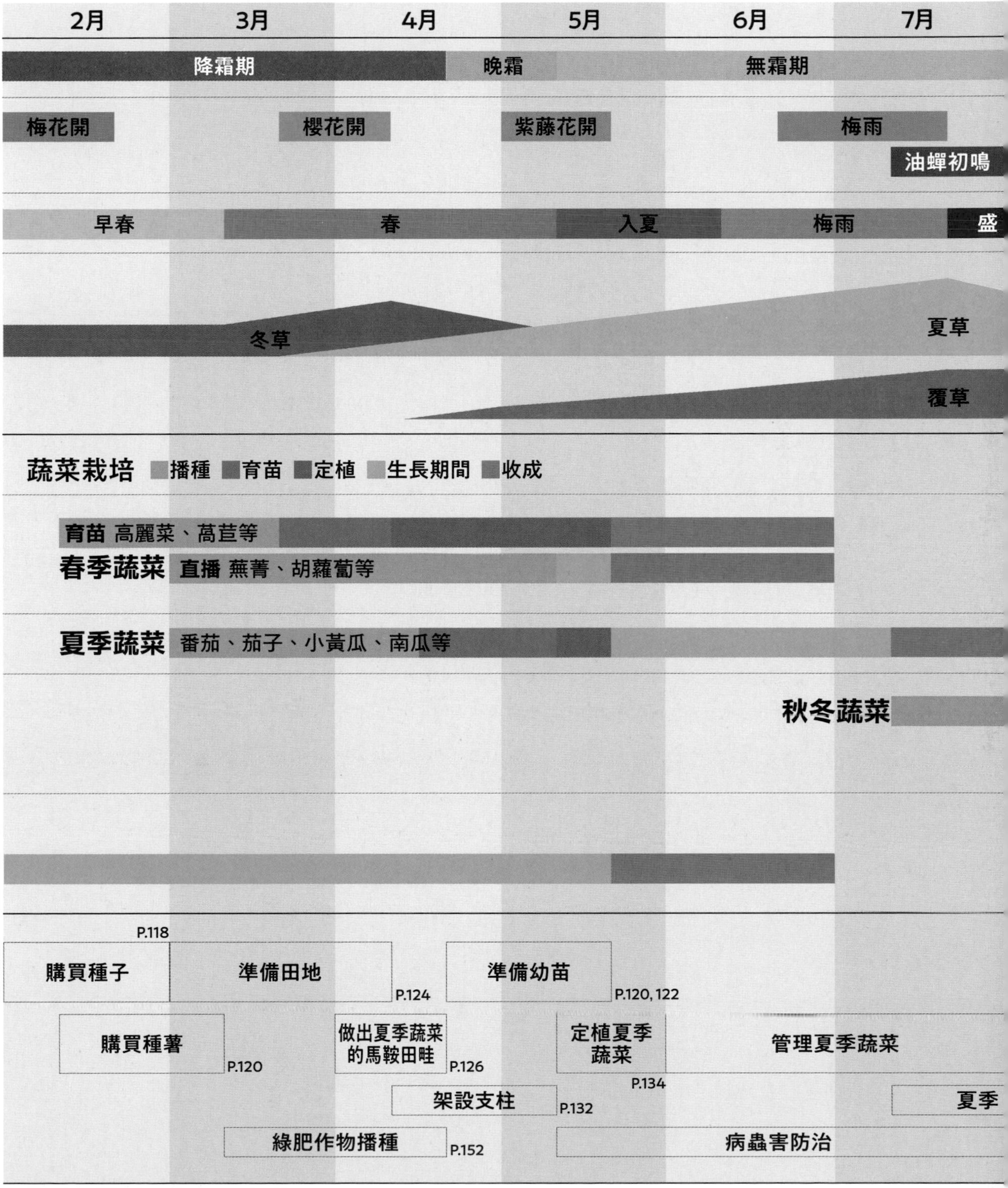

※上述為時間安排的參考值。實際情況會依地區和年分不同有所變化，
請各位參照過往的經驗與該地區農家的作業時間表，制訂符合自己需求的行事曆。

不易出現連作障礙的栽培計畫

淺顯易懂，能長年持續執行的家庭菜園計畫訣竅

絕大多數的蔬菜如果持續種在同個地點，收成量不僅會隨之銳減，也很容易出現生長障礙或病蟲害，引起連作障礙，所以必須訂立栽培計畫，每年變換施作地點，才能避免出現連作障礙。話雖然此，家庭菜園面積有限，如果還要栽培多種品項的話，過個幾年可能就會非常混亂，導致計畫難以執行。建議各位將蔬菜分組，以組為單位規劃田地，不可連作的蔬菜組須整個區域進行替換。這種模式淺顯易懂，有助各位長年持續執行。

可連作蔬菜要種在專門規畫的連作畦

所謂連作障礙，是指持續種植相同蔬菜導致土壤養分失衡，或是出現該蔬菜常見的疾病與蟲害。每種蔬菜的連作障礙情況不一，有些蔬菜可能長年都會受到影響，有些則是幾乎沒有連作障礙的問題，甚至還有連作能幫助品質提升的蔬菜（表1）。

可連作的蔬菜就要每年固定種在相同地點的連作畦。尤其是番薯、胡蘿蔔、洋蔥連作有助品質提升，劃分出種植區域後，每年只須準備等量的幼苗或種子，不用擔心浪費。蘘荷或蜂斗菜自生的地點只要避免種植其他蔬菜，無須任何照料就能年年收成，也算是天然的連作畦。

表1　可連作、不可連作的蔬菜

可連作蔬菜	連作栽培品質佳	番薯、胡蘿蔔、洋蔥
	不易出現連作障礙	南瓜、白蘿蔔、大蒜、蔥、蘘荷、蜂斗菜
不可連作蔬菜	間隔1年	菠菜、小蕪菁、四季豆
	間隔2年	萵苣、大白菜、高麗菜、小黃瓜、草莓、薑
	間隔3～4年	茄子、番茄、青椒、芋頭、牛蒡
	間隔4～5年	西瓜、豌豆

⬆玉米沒有連作障礙，不過持續種植會使土壤貧瘠，變得難以長大。四季豆則不喜連作。將玉米、四季豆、南瓜等搭配性佳的品項混植，將能讓彼此變得更容易連作。

⬆洋蔥能持續種在同塊田畦，每年定植的幼苗數量也相同。

➡蘘荷每年都能在柿子樹下自然地成長茁壯。

每年固定種植於同塊田畦的番薯，還混植了搭配性佳的芝麻。

每頁標題列出的月份僅為參考值。
各項務農的正確作業期間請參照P.112～113。

最推薦的交互種植連作組合為馬鈴薯與蔥

有些蔬菜雖然不能單獨連作，但如果與搭配性佳的蔬菜一起種植就能連作（表2）。只要將這些蔬菜配對交替種植於連作畦，每年就能固定種在同個區域。

其中最推薦的是馬鈴薯與蔥的連作畦。家庭菜園非常受歡迎的馬鈴薯其實不容易連作，和其他蔬菜又很難搭配混植。與番茄、茄子、青椒同屬茄科，茄科常見二十八星瓢蟲、疫病等共通的病蟲害，容易引發連作障礙的馬鈴薯更會增加規劃栽培計畫的難度。不過，把馬鈴薯和蔥固定連作於菜園一角，和其他作物隔離開來將是很好的解決方案。各位可以每年在固定的田畦種植、收成實際需要量。

不可連作的蔬菜要將夏季與冬季蔬菜整個田畦做互換

先將不可連作的蔬菜分成茄科、葫蘆科的夏季蔬菜組，以及十字花科和菊科的春、秋、過冬蔬菜組，並將這些的蔬菜組各自栽種於「夏畦」與「冬畦」，要記住夏畦和冬畦的面積要一樣大。隔年再將原本的夏畦種植冬畦種過的蔬菜，原本的冬畦改種夏畦種過的蔬菜，每年互換栽培（表3）。

夏畦種植夏季蔬菜需要長達6個月以上的栽培期。天然菜園在這段期間會讓夏季蔬菜的根部深入土壤，透過持續的覆草，增加害蟲天敵與微生物，覆草分解形成堆肥，滋潤土壤並讓蔬菜長大。

冬畦蔬菜的栽培期間短，每年可種植2次，建議固定在同一塊田畦交替種植十字花科與菊科蔬菜，也可以混植極早生的毛豆。十字花科和菊科作物在夏天較難生長，這種模式能讓十字花科作物所沒有，但有助生長的菌根菌繼續存在於土裡，留給隔年的夏季蔬菜吸收運用。

互換夏畦與冬畦能為蔬菜形成良好的生長循環。只要夏畦的土壤滋養度夠，那麼隔年換成冬畦種植蔬菜時，

⬆種植於同塊田畦的大蒜和草莓。隔年要互換種植位置。

⬆田畦一半種馬鈴薯，收成後改種蔥，原本種蔥的位置則是改種馬鈴薯，這樣的交替模式有助彼此生長。

⬆芋頭與薑的連作畦。隔年要將彼此的種植位置互換。

表2 互換種植即可連作的蔬菜組合

馬鈴薯	⟺	蔥
毛豆	⟺	菠菜
		麥
小黃瓜	⟺	豌豆
芋頭	⟺	薑
草莓	⟺	大蒜

表3 不可連作的蔬菜要分成夏季蔬菜的夏畦與春、秋、過冬蔬菜的冬畦種植

夏畦		冬畦
茄科（茄子、番茄、青椒、獅子辣椒、紅辣椒、食用酸漿等）	⟺	**十字花科**（白蘿蔔、蕪菁、小松菜、高麗菜、大白菜、芥菜等）
葫蘆科（小黃瓜、南瓜、櫛瓜、西瓜、哈密瓜、香瓜等）		**菊科**（萵苣、茼蒿等）
		豆科（毛豆等）

※夏畦與冬畦面積要一樣大，且每年互換種植

連作畦、夏畦、冬畦並排範例

⬆右排是搭配性佳的南瓜、玉米連作畦，中間是茄子、番茄的夏畦，左排則是高麗菜和萵苣的冬畦。到了隔年，夏畦和冬畦的位置就會互換。

就無需施用肥料。同樣地，冬畦的蔬菜也能適度消耗掉對夏季蔬菜來說多餘的氮元素。集結於冬畦蔬菜的益蟲應該也會捕食隔年夏季蔬菜會出現的害蟲。另外，冬畦的十字花科作物含有辛辣成分，留在田畦裡的葉子辛辣成分含量豐富，互換成夏畦後，對於預防病蟲害同樣能帶來幫助。

冬畦、夏畦、連作畦的配置範例

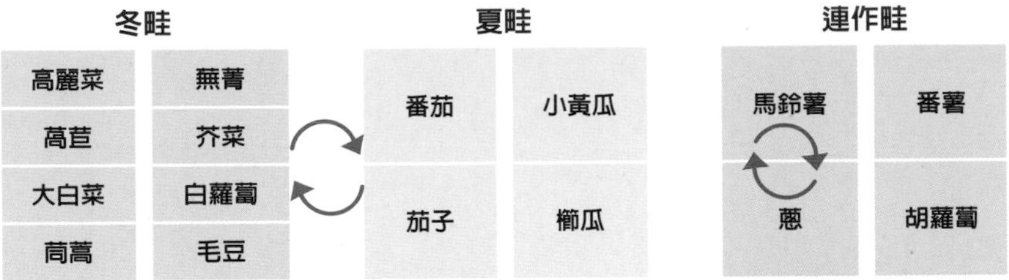

夏畦和冬畦的面積要一樣，每年將兩者位置互換。

連作畦的話則是要區分出每年可持續種植於同個位置的蔬菜，以及必須互換位置才能連作的蔬菜。

在夏畦、冬畦混植共生植物

將蔬菜種植大致區分出夏畦、冬畦與連作畦三種配置後，如果再搭配適合每種蔬菜的共生植物，將能夠把連作帶來的影響降得更低。建議各位掌握每一科別適合與哪些植物搭配，充分發揮混植的功效。

表4　不同蔬菜科別的共生植物

茄科 葫蘆科	＋	石蒜科	韭菜、葉蔥、蔥、大蒜	石蒜科植物根部的共生菌會形成抗生素，抑制疾病
		豆科	極早生毛豆、落花生、四季豆、豇豆	豆科的根瘤菌能夠固定住氮元素，菌根菌則有助養分吸收
十字花科	＋	菊科	茼蒿、萵苣、牛蒡	凹折菊科植株會流出白色汁液，避免蟲類侵食。先長出的菊科植物還能驅蟲
		豆科	毛豆、大豆、蠶豆、豌豆	十字花科所沒有的菌根菌有助磷酸吸收，根瘤菌則能固定空氣中的氮元素
		繖形科	胡蘿蔔	先種胡蘿蔔有助驅蟲
		石蒜科	大蒜、韭菜、蔥	石蒜科植物不僅能抑制疾病，散發的氣味還能驅蟲

⬆蔥是小黃瓜、南瓜等葫蘆科作物相當常見的共生植物。會在定植時順著幼苗的土團植入蔥，也能與茄科植物混植。

⬅在紅辣椒的株間種植韭菜。韭菜還能和青椒、茄子、番茄、食用酸漿搭配，與茄科植物的搭配性極佳。

避免搭配性差的組合

有些蔬菜相鄰種植或是接續種植就無法順利生長。如果說共生植物組合可以加5～10分的話，搭配性差的組合將會扣50分，一定要避免出現下述組合。

表5　搭配性差的組合

避免混植

馬鈴薯	×	茄科	擴大病蟲害
		十字花科	
		薑	抑制彼此生長
蔥	×	毛豆	徒長樹，不結果
		白蘿蔔	分岔
		大白菜	無法結球
草莓	×	韭菜	引起極早生，果實長不大
所有蔬菜	×	莓果	抑制蔬菜生長
		薰衣草	
		迷迭香	
四季豆	×	小黃瓜	會引起根部畸形、發育不良的線蟲害變嚴重
		胡蘿蔔	

避免後作

小黃瓜	➡	胡蘿蔔	分岔
毛豆			
馬鈴薯	➡	豌豆	抑制生長
		四季豆	
		所有茄科植物	
		所有十字花科植物	
番薯	➡	蕪菁	缺乏養分，有損生長。準備後作時施用未熟堆肥容易引發病蟲害
		大白菜	
菠菜	➡	小黃瓜	養分不足，生長不佳

挑選種子

了解種子特徵，撒播符合自己需求的種子

在種苗店或居家修繕中心裡，每種蔬菜會陳列出不同類型的種子。從中挑選適合當地氣候環境與栽培方式的種子，是務農作業相當關鍵的訣竅。因為，你所播的種子會左右蔬菜的生長狀況。

從包裝袋掌握種子的特性

種子的包裝袋後方會向左圖一樣，記載了許多資訊。

固定品種和F1品種都是從種苗業者或試驗場培育出的種子（表1）。

以固定品種來說，同品種植株彼此雖然能夠授粉，但培育出的下一代性狀品質不一，所以必須挑選每一代的優良品做採種。另外，發芽狀況與形狀也各有差異，各位在疏苗時，能夠選擇保留品質好的植株，長年持續收成，因此非常適合家庭菜園與自給自足菜園。

F1品種是取不同品種交配，利用親代會將優良性狀留給子代的雜交優勢特性培育出的交配種。有些專業農戶喜歡一口氣收成發芽與形狀相當的幼苗，因此特別鍾情F1品種。

以栽培行事曆來說，固定品種的適種期範圍較廣，F1品種多半會詳細記載。但如果是葉菜類或豆類，每個地區的適種期有可能會更短，此時袋上資訊就能作為參考。另外，胡蘿蔔、白蘿蔔、高麗菜等作物的春作和

不會開花的不稔種子適合肥培管理的田地

即便是自家採種F1品種，也沒辦法採得和親代同性質的種子。如果是F1單親無花粉的品種，在沒有和其他品種雜交的前提下，就不會長出種子。洋蔥、胡蘿蔔，甚至是高麗菜都可見利用這種不稔種子交配出的品種，高麗菜的品種名稱還會加入「SP」、「EX」等字樣。

不稔種子的發芽狀態一致，專業農戶非常喜歡這類種子，因為能一口氣收成品質相當的蔬菜。不稔種子顆粒小，雙子葉也小，適合種在肥裡培管理的田地，這樣發芽後只要有適量養分就能順利長大。

種子包裝袋的資訊範例

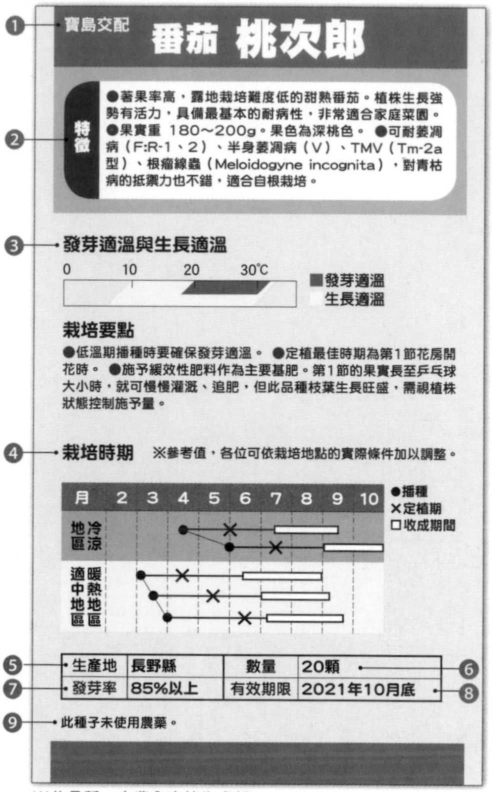

※此品種、企業內容皆為虛構。

❶固定品種或F1品種（一代交配種）
「〇〇交配」或「一代交配〇〇」為F1品種（一代交配種）。「〇〇育成」或無標示則為固定品種（※有些F1品種也不會特別標示）。

❷特徵
記載有生長特性、耐病性等品種主要特徵。

❸發芽適溫與生長適溫
可搭配栽培行事曆，大致掌握何時播種、何時收成。發芽適溫較高的品種若要在早春就先育苗，就必須放置保溫箱或溫床，避免低溫。

❹栽培時期
栽培時期的參考值會區分成寒冷（冷涼）地區、適中（溫暖）地區、暖熱地區等。

❺生產地
同一品種可能會有多個產地。為避免自然雜交，且取得低廉的價格，日本種子多半為國外進口。

❻數量
有時價格相同，但顆粒或數量可能不一樣。

❼發芽率
即便是同種蔬菜，種子不同，發芽率就可能有落差。專業農戶用的種子和高價種子的發芽率相對較高。

❽有效期限
保證種子一定會發芽的期間。若是1～2年的短命種子，務必在期限內使用完畢。

❾使用農藥
農藥處理過的種子會在包裝上標示出農藥名稱。有時也會用上色的方式區分出種子是否有經過農藥處理。

表1 固定品種與F1品種的特徵

	固定品種	F1品種（一代交配種）
採種方法	從品質優良的植株代代持續採種	透過不同品種的交配，發揮子代會顯現優異性狀的特性
包裝袋標示	〇〇育成等	〇〇交配、一代交配〇〇等
培育方法	形狀和收成時期不一	生長、形狀一致，可同時收成
栽培適當時期	期間幅度相對較寬	在短期間內完成收成
種植難度	產地的生長情況佳，但非產地就必須持續採種，讓植株習慣環境	有許多具耐病性的品種
自家採種	可自家採集與親代同性質的種子	子代與親代不會同性質。有些F1品種若未與其他品種交配，甚至無法長出種子

秋作品種可能會不同，務必多加留意。

舉例來說，長野縣、岩手縣、義大利都有種植野澤菜，但這些地方的品種都不同，長野縣的長野縣產野澤菜品質最佳。如果有多個品種能夠選擇，建議挑選類似當地環境所栽培出的種子。

只要是同品種的種子，基本上價格就會反映在袋中內容物

店家會陳列出同品種但價格不一的種子。各位或許會想買比較便宜的種子，但是比較包裝袋的標示後，就會發現種子數量、發芽率、有效期限的差異。

只要種子的品種及數量相同，價格就會反映在袋中內容物上。貴的種子發芽率可能比較好，有效期限可能比較長，種子也有可能比較大顆，那麼發芽後的生長情況也會更健全。

比起超市或雜貨店能買到的家庭菜園用種子，農協或種苗店賣給專業農戶用的種子發芽率有時會更高。雖然說有些種子的發芽率較低，但價格對應的分量可能較多。舉例來說，茼蒿種子的發芽率只有50～60％，和其他葉菜類相比，袋中的種子量幾乎多了一倍。因為「發芽率較差，播種量必須多一點」。

白蘿蔔種子的價格差異更是明顯。專業農戶用的種子昂貴，但顆粒大，能長出肥大的雙子葉，生長初期的狀態就非常健全。

農藥處理過的種子會標示出使用的農藥

若要無農藥栽培，建議挑選農藥處理過的種子。如果是標示「種子消毒」，但實際上是經過農藥處理的種子，包裝袋上會記載使用的農藥名稱。不過，有些品種可能是以農藥處理，有些則不是。即便是同間種苗公司銷售的同個品種，可能也會依批號區分出有無使用農藥，所以購買時務必仔細確認。

國外進口的採種種子只要經過農藥處理都會標示出來，而栽培時使用的農藥會依據採種國當地的基準。

在來種是指持續自家採種而來的土著化種子

所謂在來種，是指各戶人家持續自行採種後，會種出各式各樣的固定品種。在來種會土著化，變得適合栽培田地的環境，就算是相同品種，只要種在不同區域或田地，長出的模樣等特徵就有可能不同。

⬅每年持續採種，基本上已經在地化的竹田家西瓜。

好好存放長命種子，可連續播種好幾年

除了種子包裝袋上會標示出有效期限，種子其實還可依表3分成幾種壽命。如果是長命種子，且種子有效期限長，那麼可以購買內容物分量多的產品，並放入乾燥劑，冰箱冷藏保存，如此一來就能使用好幾年。種子發芽率會慢慢衰退，但品質好的種子還是會發芽，各位可依照發芽率，播入較多的種子，植株還是能順利長大。

⬆將種子分類，連同乾燥劑放入閉密容器就能長期保存。

確認種子發芽率

各位可以將種子包在沾濕的廚房紙巾，接著放入兩邊剪開，空氣能夠流入的夾鏈袋裡，測試多少種子能夠發芽。發芽適溫高的種子必須放入衣服口袋，利用體溫維持溫度。

事先確認發芽率可以避免播種時，因為種子導致的發芽失敗。如果發芽率為50%，則可播入多一倍的數量。

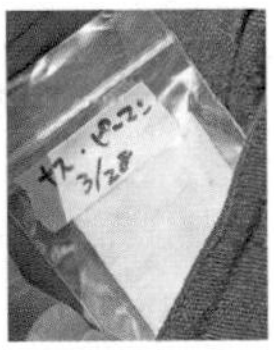

⬆熱帶型種子放入夾鏈袋後，還要放口袋保溫才能發芽。

表3　種子的壽命與保存方法

	蔬菜	種子壽命	一般的保存方法
短命種子	蔥、洋蔥、茼蒿、高麗菜、胡蘿蔔、牛蒡等	1～2年	連同乾燥劑一起放入夾鏈袋或容器，冰箱冷藏保存。市售種子需在當年度使用完畢
	大豆、毛豆等	1～2年	放入寶特瓶，約9分滿，瓶蓋半開，去氧約1個月，接著蓋緊瓶蓋保存
長命種子	白蘿蔔、大白菜、蕪菁、菠菜等	2～3年	連同乾燥劑一起放入夾鏈袋或容器，放置陰涼處保存
	小黃瓜、南瓜、番茄、茄子等	3～4年	

表2　不同生長適溫的蔬菜類型

類型	蔬菜	生長適溫	特徵
溫帶型	高麗菜類、白蘿蔔、茼蒿、大白菜、葉菜類等	15～20℃	不耐夏季高溫
暖帶、亞熱帶型	番茄、小黃瓜、西洋南瓜、芋頭、薑等	18～25℃	不喜歡超過30℃高溫。以夏季蔬菜來說，算是比較耐低溫。早春要在溫床育苗
熱帶型	茄子、青椒、紅辣椒、西瓜、哈密瓜、苦瓜、日本南瓜等	25～30℃	可以承受35℃左右的高溫，不耐低溫，春天需在溫床育苗

挑選種薯與幼苗

取得健全的種薯和幼苗，植入時要維持新鮮狀態

早春時，居家修繕中心或種苗店會陳列各式各樣的種薯和幼苗。想讓蔬菜健康茁壯，就要在對的時間點挑選優質的種子或幼苗。而最重要的關鍵，在於堅持品質，挑選的東西要夠新鮮。錯過最佳栽種時期，已經沒什麼活力的幼苗不僅難發芽，扎根情況也很差，有時甚至完全無法長大。若要採行無農藥栽培，挑選年輕的小株幼苗會比已經老化的大幼苗更適合。另外，購入後的管理方法也是有訣竅的。只要知道方法，薯類作物建議各位可以盡早購入備用。

芋頭

要挑選大顆、紮實、可明顯區分出上下兩端的種芋。有時店裡也可以看見已經發芽的苗盆，但這類種芋尺寸都比較小，或是已經被分切過，比較適合種在肥沃或使用化肥的田地。

○

好的種芋
- ○形狀肥大漂亮
- ○發芽處清晰可見
- ○較大顆
- ○無發霉

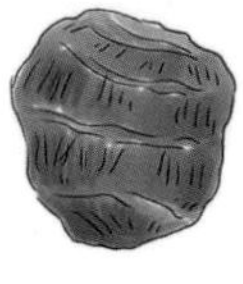

×

應避免的種芋
- ○萎縮
- ○畸形
- ○發芽處不明顯
- ○較小顆
- ○發霉

薑

種薑和種芋往往都是量多價廉，但因為這樣就不顧品質的話，很容易種失敗。建議挑選價格稍高，但大塊、水嫩的新鮮種薑。

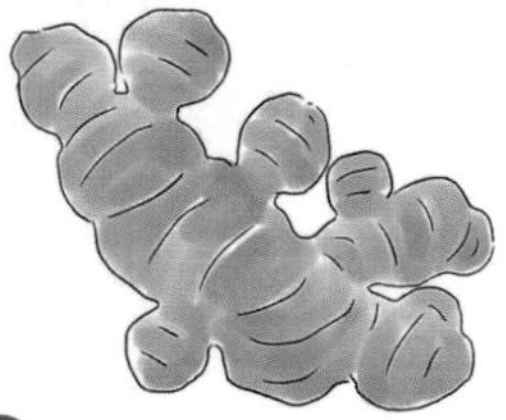

○

好的種薑
- ○看起來有彈性、充滿水分
- ○大塊，可以自己凹折分塊
- ○發芽處清晰可見

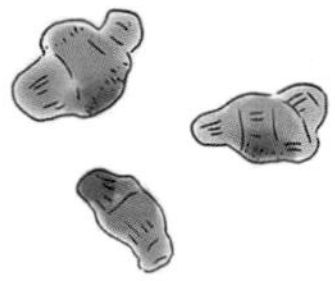

×

應避免的種薑
- ○萎縮
- ○已分成小塊
- ○尺寸小
- ○發霉

購入後……

埋入腐葉土裡，擺放處要高於10℃

種芋或種薑買回後，如果沒有做任何處理可能會水分散失萎縮，或是受潮發霉。所以必須準備有點深度的盆栽或是底部挖洞的魚貨箱，放入腐葉土後，把種芋或種薑埋入其中。澆淋大量水分避免腐葉土乾燥，蓋上挖了小洞的塑膠袋，將容器擺在溫度能維持在10～35℃的地點，直到發芽。種芋或種薑受熱悶到會受損，所以不能蓋上保麗龍蓋。上層鋪放挖出時芽點容易損傷的種薑，種芋則是鋪放在下層。

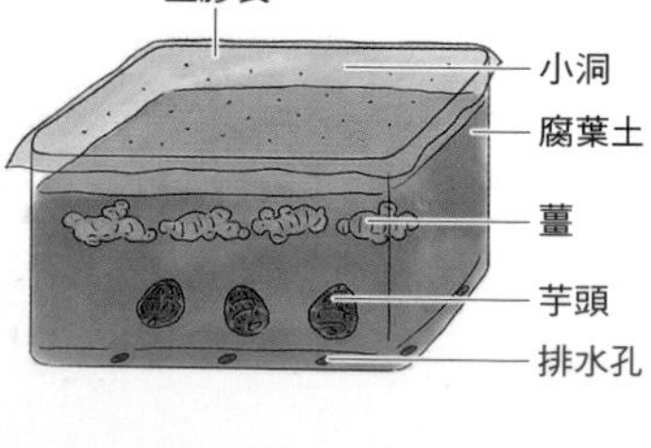

馬鈴薯

每處要植入50～60g的種薯，如果是比較小顆的種薯，可整顆或切半植入，才能減少疾病或腐敗發生率。分切L或LL這類較大顆的種薯時，因為切口變多，就相對容易損傷。

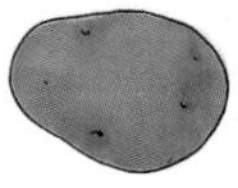

○

好的種薯
- ○表面光滑新鮮
- ○S或M尺寸
- ○挑選未發芽，或是長出些許綠色嫩芽的種薯

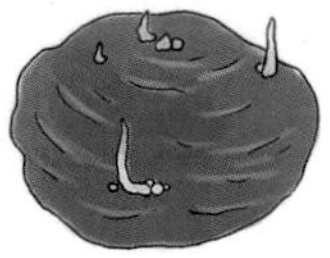

×

應避免的種薯
- ○水分散失，表面充滿皺褶
- ○L或LL較大尺寸
- ○已長出像豆芽菜的白芽或已生根

購入後……

照射柔光使種薯綠化

種薯照射光線後會釋出色素，使表面變綠。此時需將箱子或袋子的種薯取出，排列在可以隔著窗簾或門簾照射到柔和陽光的地點。這樣不僅能讓種薯綠化，還能維持在未發芽的等待狀態，種入田裡後就會快速發芽。種薯在低於1℃的環境會凍傷受損，不過在5～10℃的條件下能放置超過1個月，發現店家有品質好的種薯時，建議盡早購入，讓種薯綠化。

草莓

葉子超過5片的大苗扎根情況差，果實容易長不大，同時也不耐霜。花朵、果實、走莖都會耗損幼苗，連同移植後長出的部分都必須全部剪除。

○

好的幼苗

○根色偏白，乾淨分明
○帶有3～4片葉子
○苗株偏小
○沒有開花或結果

×

應避免的幼苗

○根色偏黃，呈捲曲狀
○葉片大
○帶有枯萎葉片
○苗株偏大
○帶有花朵或果實
○已長出走莖

果菜類

嫩苗成活率高，移植後根部也能充分伸長，就算是條件欠佳的田地也能靠蔬菜自身的力量存活長大。店鋪多半會擺放大苗銷售，但第2～3次進貨時會摻雜一些嫩苗，各位可看準時機購買。

適合無農藥的
家庭菜園

嫩苗

○小黃瓜、南瓜的本葉數約3片，番茄、茄子、青椒則是5～6片
○粗莖
○節間短
○長有健康的雙子葉
○根色偏白，乾淨分明帶點捲度

適合栽培條件健全，
使用化肥的田地

大苗

○長了6片以上的葉子
○細莖
○節間長
○已長出大大的花朵或花苞
○無雙子葉亦可
○根色偏黃，呈捲曲狀

購入後……

無法立刻移植，或買到大苗時，
可用取苗的方式補救

買了幼苗無法立刻移植，或是買了大苗，但希望能無農藥栽培的話，可以取苗換入大一號的盆栽裡。一般來說，果菜類幼苗使用的3號盆直徑為9cm，3.5號盆直徑10.5cm，盛土容量可達1.8倍，這樣就能避免幼苗缺肥，維持鮮嫩狀態。苗盆不要擺得太壅擠，差不多是葉子稍微碰到的距離即可，葉子勿碰水，需用澆水器補充水分。這樣就能移植長出新根，恢復活力的幼苗囉。

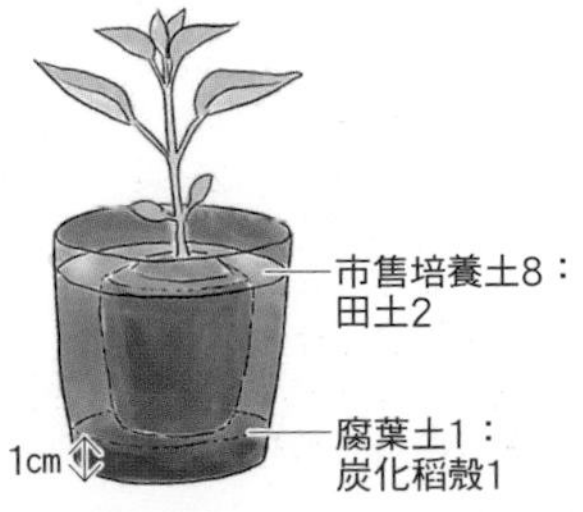

番薯

泡水番薯苗長出的水中根無法在土裡扎根，栽培出的番薯會很小顆，所以要挑選未長根的幼苗。

○

好的幼苗

○鮮嫩健康
○帶有至少3片漂亮葉子
○無根

×

應避免的幼苗

○萎縮
○無葉片
○已長出水中根
○軟爛

購入後……

插入蛭石裡，讓幼苗長根

買了幼苗無法立刻移植的話，就必須準備盆栽或是底部挖洞的魚貨箱，放入蛭石，比照定植的方法，將幼苗插入蛭石，並保留2～3片葉子外露，接著大量澆水，放置於溫度高於13℃的地點。長根後，切下幼苗上方並重新插入。接著就是持續澆水避免乾燥，直到移植入田裡。利用此方式長出的土中根能夠順利在土裡扎根。會選擇蛭石，是因為挖出幼苗時能避免傷到根部，只要小心定植，番薯幼苗就能快速成活。

直根類蔬菜建議選擇直播

如果是胡蘿蔔、牛蒡、白蘿蔔等根部會直直往下長的根菜類，育苗難度較高，這時會建議直接播種。毛豆、豌豆、四季豆、玉米、秋葵雖然也有市售幼苗，但這些都屬於直根類作物，直接播種於田裡較能耐乾燥與潮濕，有助生長。直播的訣竅在於每處要同時播入數顆種子，幼苗才能互助長大，讓根扎得更深。

四季豆、毛豆每處播3顆，秋葵則是4顆，最後疏剩2株。

玉米則是要將尖尖的胚乳插入土中，每處播3顆，最後疏剩單株。

藉由夏季蔬菜理解育苗基礎

利用育苗盤或育苗盆，培育出適合天然菜園的幼苗

在育苗盤或育苗盆放土播種育苗的話，就能放在家中照料。這樣既不用擔心幼苗生長初期長輸野草，還能避免蟲害。無論是哪種蔬菜，想順利培育幼苗的訣竅都一樣。接下來就以茄子、番茄、小黃瓜等夏季蔬菜為例，來看看育苗的五個基本原則吧。

1 育苗土

田土和炭化稻殼混入市售土

育苗盆只放田土的話，土質會太硬太密實，難以育苗。這裡會建議使用市售的育苗土或培養土，因為這類土壤保水與排水性佳，同時含有適量養分。價格不同，內容成分也會有所落差。如果價格較為便宜，可於每20L的土壤混入一把沸石或蛭石，就能提升保水與排水性，有助幼苗扎根。

如果全部都用市售土的話，土質狀態反而會跟田土落差太大，這時就要混入各1成的田土和炭化稻殼。在育苗階段便開始掌握田土中微生物、野草等田地狀態的話，幼苗定植後就會順利扎根田裡，自然地生長茁壯。

育苗土配方

以市售育苗土或培養土8：田土1：炭化稻穀1的比例調配，再添加些許沸石和蛭石即可。要充分混勻材料。

市售育苗土或培養土
挑選蔬菜專用培養土，或是蔬菜花卉用培養土。花卉專用或花卉蔬菜用培養土的養分太豐富，不適合蔬菜育苗。

定植用田土
土質較粗的話要先篩過。

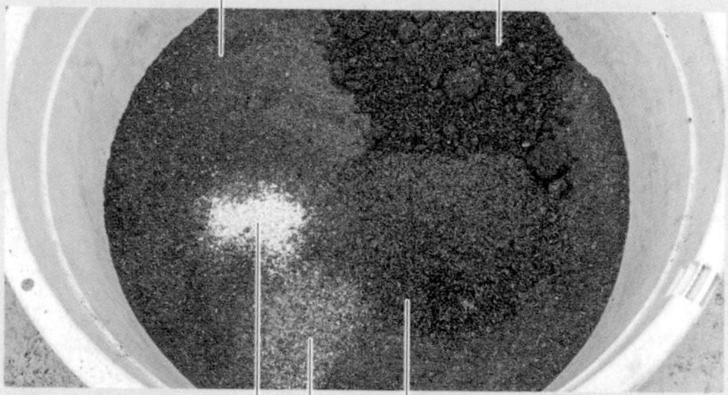

沸石
多孔性礦石，具備絕佳的保水、透氣與保肥性。

炭化稻殼
市售品。如果可以取得稻殼，也能選擇自製。

蛭石
加熱處理過的蛭石，具備多孔性，重量輕，且擁有絕佳的保水、透氣與保肥性。

2 育苗期間與播種時期

依序先播種生長速度較慢的植物

每種蔬菜播種後到長成能夠定植的幼苗時間長度不一（表）。但無論哪種夏季蔬菜，都必須等到晚霜過後再定植。若想在同一天定植幼苗，則可以反推的方式，先從育苗期較長的蔬菜開始播種。

表　夏季蔬菜的育苗期間

蔬菜		育苗天數	例／5月5日要定植的播種日	溫度管理	發芽適溫	生長室溫
茄科	青椒	75	2月19日	加溫	25～30	23～32
	茄子	65	3月2日	加溫	23～35	22～30
	番茄	45	3月22日	保溫	12～28	20～25
葫蘆科	小黃瓜	25	4月10日	保溫	15～30	18～25
	南瓜	20	4月15日	保溫	15～25※	17～20

※日本南瓜為25～30℃

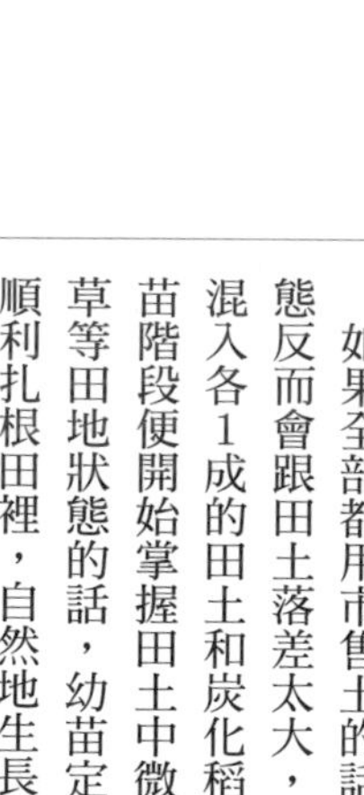

⬅除了茄子，青椒、番茄等茄科幼苗都要長出5～6片本葉後再定植。

⬅小黃瓜、南瓜等葫蘆科幼苗要在雙子葉長出2～3片本葉時就定植。

3 保溫與加溫

青椒、茄子需要加溫，同時要注意白天高溫

育苗夏季蔬菜時，為了確保發芽適溫與生長適溫，冬天也必須保溫或加溫。小黃瓜或南瓜的發芽適溫約為15℃，相對較低，等到4月氣溫攀升再播種育苗即可，所以無須加溫，只要放入隧道棚，晚上再蓋緊不織布保溫。另外，番茄晚點開始育苗的話，則是做好保溫即可。

如果是發芽適溫高，寒冷時期就會開始生長，必須盡早播種的青椒或茄子，生長初期則須加溫。家庭菜園可選擇利用堆肥發酵熱的溫床，或是放了溫熱寶特瓶的容器箱。

但無論何者夜晚溫度都不能低於12

℃，且要維持表面土壤乾燥。白天時，要讓隧道棚透氣，放在育苗箱則要打開蓋子，避免溫度超過30℃。溫度太高會徒長植株，導致幼苗變得虛弱，有時太過高溫的話，幼苗甚至一天就會枯萎。

↑利用發酵熱的迷你溫床。在特大號的美植袋底部鋪入炭化稻殼後，填入事先踩踏發酵過的堆肥，接著表面再鋪土和炭化稻殼，蓋上防野草墊後，擺放幼苗。上方的塑膠墊則能隨時蓋起或掀開。另外，最高最低溫度計是育苗的必備品。

←↑育苗箱。Ⓐ在半透明的塑膠收納箱排入會有墨汁的寶特瓶水。
Ⓑ將幼苗擺在寶特瓶上。晴天時取出幼苗，讓寶特瓶曬陽光加溫。
Ⓒ晚上覆上不織布，蓋上蓋子，再用毛毯包裹保溫。

4 育苗盤及育苗盆
建議使用72穴育苗盤或10.5cm的育苗盆

以育苗盤播種，建議挑選任何蔬菜都能使用的72穴育苗盤。育苗盤專用的土壤粒徑較小，如果要使用其他土壤或混合田土的話則要先篩過。

育苗盤的土量少，只能栽培30天左右，接著必須取苗換到一般盆栽種植。從育苗盤取苗時，可以連同土壤整株取出，有助移植後的扎根。

夏季蔬菜取苗時，建議換成大一點，直徑10.5cm（3.5號）的盆栽。這樣不僅土壤分量多，不易乾掉，澆水作業會比較輕鬆，也不必擔心缺乏養分，幼苗老化。

↑6×12排的72穴育苗盆，可分切成需要的大小。

↑擺入大小符合育苗盤的苗盆，作業上會更便利。

5 澆水
用細口澆水器和一般澆水器均勻澆水

為了讓土壤維持適量水分，育苗土填入盆栽前要先澆水拌勻，讓土壤保有50～60%的均勻含水量。直接將乾土填入盆栽的話，就算從上面澆水，土壤也無法吸收。確認土壤含水量足夠後便可播種，接著再以澆水器大量澆水，蓋上報紙保濕，等待種子發芽。

發芽後，如果發現土壤表面乾燥，就要利用早晨澆水。先用細口澆水器針對特別乾燥的盆栽澆水後，再用一般澆水器澆淋所有幼苗。

到了4月氣溫變高、幼苗長大後，土乾掉的速度也會跟著變快。白天追加水分時要用細口澆水器，避免葉子沾水。

下午則是在2點左右澆水，這樣植株到了傍晚才能稍微變乾。下午3點過後才澆水的話，幼苗可能因此受寒，夜間水分過多也會使植株徒長。

↑葉片上的水就像透鏡一樣，使葉子聚熱，所以要用手掌抹掉葉子的水分。

在育苗盆或育苗盤填入育苗土

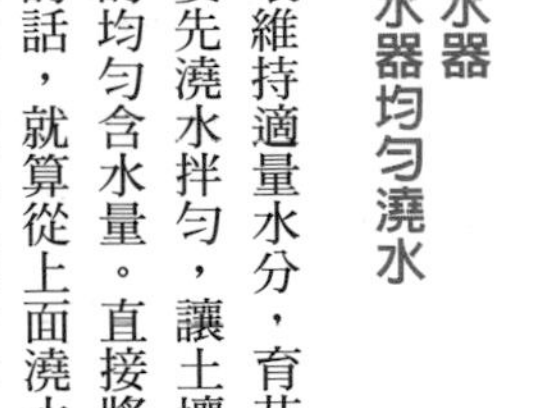

1 混合市售育苗土、田土和炭化稻殼，加水後充分拌勻，含水量須介於50～60%。讓育苗土變成用手握捏後會成塊，按搓後會崩散的硬度。

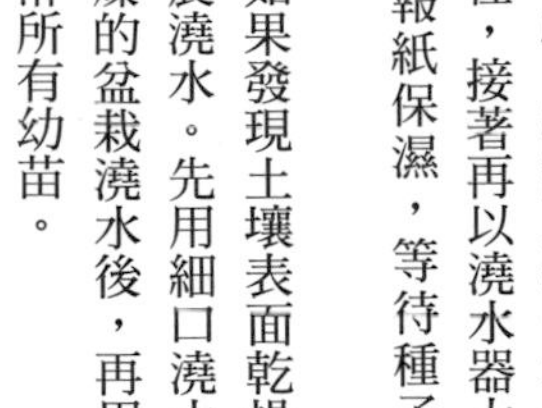

2 填入育苗土，使用育苗盤的話土要隆起1cm，育苗盆則是隆起3cm。讓盆栽邊緣也都佈滿土壤，確保育苗土填滿每個角落。

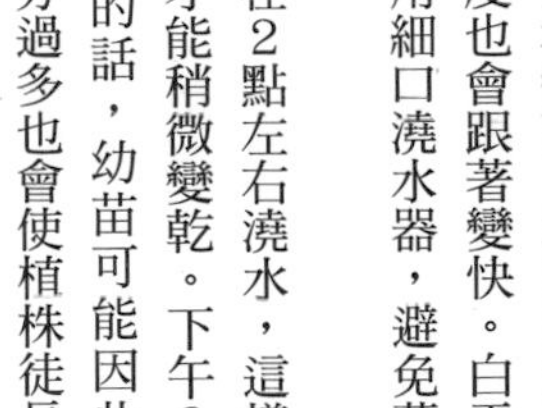

3 用手掌按壓，讓土壤變得密實。填土時，只要每個位置的土壤厚度均勻，按壓後的厚實度也會相當一致。

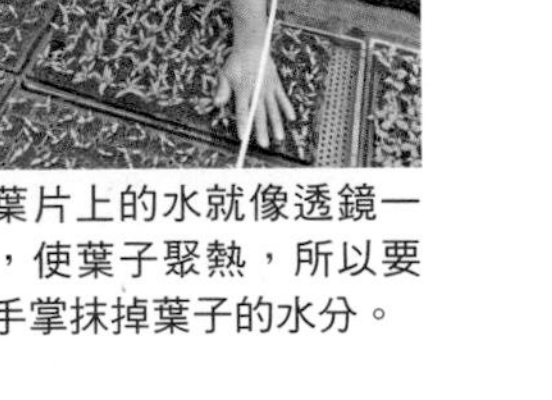

4 用刮板刮平多餘的土壤。澆水分量要充足，讓土壤表面與苗盆邊緣之間稍微積水。

作畦及土質調整
依照田地性質做準備

春天的菜園要播種和移植，所以必須先準備好田畦，視需求做出馬鞍田畦，或是在貧瘠地施予補強材料。至於究竟該有哪些動作，會依菜園的地點、土壤狀態、預計種植的蔬菜有所不同。敬請各位了解自家田地的性質，打造成蔬菜能順利生長的環境吧。

首先要掌握田地性質，注意田地pH值是否過高

各位應該很常在春天看見菜園進行撒石灰、耕耘的作業吧。但是先等等！撒石灰不會造成反效果嗎？

據說撒石灰能中和強酸性土壤。以顯示酸性程度的pH值來看，基本上蔬菜要能健康長大，土壤就必須介於5.5～6.5的弱酸性（表1）。因為這個區間的pH值能讓養分適量溶出，讓好的微生物起作用，促進蔬菜生長。不過，我調查後發現，家庭菜園教室學員的土地pH值平均為8.6。不少學員因為每年都會撒鹼性的石灰，導致土壤pH值甚至比中性7還要高。這樣的pH值雖然能種菠菜、高麗菜等，原產於地中海沿岸，討厭酸性土的蔬菜，但馬鈴薯、番薯等源自沙漠的蔬菜就無法順利長大。當土壤pH值愈高，馬鈴薯等作物就愈容易出現瘡痂病，導致表面出現瘡痂病斑。

雨水沖刷雖然能讓因為石灰累積而過度攀升的pH值慢慢下降，卻相當耗時，所以切記不可隨意施撒石灰。需要透過簡易土壤分析，掌握田地的pH值，再來判斷使否需要石灰。另外，同是混凝土材料的石灰會讓土質變硬，如果只是單純想要稍微拉高pH值，推薦各位使用效果比石灰更穩定，同樣富含礦物質的草木灰、貝化石肥料或炭化稻殼。

透過簡易分析，確認土壤化學性

我們可以透過簡易分析了解土壤的化學性※1。

最近不少地區的農協（JA）及居家修繕中心也都開始提供分析服務※2，只要提交從田裡挖取的土壤樣本，過幾天就能知道分析結果。費用為一組樣本2500～5000日圓不等。除了可以知道pH值，還能掌握表2所列出的分析項目。

EC是能夠了解土中養分含量、氮含量的參考依據項目（表3）。如果是土壤肥沃，微生物作用旺盛的田地，氮含量愈高微生物作用就會愈明顯。氮含量低的話，微生物就會減少，氮元素得以留在土內，讓EC能落在目標值的0.08～0.12範圍內。一般來說，EC的合理值上限為0.3，但這是在有使用農藥的情況下。無農藥菜園的氮含量萬一過多，就很容易引起病蟲害，所以原則上要控制在0.2以下。

建議各位開始經營天然菜園的前幾年，利用冬天到春天期間進行土壤分析，確認田地的變化。如此一來也能正確判斷要用哪些材料做補強，照料上也會更得心應手。

表1　pH值與適合的蔬菜

pH值		養分溶解程度	適合的蔬菜	
7.0	中性	難以溶解 ↑	菠菜、豌豆等	
6.5	微酸性	溶解程度適中	番茄、高麗菜等	蕪菁、白蘿蔔等
6.0	弱酸性			
5.5	酸性	↓ 溶解過度	馬鈴薯、番薯等	

表2　簡易土壤分析參考項目

項目	別稱	概述
pH值	酸鹼度	化肥多半為酸性，不用化肥的無農藥有機栽培需要較多的石灰，因此土質容易偏鹼性
EC	導電度	用來顯示土壤中鹽類濃度，可作為養分含量、氮含量的參考值
石灰	鈣（Ca）	強化細胞組織，提高土壤pH值，讓土質變硬
苦土	鎂（Mg）	有助磷酸吸收，刺激光合作用
鉀	K	讓莖、根更健康的「根肥」，有機栽培的鉀數值容易偏高
磷酸	P	有助長花、結果的「花肥」與「果肥」，火山灰土容易缺乏磷酸

表3　適合天然菜園的土壤導電度

EC（ms/cm）	備註
0.05以下	無養分的貧瘠地，蔬菜不易生長
0.08～0.12	無農藥種出健康蔬菜的目標值
0.2以上	氮含量高，容易引發病蟲害

※1 土壤性質可從①判斷是黏質土或砂質土、團粒結構是否發達程度的「物理性」；②有哪些微生物在作用、作用程度如何的「生物性」；以及③pH值和養分含量的「化學性」三個面向觀察。

※2 以Cainz居家修繕中心來說，除北海道與沖繩外的所有店鋪皆提供幫客戶分析田土的服務。提供pH值、EC、Ca、Mg、K、P的基準值圖表分析，所需時間約3週。費用為一組樣本2500日圓（Agri card會員2000日圓，皆為含稅價）。
詳情請洽Cainz TEL0495-25-1000

表4　補強材料的效果

Ⓐ提高pH值、Ⓑ提高EC（增加溶入土壤的氮含量）、Ⓒ提高CEC（加大土壤的可貯存容量）、Ⓓ補充P、Ⓔ補充Ca

種類	效果	備註
堆肥	ⒷⒸ	在落葉、野草、稻稈、稻殼中混入米糠、動物糞便，堆積使其發酵、腐熟後使用
腐葉土	Ⓒ	發酵分解後的落葉，腐植材料。市售腐葉土或堆肥還會添加Ca，所以不少產品的pH值都會高於6.5
燻炭	Ⓑ	炭化後的稻殼，幾乎不含氮，pH值介於8～9。具備多孔性，能改善土壤透氣性
米糠	Ⓑ	含有均衡的氮、磷、鉀、鎂，最大功效在於增加可抑制疾病的有用微生物數量
蝙蝠糞肥	Ⓓ	堆積變成化石的蝙蝠糞。關東壤土層等火山灰土的磷不易被植物吸收，使用蝙蝠糞肥將能明顯改善
貝化石肥料	ⒶⒺ	把古代海生貝類等化石堆積物（Ca）加熱乾燥磨粉。溶解緩慢，效果穩定，富含礦物質
沸石	Ⓒ	一種礦物。成分為鋁矽酸鹽，可強化莖葉，有助根部伸長，同時具備多孔性，擁有強大吸附力
蛭石	Ⓒ	以礦物蛭石為原料的土壤改良資材。重量輕、可改善透氣、排水性，兼具保水、保肥性

用來顯示土壤貯存容量的CEC指標

CEC（陽離子交換能力）能看出土壤的養分貯存能力，作為貯存容量的判斷。一般會看每100g乾土的陽離子毫克當量（meg），數值愈大，就表示土壤保肥性愈高。砂地的CEC多半會低於15meg，這時就需要追肥。有時黏質土的CEC會超過20meg。只要團粒結構發達，CEC就能高於20meg。

做畦與補強

做畦能改善田地的保水性、排水性與日照，增加蔬菜接近土壤表面的根量。各位可觀察蔬菜的生長狀況、透過土壤分析，了解田土狀態，視需求做畦，同時施予完熟堆肥、腐葉土、炭化稻殼補強。

畦寬

天然菜園不會因為種不同蔬菜就改變畦寬，而是會固定畦寬，並挑選搭配性佳的蔬菜混植。畦寬設定為1m或1.2m，各位可以需求做選擇。

畦寬1m×走道寬50cm

適合想要有效利用狹小田地的人。走道中央會播入1條綠肥mix。

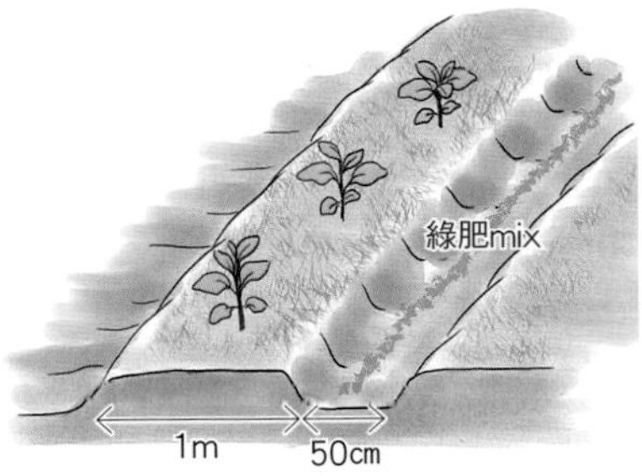

畦寬1.2m×走道寬80cm

適合田地夠大，想要比較省力的人。走道兩側會各播入1條綠肥mix。

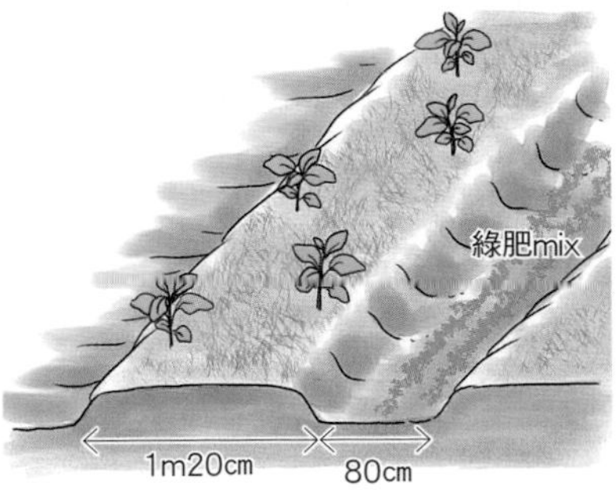

畦的走向

基本上須為南北向，也可能因為地形或季節出現例外。

南北畦

整塊畦都能均勻照到陽光。

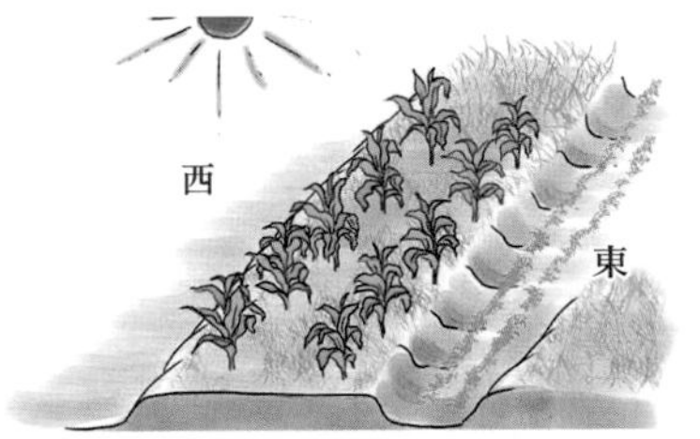

與等高線平行

沿著等高線做畦，能避免斜坡的土壤流失。斜坡下方的田畦養分與水分會較充足。

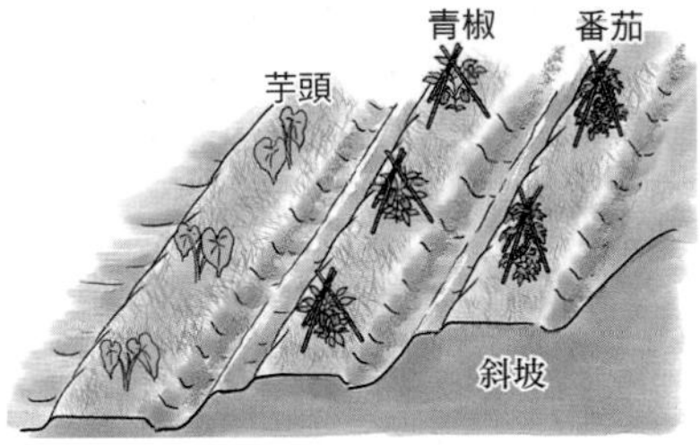

東西向施作

秋播葉菜類會採東西向播種，日照時間的差異能讓植株生長產生落差，藉此拉長收成期。

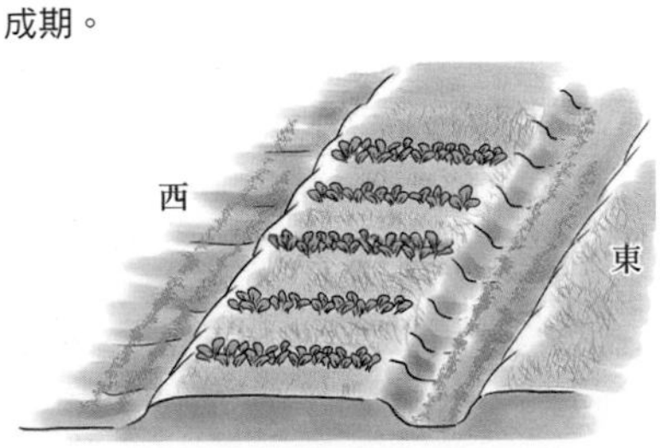

畦高

參考所在地區的畦高，根據土質與要種植的蔬菜，自行調整成適合的高度。

平畦

土質／砂質、火山灰

蔬菜／喜愛水分→小黃瓜、茄子、芋頭等

反覆培土栽種→蔥等

高畦

土質／黏質土

蔬菜／討厭太潮濕→番薯、草莓等

種蔥的馬鞍田畦和遲效性馬鞍田畦

針對葫蘆科蔬菜、茄科的茄子和甜椒、以及高麗菜或大白菜等十字花科結球蔬菜，以自然情況來說，這些蔬菜要在肥沃的環境下才會發芽，例如果實腐熟，或是累積了動物排泄物、落葉的地點。為了讓土壤更接近這樣的狀態，就必須在預計定植的地點先做出馬鞍田畦。另外還有所謂的遲效性馬鞍田畦，是在根部伸長處施作馬鞍田畦。

種蔥的馬鞍田畦

定植1個月前，就要在定植預定地作準備。先挖掘深20cm的洞，撒入一把腐葉土或完熟堆肥，與裡頭的土充分混拌。植入蔥，蓋回土，堆成馬鞍形。

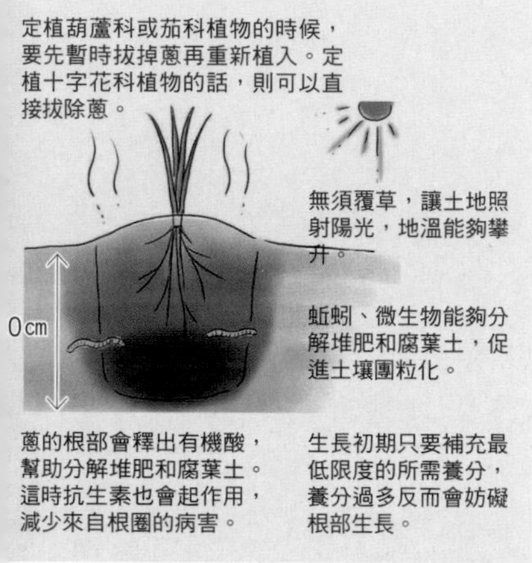

定植葫蘆科或茄科植物的時候，要先暫時拔掉蔥再重新植入。定植十字花科植物的話，則可以直接拔除蔥。
無須覆草，讓土地照射陽光，地溫能夠攀升。
0cm
蚯蚓、微生物能夠分解堆肥和腐葉土，促進土壤團粒化。
蔥的根部會釋出有機酸，幫助分解堆肥和腐葉土。這時抗生素也會起作用，減少來自根圈的病害。
生長初期只要補充最低限度的所需養分，養分過多反而會妨礙根部生長。

遲效性馬鞍田畦

定植果菜類時，在距離定植處20～30cm的地點仿照馬鞍田畦，挖出溝穴，放入完熟堆肥或腐葉土，讓根部能朝馬鞍田畦方向伸長。這種方式也能有效地誘導根部走向。如果擔心動物侵食，無法將米糠追肥撒在地表時，也可改用此方法。

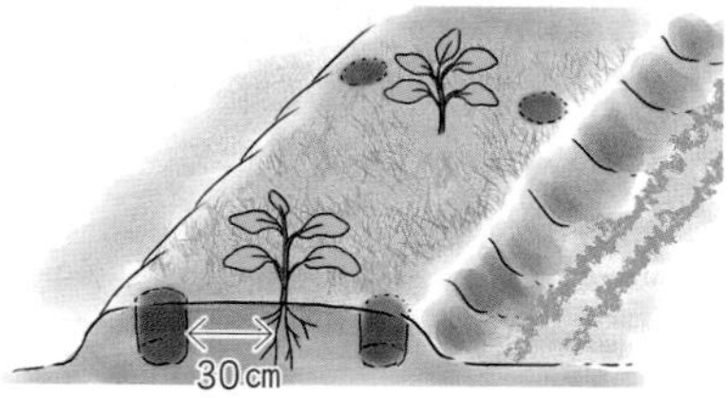

30cm

※3 每1㎡的資材參考標準值為①1～2L、②2～3L、③1～2L、④1L、⑤100g、⑥100g。

※4 走道的綠肥mix能改善排水，讓病蟲害的天敵棲息，同時也能作為覆草。綠肥mix是將綠肥作物的禾本科和豆科以2：1的比例混合製成。基本上會以禾本科的一年生燕麥、多年生果園草，以及豆科的一年生絳紅三葉草和多年生紅花苜蓿作組合搭配。如果是種在簽約一年的市民農園，則可以1：1的比例搭配一年生禾本科植物（燕麥＋義大利黑麥草）和豆科植物（絳紅三葉草）。

⬅市面上也有販售已經混合好的綠肥mix。播種時期為3月～4月與9月～10月。 請洽つる新種苗 ☎0263-32-0247

③斷根（補強）

用鏟子仔細地將田畦鏟過，此補強動作能切斷土裡的根，還能讓空氣進入土壤。無論有沒有施予追肥材料，都不用上下翻動土壤。鼠洞較多或田地面積較大時，可直接用曳引機耕耘。

④堆畦

挖起走道的田土，堆出田畦，並鏟平成需要的高度。不只要挖田畦長邊的走道，短邊的走道也要挖，讓四邊平整。

⑤補強

依照田地的狀態，施撒①炭化稻殼、②完熟堆肥、③腐葉土、④米糠、⑤貝化石肥料、⑥蝙蝠糞肥等資材※3，用耙子將資材連同表面5～10cm的土耙平。種植地點原本不是旱田的話，資材量則要增至1.5倍，並深耕30cm。

⑥移植繁縷

用鋤頭拍打按壓，做出畦。接著以3m的間距，移植生長茂盛的冬草繁縷，會帶來非常好的效果。接著在田畦快速鋪放最剛開始收割的野草作為覆草。

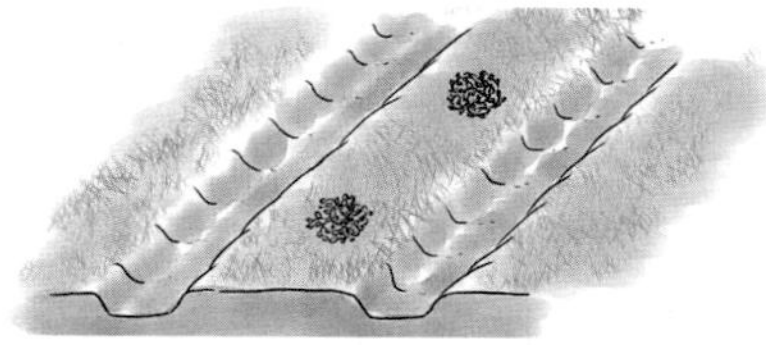

⑦走道種綠肥

用鏟子鏟過走道，將野草斷根。走道寬為50cm的話，在中間挖一條淺淺的條播穴，80cm則是在左右各挖一條，並撒播綠肥mix※4的種子，稍微覆土按壓，還要注意之後別踩踏到綠肥mix長出的嫩芽。

綠肥mix

單條種植與雙條種植

種植果菜類作物時，會在田畦上採單條與雙條種植。空下來的地方則是種共生植物，讓蔬菜的根部在生長高峰期能佈滿整塊田地。

單條種植

在田畦中央施作單排（單條）作物，不僅好照料，除草和收成時也會比較輕鬆。野草太茂盛時，還能直接推入除草機割除。適合無法頻繁務農的週末家庭菜園以及大面積田地。

雙條種植

在田畦中央施作雙排（雙條）作物。種植位置交錯還有助日照與通風，根部伸長也不會相互干涉。不過，與單條種植相比，雙條種植較難除草及收成，覆草也比較耗費工夫。適合面積狹小的菜園以及能夠頻繁照料田地的人。

做畦步驟

天然菜園完成最剛開始的做畦後，基本上就能持續栽培使用。春天的準備作業可於播種或定植1個月前開始進行。若要從前一年的秋天開始準備，則是於降霜1個月前做畦，接著覆草。走道要施予綠肥mix，切勿踩踏，任其生長。

①除草

從貼近地面處割除田畦和走道的野草，並暫時將野草移至田畦外，避免摻入土壤。還要摘除多年生野草的根部。

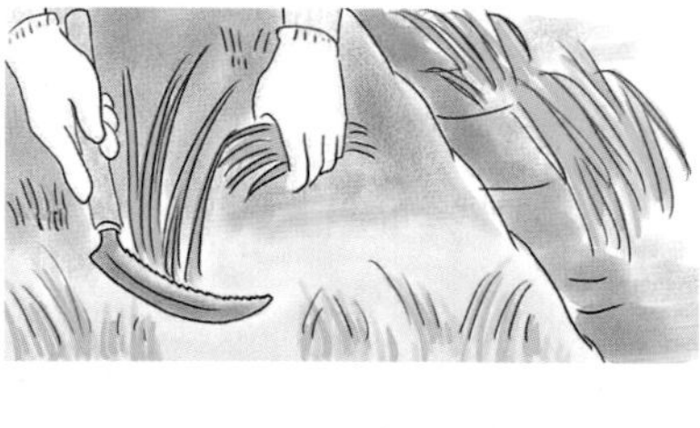

②貧瘠地要撒肥補強

如果是長年棄耕地或非常貧瘠的地點，則要在田畦表面撒入各2L/㎡的炭化稻殼、腐葉土、完熟堆肥，於斷根作業前進行第1次補強。一般的旱田可省略此步驟。

從稻田變菜園

竹内先生的天然菜園，是把原本種稻的水田改用來種菜。

稻田的排水差，蔬菜無法順利生長，所以第1年要種綠肥作物。夏天主要會種田菁、太陽麻（上、右圖）。冬天則是種黑麥、絳紅三葉草。這樣就能改善排水，搖身一變成為肥沃的菜園。

第2、3年田畦會種大豆、小麥、蔥，走道則是施予綠肥mix，讓整個環境更適合蔬菜生長。

第2年的做畦和補強，走道施予混合了禾本科和豆科的1年生、多年生植物作為綠肥mix。左邊的田畦植入了能充分分解土中有機物的蔥。

從稻田變菜園的第5年。這時田地的排水已經改善。自家採種讓菜園的環境變得更適合種植各種蔬菜。在每年持續的種植下，蔬菜也愈長愈健全。

稻田本身缺乏旱田所含的生物，蔬菜不易種成，所以必須割下並收集田畦的野草作為覆草，再撒上大量米糠追肥。走道則要均勻鋪撒稻殼。

春季播種

讓直播種子能夠深入扎根的訣竅

天然菜園是「食物的里山※」，需要給予適當的照料，才能發揮蔬菜本身具備的生命力。有些基本訣竅可以套用在所有蔬菜上，只要掌握這些訣竅，在培育各種蔬菜時就能瞬間變輕鬆。首先，跟各位介紹能讓植株根部穩健生長的播種法。

※譯註：「里山」一詞源自日文，簡單來說是指有人居住生活的山區，介於自然與都市之間。

關注發芽三條件！播種後不用澆水!?

想要蔬菜健康長大，負責吸收水分與養分，功能相當於血管的「根部」就必須非常健全。只要植株能穩穩扎根，便能輕易吸收養分，提升耐乾燥能力，也比較不會遭遇病蟲害。在天然菜園裡，如何培育出穩健的根部就成了最重要的環節。

想要長根，首先必須著重「發芽」要讓種子發芽，須具備下述三個條件。

①溫度 ②水 ③空氣

每種蔬菜的最佳種植溫度都不同，所以要挑選合適期間播種，氣溫較低時，則須用保溫箱育苗。正如同「時」上面加草字頭的日文字「蒔」（播、種的意思），無論是直播或育苗，只要時間對了，植物就能茁壯生長。

接著是任誰都知道的必要條件，水。所以要先耕田，播種後覆土並澆水。不過，如果是在田裡直播，那麼播種後立刻澆水可能會導致種植失敗。因為澆水會沖走種子，種子浸水也會缺氧，導致空氣不足。這時，種子為了吸收空氣，會開始長莖不長根，種皮甚至會被推出地表，看起來就像是豆芽菜。

想要播種讓植株就像野草一樣的茁壯其實比想像中困難呢。

扎根且健全長大的五大重點

野草的生命力總是很強，因為只有具備適當條件的種子才會發芽，並且穩穩扎根生長。那麼，要怎麼做才能讓蔬菜像野草一樣，扎根且健全長大呢？在田裡播種時有五大重點。

1 勿摻入未熟有機物或野草

一旦播床有未熟的有機物或野草，土裡就會產生二氧化碳與有機酸，妨礙發根及發芽。貧瘠地要施用堆肥的話，必須在播種1個月前完成作業。不用太過深耕，稍微翻土混合即可。另外，播種前也要避免發酵的青草或植株根部摻入土中。

2 鋪平播床

播種前要先備妥播床。訣竅在於輕輕按壓，整平播床。一旦播床表面凹凸不平，就有可能造成發芽狀態出現落差。

3 播種時要小心仔細

播種時如果距離太大，植株就無法互助合作，植株間還有可能長出野草。反觀，距離太密則會徒長高不長根，看起來就像豆芽菜一樣，所以播種時，一定要依照蔬菜種類，取適當間距。

直播與育苗

有些蔬菜可以直播，有些則是先育苗再移植會比較好種。兩者特徵分別如下。

		直播	育苗
根部伸長方式		直根深扎，非常耐乾燥、健全	側根會隨植株長大愈趨發達，且會結大量果實
優點		直接播種田裡，不用特別照料	搭配保溫箱就能提早開始栽培
		只要不是直射陽光，就無須澆水	不用擔心生長初期長輸野草或遭遇病蟲害
缺點		生長初期容易長輸野草或遭遇病蟲害	
適合的蔬菜	栽培期間	期間較短的蔬菜	期間較長的蔬菜
	種類	根菜類、非結球葉菜類、秋葵或玉米等直根型蔬菜	果菜類、結球蔬菜

⬆如果在貧瘠地施撒完熟堆肥和炭化稻殼補強，至少要在播種1個月前進行。無須過度翻耕，用耙子輕耙土壤表面稍作混合即可。

掌握春天的最佳時機

蔬菜播種大致可區分為春播、夏播、秋播，各有其注意事項。春播時，地溫攀升速度較緩慢，所以期間相差數天也不會有太大影響。要沉的住氣，切勿太早播種以免失敗。

白蘿蔔、蕪菁這類較容易抽苔的蔬菜春播時，一定要挑選「春播」或「四季均能播種」的種子，並在油菜花開時播種。在這之前播種很容易抽苔，相反地，如果等到油菜花開後才播種則可能遭遇蟲害。

與油菜花同時期開花的染井吉野櫻也是很好的指標，開花時期的均溫為8～10℃。這時要賞夜櫻還太冷，不過已經能開始播種葉菜類，同時也是移植馬鈴薯的最佳時機。櫻花滿開後，平均氣溫會拉高至10～12℃，非常適合賞夜櫻。白蘿蔔等根菜類差不多要在這時播種，另外，也可以開始準備定植用的馬鞍田畦呦。

不過，如果當年度櫻花特別早開，氣候很有可能再次變冷，反而要更加留意，延後播種時機。

不確定播種最佳時機的話，可以每週一次，錯開時間分3次播種。

①貼著地面割除野草。如果播床寬度是10～15cm，就要割除20～25cm寬的野草。

②土壤表面以及約1cm深處會有很多野草種子，所以要把這些土撥到播床兩側的邊緣處。

③鐮刀刀尖插入播床，將野草斷根。用鋤頭的話則是直接插入即可，無須耕耘。

④鋪平播床底部，稍微按壓。

⑤取適當間距，將種子放入播床。

⑥覆土時，不可使用混有野草種子的表土，要從別處挖掘深層土壤。覆上種子厚度2～3倍的土。

⑦確實按壓，無須澆水。

⑧鋪上薄薄一層收割的青草，預防乾燥。如果氣候仍然偏寒，則無需覆草，讓土壤能照射到陽光。

小心仔細播種，種子的發芽程度才能一致，取適當間距還能抑制乾燥與野草長出。隨著生長情況適度疏苗則能避免植株互相影響，讓彼此的根部合作，抑制野草，有助生長茁壯。

4 覆上適當厚度的土壤

種子可分成像萵苣、胡蘿蔔一樣必須接收光線才能發芽的好光性種子，以及像大豆、馬鈴薯一樣要夠陰暗才會發芽的厭光性種子。但各位其實不用刻意去記哪種好光、哪種厭光，因為好光性種子的厚度薄，厭光性種子則是較厚。播種後，無論是哪類種子，都要覆上種子厚度2～3倍的土。

5 確實按壓，無須澆水

覆土後，用力按壓，讓土壤與種子緊密貼合。這樣土壤的水分才能轉移給種子，促進發芽。無須澆水，種子為了吸收水分，會長出強健的根部往下深扎。

直播的三種方法

	點播	條播	撒播
	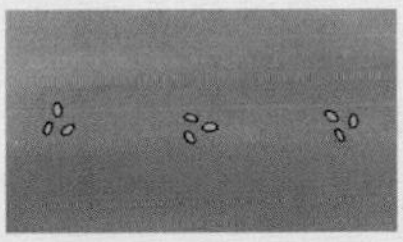	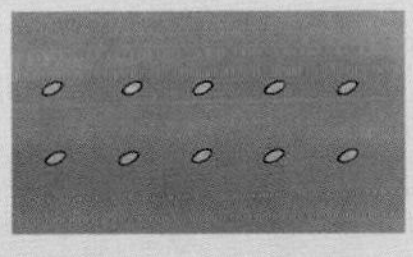	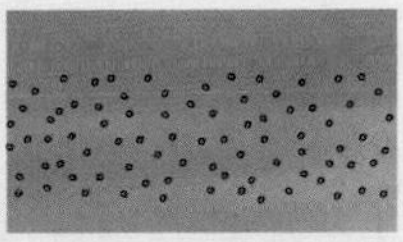
播法	每處播入數顆種子，並間隔出每一處的距離	以等距將種子直線排列，單排到數排不等。	均勻撒於整塊播床，種子不可重疊
優點	較無須花費心思疏苗	減少疏苗作業，較不會遇到蟲害造成的缺株	即便遭遇蟲害也不易缺株
缺點	容易因為蟲害出現缺株	播種需要較長時間	疏苗耗時費工，一旦太慢疏苗，植株就很容易徒長
巡田頻率	每週至少1次	每週至少1次	每週至少2次
蔬菜種類	會長莢或結果的蔬菜	需要疏苗後，使其愈長愈大的蔬菜	種子會從豆莢彈出的蔬菜、疏苗菜也能收成利用的蔬菜
適合的蔬菜	毛豆、白蘿蔔、小黃瓜等。種子較大顆的蔬菜	大白菜、白蘿蔔、櫻桃蘿蔔、大蕪菁等	小蕪菁、小松菜、菠菜、嫩葉生菜、萵苣、胡蘿蔔等

播種間距 （ ）內為疏苗後的最終株距

0.5cm	胡蘿蔔（15cm）、萵苣（25cm）、茼蒿（15cm）、蔥（5cm）
1cm	菠菜（15cm）、牛蒡（20cm）
2cm	小蕪菁（10cm）、小松菜（10cm）、大白菜（35cm）、高麗菜（35cm）
3cm	白蘿蔔（30cm）、櫻桃蘿蔔（3cm）

共生植物

混植共榮蔬菜，讓作物成長茁壯

在自然界裡，幾乎沒有植物能夠單獨生存。各種植物會一同棲息，共存共榮。規劃菜園時，只要懂得混植搭配性好的蔬菜，便有助彼此生長。對於想要種植少量多品項蔬菜的家庭菜園來說，把彼此能夠相輔相成的共生（共榮）植物搭配種植將能獲得極大優勢。

共享土、太陽、風的菜園極相

人們從很早以前就知道有些植物一起種植能增進彼此生長，像是柿子樹和蘘荷。蘘荷喜歡半日照環境，所以在柿子樹的葉子下能茁壯長大，蘘荷也能大量長在柿子樹植株周圍，預防土壤乾燥，有助柿子生長。另外，只要有種蘘荷，冬天落下的柿子樹葉子也能繼續留在原地，不會被風吹走，進而成為土壤的養分。柿子樹根往土中深扎的同時，蘘荷根部會大範圍地淺佈於土壤，彼此各居一方，卻又相互幫助。

印第安人稱玉米、南瓜、四季豆組合為「三姊妹」。大姊是玉米，二姊是南瓜，南瓜會圍繞著玉米植株根部生長，小妹的四季豆則會攀附著玉米植株往上長。貼著地面生長的南瓜能夠預防土壤乾燥，四季豆纏繞玉米植株生長的同時，共生於豆科根部的根瘤菌和菌根菌還能幫助玉米吸收氣分。

這些植物會徹底分配利用土、太陽和風，共生植物的根部會彼此在土中密實交錯，讓其他野草根部無法伸入，當然就不易長成。自然情況下，我們又稱這種植物群體不會再有任何改變的狀態為極相（climax）。會選種共生植物的人基本上都是希望菜園能達到極相狀態。各位經營天然菜園時，可以在植株根部覆草的方式，如此一來不僅能讓蔬菜長大，還有助讓菜園達到極相狀態。

契合的「機、度、間」能減少病蟲害，種出美味蔬菜

共生植物不僅能讓作物彼此健康長大，還有助遠離蟲害、預防疾病、為蔬菜美味度加分，同時活用菜園空間。但並非每種共生植物都有這些功效，種類不同，強項也不一樣。

想讓共生植物發揮最大功效，機（時機）、度（量）、間（距離）就是關鍵。時機是指某些植物可以同時

共生植物的五種效果

1 促進生長　提升彼此的生長

例：番茄＋羅勒

義式料理中的知名組合，在田裡也是搭配性絕佳的共生植物，種在同塊田畦有助彼此生長。

2 忌避害蟲　害蟲會避而遠之

例：高麗菜＋茼苣

先混植菊科的茼苣，紋白蝶就比較不會接近高麗菜，減少毛蟲蟲害，紅茼苣的防蟲效果也很顯著。

3 預防疾病　避免作物生病

例：西瓜＋蔥

定植葫蘆科蔬菜的同時植入百合科的蔥，是專業農戶也會採用的絕技，可預防葫蘆科的蔓割病。

4 增進風味口感　讓蔬菜更美味

例：菠菜＋蔥

氮過量會增加菠菜澀味，所以要種植能夠分解並吸收未熟有機物的蔥，讓菠菜變美味。

5 空間有效利用　活用田畦空間

例：茄子＋芹菜

在株間間距較寬的茄子田畦邊緣種芹菜。這樣不僅能利用田畦縫隙，喜歡陰涼環境的芹菜也能在茄子葉下健康長大。

搭配種植，但其他可能必須前後錯開，或是接續種植，才能得到成效。量是指田畦裡每種蔬菜的種植比例。距離則是指植株間要取多少間距，即便都是共生植物，有些植物感情好到就像是會結婚的夫妻，有些則是偶爾見見面的朋友關係，依照彼此的親密程度，設定的間距也會有所增減。

只要「機、度、間」搭配得宜，無論是地底或地面上，共生植物們就會完整地佔據整塊田畦空間，抑制野草生長，同時能茁壯長大，種植者應能實際感受到混植效果。

⬆夏天結束，正值收成期的番茄。同時利用番茄植株根部的陰涼環境種植高麗菜幼苗。秋天整理番茄植株時，高麗菜也會明顯長大，作為接續栽培。

⬆玉米、南瓜、四季豆三姊妹。於田畦單側條播2排玉米，另一側則種植西洋南瓜，並在玉米植株長到50cm的時候，播種四季豆。

提升共生植物效果的三要素

機　時機

同時開始型／一起定植的葫蘆科、蔥。時間差型／先種櫻桃蘿蔔，再植入小黃瓜就能預防害蟲黃守瓜。接續型／收成夏季小黃瓜初期，於株間播入四季豆。

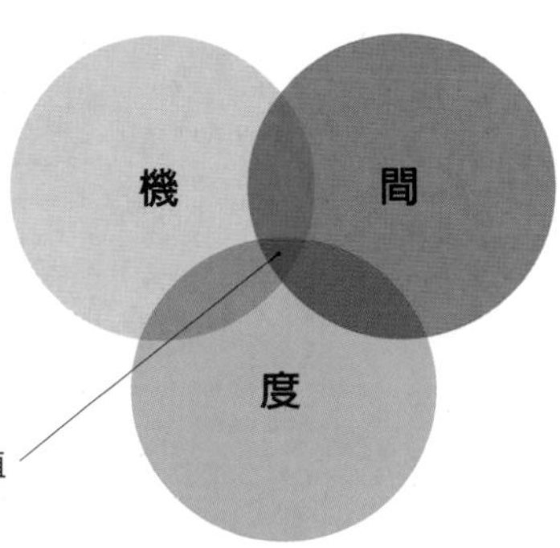

三要素契合時，共生植物就能發揮極大效果。

間　植株間距

會一起定植入植穴的夫妻型／葫蘆科或茄科＋蔥或韭菜。長出的根會彼此相鄰又帶點距離的朋友型／茄科＋豆科或十字花科、十字花科＋菊科或繖形科。

度　量與平衡

即便番茄和羅勒彼此非常契合，種太多羅勒或是羅勒生長太旺盛都會使番茄長輸羅勒，甚至無法變大，所以只需在番茄株間種1株羅勒。

五大共生植物與混植效果

天然菜園會出現的代表性共生植物可分成五大類。
敬請各位了解每一類的特徵與效果，規劃菜園種植計畫。

種類	蔬菜、植物	功效	混植範例 ⟷：交替種植、=：適合的蔬菜	備註
石蒜科	蔥、淺蔥、韭菜、大蒜、洋蔥等	預防疾病，促進有機物分解，活化土壤生物	葫蘆科＋蔥、茄科＋韭菜、蔥⟷馬鈴薯	共生於根部的微生物會釋出抗生素，預防疾病。蔥分解有機物的能力特別強，會和葫蘆科、茄科植物定植入同一植穴。與馬鈴薯交替連作的效果也很好
豆科	毛豆（大豆）、落花生、四季豆※、豌豆、蠶豆等	固定氮元素，幫助吸收土中的磷酸，活化微生物	番茄＋毛豆、毛豆＋胡蘿蔔、小黃瓜⟷四季豆	共生於根部的根瘤菌、菌根菌能幫助混植蔬菜吸收養分。混植毛豆和番茄的話，毛豆能吸收田裡多餘的水分，讓番茄風味更濃郁
菊科	萵苣、茼蒿、萬壽菊、牛蒡等	預防害蟲聚集，幫助吸收土中的磷酸	萵苣＋高麗菜、白蘿蔔＋萬壽菊、茼蒿＋蕪菁	菊科植物凹折後會滲出白色乳汁，避免蟲子出現，混植能作為防蟲用。先種植菊科，使其長大也能有效驅蟲。萬壽菊還能避免土中出現線蟲
禾本科	玉米、小麥、禾本科綠肥作物（燕麥、黑麥等）	根部深扎，有助翻動土壤，促進團粒化。還能吸收多餘氧分，作為覆蓋用稻稈	玉米＋南瓜＋四季豆、南瓜＋燕麥、豌豆＋燕麥	與南瓜混植可預防養分過多所導致的白粉病，與豌豆混植則能讓藤蔓有攀附的對象。植株高大的禾本科植物更是非常好的覆草資材
自生野草	僅限於繁縷、馬齒莧、紅藜等一年生植物	緩和連作障礙，增加害蟲的天敵。長出的野草也能診斷土壤狀態	羊蹄＝馬鈴薯、繁縷＝高麗菜、紅藜、白藜等藜科植物＝菠菜、高麗菜	種植羊蹄的田地呈現酸性，較為貧瘠，適合種植馬鈴薯。紅藜、白藜等藜科植物和菠菜都很喜歡偏鹼的田地，長有大量繁縷的田地則適合種植各種蔬菜

※四季豆會增加土中線蟲，所以不能種在有線蟲害的田地

架設支柱
幫助植物生長的第二骨幹

蔬菜有些不同於其他野生種植物的特質，像是能結出許多大顆果實。不過，大多數經過品種改良的蔬菜都無法自立，必須以支柱撐著植株或果實才能順利長大。各位在定植幼苗前，務必先架設好支柱。支柱的架法會反映在植物生長上，所以只要看了支柱，就能知道種植者務農功力的高低。

減少對蔬菜造成的壓力，增加收成量，抑制病蟲害

支柱有很多功效，首要功效為提高收成量。舉例來說，茄子和小黃瓜的葉片較圓，易受風吹影響，只要架設穩健的支柱，就能幫助植株順利結果。青椒和豌豆也是架設支柱能大幅提升收成的蔬菜。

另外還能減少病蟲害。這裡就以結果後蚜蟲會立刻大增的蠶豆為例。蠶豆枝幹生長旺盛時，那股氣勢能抑制蟲類現身，不過開始進入結果的生殖生長期後，能量養分會集中至果實，使枝幹生長趨緩，當然就容易被蟲子叮上。架設支柱不僅能增加通風，也能減少對枝幹帶來的壓力，促進代謝，減少蚜蟲。

蔬菜能夠垂直生長的話，將有助活化植物生長激素，促進生長，提升病蟲害抵禦力。這也是為什麼把植株誘引到支柱將能增加收成量，減少蟲害的其中一個理由。

堪稱植株第二骨幹的支柱能增強蔬菜生長氣勢，有助結實纍纍。但是如果等到需要支柱時才來誘引植株，可是無法讓蔬菜順勢生長喲。

避免鼴鼠和鼠類現身，同時增加天敵

支柱不僅能支撐蔬菜植株，有時也會被用來整頓菜園環境。功效之一為避免鼴鼠現身。鼴鼠習慣在蔬菜根部下方直線挖鑿路徑，只要在直線定植的植株株距豎立筆直延伸的支柱，便能形成障礙，避免鼴鼠靠近植株。另外，遭鼴鼠和鼠類侵害的田畦在冬天時也要架設支柱，如此一來同樣能形成障礙，抑制災情。

另外，架設支柱也能增加害蟲天敵。每30cm架設支柱有助蜘蛛結網。螳螂也會在秋天產卵，這些附著了螳螂卵的支柱非常重要。各位可重新插在其他地方備用，但注意不可上下顛倒。

⬆蜘蛛是能減少蟲害的神隊友。高度超過1m的支柱較容易讓橫帶人面蜘蛛結網築巢。

插入土中至少20～30cm深

至少要插入土中20～30cm深，避免支柱不穩。敬請依照①～④的訣竅，將支柱施力深插土裡。

①定植前先架設好支柱。

②將支柱尖頭插入土內。

③將支柱抵著腰，用身體的重量直直插入土中。

④土質特別硬的話要先挖洞，插入支柱後，再用木槌敲打。

⬆把支柱抵在靠近腰部位置，用身體重量將支柱直直插入土中，如果是握著支柱上方插入，會較難施力。

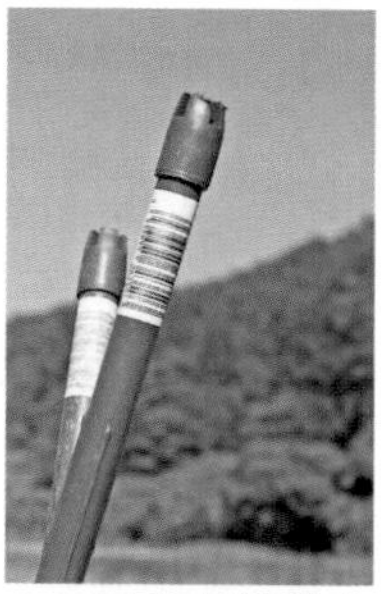

⬆如果是頂端帶有硬蓋的支柱，可先套上收成籃，再以橡膠槌或木槌敲打，就能插入土中。

長度與粗細可分3類運用

依照蔬菜種類，準備園藝用的爬藤支柱。長度則是要考量插入土中的深度，並選擇風吹不會彎曲的粗細。建議挑選單邊尖頭的支柱會比較好插入土壤，並依下述3種分類運用。

○直徑11mm×長度150cm
青椒、茄子（枝幹較小時）、無蔓種豌豆、蠶豆等

○直徑16mm×長度210cm
番茄、小黃瓜、四季豆、有蔓種豌豆等

○直徑16mm×長度180cm
櫛瓜、茄子（枝幹較大時）等例外情況使用

⬆架設於櫛瓜田的16mm×180cm支柱。

9月～10月伐竹

如果能取得粗細適中的竹子，可以先用鋸子鋸下竹子，再以柴刀砍掉細枝，截成等長後，末端斜切成尖銳狀，即可作為支柱運用。可以在9月下旬的新月期間砍伐生長超過2年以上，脫皮至接近地面處的竹子，便能長時間作為支柱使用。春夏砍伐的竹子水分含量高，冬天的竹子則是含大量糖分，容易長蟲，兩者頂多只能撐一年，無法長久使用。另外，當年度才長出的新竹容易折損，也要避免使用。

各種支柱架設法

架設支柱的方法有很多種。架設難易度、是否容易傾倒、所需支柱數量等，每種方法各有優缺點，請依照蔬菜種類和風吹強度，挑選適合菜園的架設法。

●垂直單支式

種植青椒或茄子等中型果菜類就要選這種架設法。以麻繩綑綁，將枝條誘引到中間的支柱。生長初期要全數綑綁，才能讓枝條垂直發展，但此方法不適合強風地區。

垂直架設長210cm支柱的番茄田。架設時一定要加入支撐用支柱，讓整體更加堅固，也能抵禦強風。

●合掌式

兩根支柱交錯的合掌型架設法常用在各類蔬菜種植上，不過卻很容易風吹傾倒。架設多組合掌式支柱時，可在兩邊加入斜向的支撐用支柱，提升穩定性。

●植株延伸處架設垂直支柱

在枝條延伸處架設支柱，誘引植株。每個枝條都能架設支柱當然好，但這樣需要的數量就很多，建議在支柱間綁繩鋪網固定住枝條。適用在迷你番茄、東方甜瓜等。

●小黃瓜用支柱&網子

在小黃瓜的拱型支柱上鋪網，此方法不只適合小黃瓜，也可運用在苦瓜、四季豆等蔬菜。除了適合占地較廣的菜園，還非常耐風吹，更能增加收成量。可以橫跨走道，設置於2排田畦間那就能由拱型柱內側開始採收。

●三支交錯式

針對需要長時間長大的茄子等植物，可先將三支支柱於下方交錯，使枝條得以順著三個方向誘引伸長。與單支相比，此方法的架設與定植難度較高，卻更耐風吹。

●四支錐體式

此方法不僅樣式精巧，適合家庭菜園外，還能穩穩自立，非常耐風吹。單幹整枝的番茄或四季豆等會筆直往上伸長的蔬菜則可稍微降低支柱的交叉點。

小黃瓜、苦瓜、雙幹整枝的番茄等，這類會茂盛拓展開來的蔬菜支柱交叉點則是要高一點。還要像是畫鬼腳圖一樣綑綁麻繩，讓小黃瓜或苦瓜植株更容易攀附其上。

支柱的繩結要垂直綑繞固定

支柱交叉處的繩結如果沒綁緊，風吹就有可能鬆動。所以要先橫向綑緊麻繩，再從支柱之間垂直纏繞，這樣才能確實固定住橫向麻繩。

誘引蔬菜時要溫柔，綑綁支柱則要穩固

用麻繩繞8字誘引蔬菜，捆繞時不可太緊。建議綁在枝條根基處的下方比較不會位移。綑綁支柱時則要繞兩圈，緊緊固定。

建議用麻繩綁支柱或誘引

家庭菜園要綑綁支柱或誘引時，建議使用麻繩。麻繩用途廣，最後還能自然分解，回歸土裡。其中又以收割綑紮機在用的麻繩最強韌。這種麻繩一綑長850m，只要別日曬雨淋，可以使用個好幾年。

誘引伸長的藤蔓時不可硬拉，纏繞於繩子即可

藤蔓較長時，也要用長一點的麻繩誘引，切勿硬拉。

茄子、番茄要定植在支柱南側，小黃瓜則是支柱北側

原則上喜愛日照的茄子、番茄、青椒要種在支柱南側。比起夏季的炎熱，更愛涼爽氣候的小黃瓜、四季豆、豌豆則是要種在支柱北側，讓植株面朝太陽生長，同時能依附著支柱。

⬆種在支柱南側的茄子。支柱的陰影不會遮到植株，日照良好。

定植

培育健全根部的秘訣

確實地定植好苗，才能長時間大量收成

高麗菜、萵苣等結球蔬菜，以及番茄、茄子、小黃瓜等果菜類都必須先育苗，再定植田裡。這些蔬菜的栽培期間相對較長，生長初期耗時，但只要放在保溫箱內育苗，就能在適宜的季節收成作物。育苗還能避免初期長輸野草及遭遇病蟲害。

不過，定植完準備長根的1週期間是蔬菜最脆弱的時候。各位務必確實完成定植作業，才能讓幼苗順利度過此期間。一旦方法錯誤，幼苗就很難長出新根，蔬菜也會變得衰弱，不耐病蟲害與野草。

只要順利定植好苗，植株會長出比直播更多的細根，枝葉增幅也會與根的數量成正比。最終還能提高收成量，長時間收成。

⬆萵苣等結球蔬菜也要在最佳時機定植幼苗，使其長大。

定植田地後，新根能順利伸長的六關鍵

育苗盆裡的幼苗根在田裡不會繼續生長，而是會在定植後長出新根，並開始吸收大量養分與水分。所以，定植的重點在於要能讓新根順利伸長。想要成功定植有6個關鍵。

1 土中不可有綠草

一旦土裡有未熟有機物或野草，就會產生二氧化碳及有機酸，阻礙根部生長。所以如果田地貧瘠，需要添加堆肥補強的話，務必在定植1個月前，將堆肥與淺淺一層表土混合。另外還要注意定植用的植穴裡不可摻有割除的野草。

2 挑選長有雙子葉的嫩苗

定植要挑選白根分明，開始帶點捲度，且雙子葉已經完全長出的嫩苗。能在這種狀態下定植的話，幼苗根部才會感受到「盆栽之外就是田地了」，可以放心地繼續伸長。

從苗盆取出幼苗時，如果土壤剝落表示太早取出。根部為了在盆栽裡尋求空間，長到呈捲曲狀的話，則是太晚取出。一旦根部過度捲曲就會開始衰弱，使幼苗老化，雙子葉掉落。那麼定植後幼苗就會沒有長大的本錢，

定植步驟

❶定植前一天的傍晚要大量澆水。定植當天在水盆倒入深3cm的水，將幼苗盆於定植前約3小時浸在水中，讓底部吸水。注意不可沾濕葉子。

❷定植前，觀察幼苗上有無長蟲，有的話要除掉。

❸定植於已經架設支柱或做好馬鞍田畦的地點。首先要從貼近地面處割除表面野草。

馬鞍田畦

於定植1個月前準備。在要定植的位置挖洞，放入一把完熟堆肥後填回土壤，堆成馬鞍形。

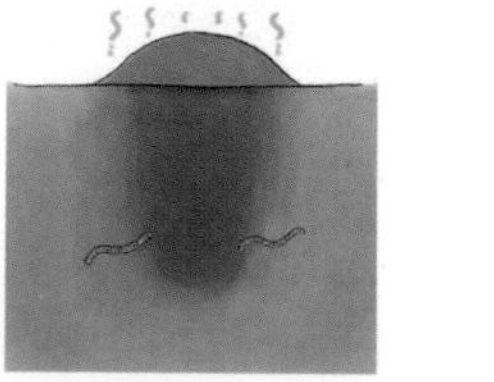

❹從盆栽取出幼苗前，要先挖好夠深的植穴。記住土團上方要與地面等高。

❺與葫蘆科或茄科混植的蔥則是要沿著植穴邊壁植入。

❻拿掉盆栽，將幼苗土團放入植穴。植入時要完全貼住植穴側邊，並將挖出的土原封不動地填回縫隙中，避免土團崩散開來。接著在土團上方鋪放約5mm的田土，確實按壓，讓兩者完全密合。

很難長出新根。

⬆幼苗土團裡的根部捲度適中，為非常新鮮的白色。莖葉的綠色也相當鮮豔，並長有雙子葉。同時尚未長出花苞及花朵。

3 定植前一天讓幼苗大量吸水

定植後，幼苗大約需要1週的時間長根，接下來才能充分吸收養分和水分。而幼苗的根莖葉最長能貯存1週分的水分來撐過這段期間，所以定植前要為幼苗補上充足水分。

定植前一天的傍晚用澆水器大量澆淋酒醋水。葉子部分也要淋濕。隔天定植3小時前，再將盆栽浸於倒有酒醋水的水盆裡，讓底部吸水，但要注意不可沾濕葉子。等到要定植的時候再將盆栽取出。建議擺放在陰涼處，幼苗才能吸收足夠水分。

4 定植前架設好支柱

定植前，要先架設好誘引幼苗的支柱。定植後再插支柱可能會傷到伸長的根部。

5 幼苗土團和田土要密合

幼苗的土團與周圍的田土要完全密合，不可有縫隙，才能固定住定植好的幼苗。按壓土團時要施予足夠力量，讓土團的水分能滲入周圍的土壤。耕耘過的田地更是必須充分按壓。

6 耐心等個3～5天再澆水

只要在定植前讓幼苗吸飽水分，接著就不需要再澆水。幼苗必須對水分有需求，才能促進根部伸長。定植後如果都沒有下雨，需在定植3～5天後澆水。在土團周圍10～15cm處，直接於覆草上方施灑大量酒醋水。小黃瓜、茄子、大白菜更是要施予足夠水分，才能生長茁壯。

⬆在田畦架設一排支柱，還能預防鼠類及鼴鼠。

❼確實按壓周圍的田土和土團，讓兩者密合。

❽在周圍覆草預防乾燥。定植後3～5天不要澆水，根部才能充分伸長。

春天要避免太早定植

春天太早定植的話，低溫與氣溫回升幅度不足，除了會導致扎根情況不佳，遇霜也可能枯萎，所以務必等到時機成熟。高麗菜類或萵苣等春季蔬菜可以等到染井吉野櫻盛開時再定植。定植後有可能降霜的話，就要在降霜前一天鋪蓋不織布。

不過，番茄、茄子、小黃瓜、南瓜等夏季蔬菜不耐霜，務必等到完全不用擔心晚霜，大概是紫藤花盛開或小麥出穗時再定植。

挑選無風、溫暖微陰的日子定植。如果是4月～5月期間，建議利用下午2點～3點定植，這樣幼苗邁入夜晚也不會枯萎，根部才能順利長出。

如果擔心幼苗老化，可移植到大盆栽

有時居家修繕中心很早就會開始擺放幼苗銷售，如果要等到氣溫與地溫充分攀升的定植最佳時期才來購買幼苗，可能會買不到鮮嫩株苗。買入幼苗到定植前出現空窗期，或是幼苗有老化跡象時，建議移植到較大的盆栽。將育苗土（參照P.122）放入大盆栽，從小盆栽連同土團取出整株幼苗後移植入大盆栽內。這樣能活化根部，促進定植時的扎根。

⬆較晚定植時，要先將幼苗移植到大一點的盆栽，讓株苗活化。右邊是移植3週後的幼苗。

嫁接苗的注意事項

容易出現連作障礙的小黃瓜、西瓜幼苗往往會以不易連作障礙的扁蒲為砧木，作為嫁接苗流通於市面，所以想要每年收成相同蔬菜的市民農園也可以考慮種植嫁接苗。

若是使用嫁接苗，必須先去除嫁接處下方長出的所有側芽。長出側芽的話，反而會使作為砧木的扁蒲結果。另外，也不可斜植，以免嫁接處上方也覆蓋土壤。因為這樣會使接穗長根，失去嫁接的意義。

覆草
運用野草培育田地和蔬菜的方法

在夏草生長的初夏至入秋期間，割草鋪放在蔬菜植株邊緣的覆蓋作業可說是照料天然菜園的基本。適度覆草能讓蔬菜不輸給野草地長根茁壯，同時能增加微生物及其他生物，有助田地培育，所以覆草對蔬菜及田地而言也是非常好的務農作業。

能抑制野草，幫助蔬菜生長 覆草四功效

南瓜、高麗菜等蔬菜生長的同時，長出的藤蔓或葉子會鋪蓋住地面，預防往下伸長的根部乾燥，還能預防野草入侵。不過，隨著品種不斷改良，大多數的蔬菜都已失去如野草般的韌性，而覆草則是能在蔬菜自身能力不及之處獻上一臂之力。割除土壤中蔬菜根部伸長處的野草，覆草，助蔬菜生長。

覆草有四個效果。

1 抑制野草

割草覆蓋能遮蔽日照，抑制日後又有野草發芽。

2 避免乾燥或過度潮濕

覆草能預防地面乾燥，減緩強降雨後的過度潮濕。還能預防泥濘潑濺蔬菜、疾病，以及風雨導致的土壤流失。

3 匯集生物

覆草能作為蜘蛛或塵芥蟲的隱身棲所，增加益蟲數量。另外還能匯集蚯蚓及微生物等分解者，慢慢分解覆草形成堆肥，轉變為優質土壤。

4 促進蔬菜生根

覆草的保濕作用能幫助土壤含水量維持在根部適合生長的50～60％。再加上覆草只是割除地表野草，並未整株拔除，所以不會傷到與蔬菜根部交纏的野草根。原本野草根與蔬菜根處於競爭狀態，不過野草被割除後，少了對手的蔬菜就能一口氣順勢伸長。

⬆芋頭喜歡水分，但地溫攀升後就會停止塊根生長。覆草能為土壤保濕，降低地溫，幫助塊根肥大。

不讓蔬菜長輸野草 覆草三條件

放任野草不管的話，就會阻擋土中蔬菜根的伸長，剝奪氧分。地面的葉片茂盛生長也會遮住蔬菜，最後導致蔬菜「長輸野草」，一整個被比下去。不過，如果把野草完全除掉的話，卻也會讓益蟲和微生物沒有棲身之處。

能讓蔬菜與田地獲得好處，同時活用野草的方式就是覆草。覆草的範圍大小、鋪放時間點都有訣竅，請各位記住下述3條件。

1 貼著地面，割掉葉子四周15cm範圍的野草

割掉蔬菜植株葉子四周15cm範圍的野草，必須貼著地面連同生長點一起割除。植株葉子下方的土裡長有蔬菜根部，所以不會長野草。葉子四周15cm範圍的土裡則會有蔬菜根和野草根相互競爭，只要確實除掉此範圍的野草，覆草保濕，預防植株根部乾燥，那麼蔬菜就會不斷生根成長茁壯。

2 周圍野草的高度不可高過蔬菜

周圍15cm外的野草基本上只要不讓高度超過15cm即可。如果貼著地面割除野草，讓野草無法長出的話，炎熱夏天就會缺乏足夠的野草覆草。不過，一旦野草高過蔬菜植株，就會妨礙日照與通風，蔬菜可能因此長輸野草，所以野草變長就要持續割除，高度切勿超過蔬菜，並將割下的野草鋪疊在植株周圍。

⬆貼著地面割除葉片之外15cm範圍的野草並覆草。隨著蔬菜的生長，鋪蓋範圍也要愈來愈大。

➡將鐮刀貼著地面割除植株周圍的野草，這時刀刃幾乎是要插入土壤表面。要戴手套加以保護，作業時還要注意別割掉蔬菜。

⬆周圍15cm外的野草則是反覆長出後割除的作業，讓高度低於15cm，便能持續利用。

⬆若是出現羊蹄、日本艾等多年生植物，都要持續從地面以下的位置割除讓其逐漸衰弱。做畦時則要盡可能連根斬除。

覆草與鋪塑膠墊的特徵

下面比較了覆草與菜園常見的塑膠墊分別有何特徵。
塑膠墊顏色各有不同功用，下為一般常見的用法。

	覆草	鋪塑膠墊
抑制野草	能抑制野草，但仍有可能從縫隙長出。	抑制野草效果佳，但野草會從植穴長出。
地溫	遮蔽太陽，抑制地溫攀升。	春天能拉高地溫，促進生長。夏天則會使地溫過高。
保濕	預防土壤乾燥，保持透氣性與水分。	緊貼地面的話，毛細現象能使土地常保適當含水量。
追肥	將米糠撒在覆草上能形成緩慢分解作用，提升土壤狀態。	地溫上升，養分吸收旺盛，但也意味著可能必須追肥。
預防泥濘潑濺	鋪在植株周圍能有效預防泥濘潑濺。	可防泥濘潑濺，但植穴處的泥水還是有可能濺出。
擋風	南瓜、西瓜、伏地品種小黃瓜的藤蔓的攀附生長，有助防風。	塑膠墊上必須鋪稻或覆草，讓藤蔓能夠攀附。
生物多樣性	匯集生物，形成棲息處。增加益蟲和有用微生物。	表層的微生物或益蟲較難增加。
設置	需要抓緊時機反覆收割鋪蓋。	做畦必須非常均勻才能發揮毛細現象，還要像鏡子一樣完全貼合畦面。
費用	無需資材費。	透明或黑色塑膠墊價格便宜，但能夠忌避蚜蟲的銀色塑膠墊價格昂貴。
收拾整理	無需收拾整理，最後能變成堆肥，有助田地。收成後還可切下蔬菜植株讓高度不超過30cm，並作為覆草利用。	風化會使塑膠脆化，不易去除乾淨，使用完就要從田畦移除作為垃圾丟棄。大量的話則要作為農業廢棄物處置。
備註	田畦與走道的野草都能充分利用。	夏天在塑膠墊上覆草能降低地溫，益蟲也會隨之增加。

Q：任何草都能作為覆草嗎？

A：草的種類不拘。帶點種子也沒關係。如果是使用升馬唐這類帶根的野草作為覆草，撒了米糠之後還能促進發酵。不過，太多外來種出現在田裡會很棘手，這時就要注意不可帶有種子。有些人會去拿路邊除下的野草來鋪蓋，但建議還是不要這麼做。

Q：當初已把田地整理到不會長出野草，所以想覆草也沒草可用，這樣需要種草嗎？

A：建議可在走道或空閒處種植燕麥、絳紅三葉草等綠肥。這類植物不僅景觀佳，還能獲得充足覆草用覆草，同時有益田地。但是並非一開始就要鋪上厚厚的草，而是在邁入夏天的同時慢慢堆疊鋪放，所以草還沒長出的早春季節也不需要刻意蒐集覆蓋用草。

⬆市面上可見天然菜園專用，混合多種綠肥的綠肥mix種子。其中還有僅混合一年生植物的市民農園用綠肥mix，非常適合為期半年至1年的短期租賃農園使用。

つる新種苗 ☎0263-32-0247

搭配季節的覆草訣竅

覆草時要配合野草生長，抓緊時機。每個季節的照料方式也各有訣竅。

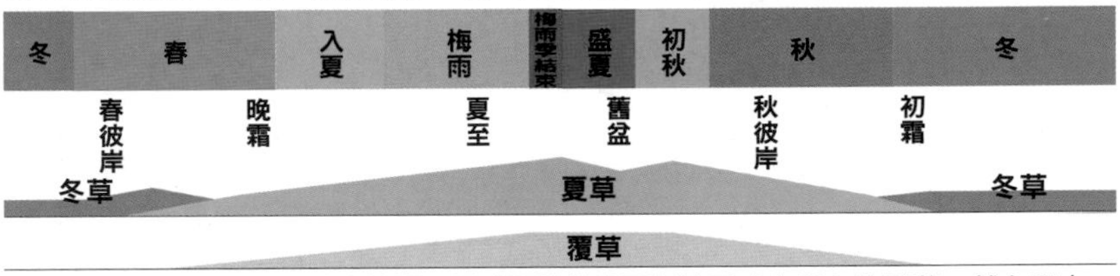

⬆梅雨季結束後1週是長草高峰期。這時要貼著地面割掉田畦上所有的野草，鋪在田上，迎接即將邁入的盛夏。

⬆繁縷、阿拉伯婆婆納、寶蓋草等生長的冬草本身就是覆草。初秋時仔細割除夏草，將有助冬草生長。隔年春天，用冬草覆蓋田畦的話還能減緩夏草茂芽的速度，讓蔬菜栽培更輕鬆。

春　變暖後，冬草會茂盛鋪蓋整塊田畦直接形成覆草，幫助蔬菜生長。就算枯萎了不用割除，繼續留在田裡。

初夏　移植或疏苗後要覆草。喜歡炎熱的蔬菜植株周圍不用覆草，才能照到陽光。蔬菜生長初期要注意植株周圍是否有野草長出。

梅雨　貼著地面，確實割除葉子周圍15cm範圍的野草。15cm之外一樣要割除，但可保留些許高度。

梅雨季結束後1週　割除生長最旺盛的野草，作為覆草活用。貼著地面割掉整塊田畦的野草，覆草，準備迎接盛夏的高溫乾燥。

盛夏　高溫乾燥的盛夏會減緩野草的生長。

秋　留意恢復活力的夏草並予以割除。只要初秋不再長夏草，冬草就會提早發芽。冬草無須割除，任其生長。

3 在割除的野草撒上米糠

當蔬菜生長情況不佳，想為植株補充養分時，可根據分解所需時間，提早補撒米糠。記住要撒在剛割除的青草覆草上。米糠能提供微生物養分，附著在青草上便能增加乳酸菌、酵母菌、麴菌等有用微生物，不僅能抑制病原菌，還能慢慢分解覆草，讓田地狀態更佳。無法取得米糠的話，也可用洗米水代替。

⬆米糠要撒在葉片外側，也就是根部伸長處。繞著植株，撒在覆草上方作為追肥。

病蟲害防治

營造出許多害蟲天敵能棲息的環境，成為病蟲害不易擴大的菜園

棲息著各種生物的天然菜園當然也會遇到蔬菜被蟲啃食，但其實受害程度並不會太過嚴重，因為菜園裡有非常多專吃害蟲的益蟲。混植多種類蔬菜，不斷覆草的田畦也會形成非常多能抑制疾病的微生物，減少病原菌產生。接著就讓我們來了解預防病蟲害的務農作業重點吧。

病蟲害三大原因為未熟有機物、氮過量、栽培失誤

常出現病蟲害的蔬菜只要栽培得健全茁壯，就能避免病蟲害發生，容易受害的多半是不健康或營養不足的蔬菜。栽培時，留意有損蔬菜健康的三原因便是防治病蟲害的第一步。

①耕田時混入未熟有機物或腐敗有機物

野草、落葉、稻稈、未熟堆肥等未熟有機物一旦混入土中就會腐敗，產生有害的二氧化碳及有機酸。這些都會增加有害微生物量，形成根爛等造成生長不良的原因。另外，氨氣不僅會引來紋白蝶、使蚜蟲數量增加，更會吸引黃守瓜等，使蟲害擴大。所以切勿將未熟有機物耕入土內，而是作為覆草，使其自然成為堆肥。

廚餘等水分及肥料成分豐富的有機物容易腐敗，腐敗的有機物特別容易招來病蟲害。廚餘可以放入內有蚯蚓的堆肥中至少1年使其分解，或是埋入未栽培蔬菜的地點，深度須達30cm，待其變成土壤再使用。

②氮過量

氮肥超過需求量的話，會使蔬菜代謝異常，細胞壁變薄變脆弱，增加椿象、蚜蟲的侵食。養分過多也容易造成葉子長白斑的白粉病。葉片上方雖然會釋出過剩的養分，但如果降雨不足，導致養分囤積，同樣會繁殖出病原菌。

③栽培失誤

蔬菜都會等待最佳生長時機的到來。有些蔬菜則不喜歡連作，如果在同個地點持續栽培，就很容易遭受病蟲害。因此考量適期與連作都是栽培蔬菜的基本。

用手捏死蚜蟲後，如果直接碰觸其他蔬菜，就有可能使嵌紋病毒擴散出去，造成二次傳染，形成栽培失誤，務必特別留意。

如果看見疾病徵兆……

植物一旦生病，基本上就無法治癒。不過，因為人為失誤導致二次傳染也有可能使受害範圍變廣。如何打造出不會生病的菜園以及栽培方式固然重要，但各位也要知道蔬菜生病時該採取什麼對策。

利用盛夏日照，讓整塊田畦接受太陽養生處理

帶病或蔬菜生長不佳的田畦可利用夏天做太陽養生處理，藉此減少病原菌，增加有用菌。

做畦，撒入1～2L/㎡的米糠、1～2L/㎡的腐葉土後，再將已經備妥第3天的愛媛AI-2稀釋100倍，以5～10L/㎡的分量灑在土上。土壤較乾燥時，則要另外灌溉至少10L/㎡的水量。

將透明塑膠墊服貼蓋住整塊田畦，靜置2～3個月。在盛夏陽光的照射下，以900℃的累積地溫減少病原菌，增加有用菌，如此一來不僅能促進土壤團粒化，還可減少野草種子，較不易長出野草。

生病植株淺埋棄置並植入蔥

處理生病植株時，可先挖出深20cm左右的洞穴，並在菜園作業的最後階段徒手拔起植株，埋入其中。這時可以再植入蔥，利用蔥的抗生素預防疾病擴大。拔掉病株的田畦一樣要種植蔥。病株埋太深反而會使疾病擴散，須特別留意。作業後記得用肥皂洗手。切勿戴手套或使用鏟子，因為兩者都有可能造成二次傳染，使用剪刀的話則要以熱水消毒。

含有用微生物的伯卡西肥能抑制病原菌繁殖

缺乏有用微生物的田地可以內含有用微生物的伯卡西肥作為追肥，效果會相當不錯。伯卡西肥豐富的乳酸菌基本上能抑制大部分的疾病。將調配完7～10天的愛媛AI-2加入3～5L的稻殼中，並混合6L米糠，加入水分充分拌勻，使含水量為50～60%。放入容器的同時按壓出裡頭的空氣，再覆蓋上米糠，接著蓋上容器蓋子，密閉存放。夏天放置1個月，冬天則是放置室內3個月即可完成。

白粉病可以使用酒醋水

輕度白粉病用酒醋水洗過就能治癒。拔掉白粉病的葉子反而會有反效果，此動作會使光合作用能力變差，蔬菜可用的養分減少，導致其他養分過剩情況變得更嚴重。

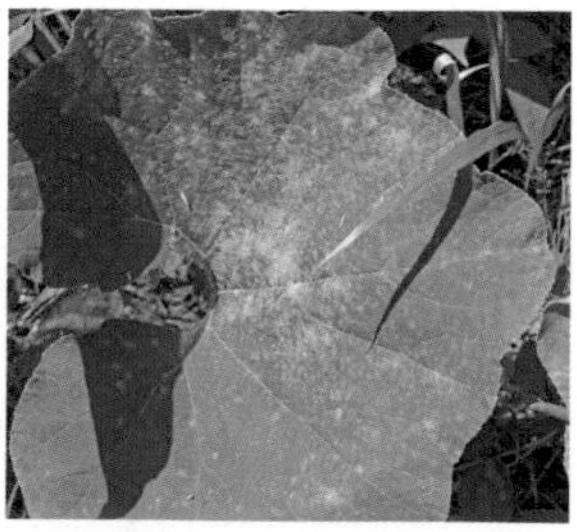

建構出避免病蟲害擴大的機制

想要打造出病蟲害不易擴大的菜園，可是要運用非常多功夫的呢。

①混植共生植物

茄科植物共生於根部的微生物能形成抗生素，預防疾病，菊科植物能忌避害蟲，因此可將兩者作為共生植物混植。較常見的搭配方式，包含了混植能預防葫蘆科蔓割病的蔥、混植能避免線蟲的菊科萬壽菊，或是將高麗菜、小松菜等十字花科葉菜類與菊科的萵苣、茼蒿混植。

②透過菜園計畫避免連作障礙

想要預防連作障礙，就要避免在一定期間內，於同一地點施作右下表提到的蔬菜。狹小的菜園很難空出期間避免連作，這時可以混植搭配性佳的蔬菜，或是交替連作，就能縮短施作間隔。接著就以馬鈴薯和蔥的交替連作為例。收成馬鈴薯後種植蔥，收成蔥之後再種植馬鈴薯，如此一來就能每年於同塊田地栽培。

規劃菜園計畫時，可區分成種植茄科、葫蘆科等夏季蔬菜的夏畦，以及種植葉菜與根菜類的冬畦，建議每年都要交替夏畦與冬畦的地點。另外，番薯、白蘿蔔和胡蘿蔔連作能讓作物外觀變得更漂亮，可以事先決定地點固定的連作專用畦，那麼在訂立計劃時會更輕鬆。

蔬菜間距太小，通風不佳會增加病蟲害，所以取足夠的株距和畦距也很重要。

③打造害蟲天敵的綠洲

田畦的覆草和種植於走道的綠肥mix都是菜園的綠洲，能讓專食害蟲，如蜘蛛、瓢蟲、螳螂、塵芥蟲、蛙類、蜥蜴等天敵棲息。在菜園裡打造綠洲，就能增加各種生物，維持環境平衡，病蟲害也會一年比一年少。

④以酒醋水維持蔬菜健康

酒醋水能夠替代雨水，是蔬菜的營養補充飲料。定植前讓幼苗底部吸酒醋水，少雨時澆淋酒醋水，都有助維持蔬菜健康生長。

⑤活用有用微生物

覆草上撒米糠追肥能夠增加酵母菌、乳酸菌等有用微生物，抑制病原菌繁殖。用米糠發酵製成的伯卡西肥中，就含有大量的有用微生物。

「愛媛AI-2」是愛媛縣產業技術研究所人員曾我部義明先生開發的微生物資材。製作方法為公開資訊。把利用酵母菌、乳酸菌、納豆菌發酵培養而成的液體，混入酒醋水中，噴灑於葉片或是用來澆水，就能增加菜園的有用微生物。

愛媛AI-2特調配方

材料①（1L分）
大顆納豆…約2顆　可果美Labre原味（植物性乳酸菌飲料）…1瓶（80ml）
白神天然酵母…4g　蔗糖…50g　水…900ml
※竹內先生的調配材料中，使用了搭配強力納豆菌的大顆納豆，並添加植物性乳酸菌，以及能有效預防病蟲害的Labre，酵母菌的部分則選用耐低溫的白神天然酵母，菌類養分來源的砂糖則挑選了富含礦物質的蔗糖。使用的水必須經過濾水器或充分靜置除氯。

製作方法
❶納豆澆淋熱水，取1大匙的上澄液，倒入1L的寶特瓶裡。
❷將材料①的Labre（乳酸菌飲料）、天然酵母、蔗糖、水加入寶特瓶，充分搖晃。
❸瓶蓋半開，讓發酵產生的氣體能夠排出，置於25～35℃的環境。
❹3天後便可使用。最開始納豆菌與酵母菌的表現會比較強勢。
❺7～10天後，固形物會沉積在下方，上層的半透明液體中，乳酸菌的表現則相對強勢。將這些上澄液另外裝瓶，密閉保存可放1個月左右。

使用方法 取3個瓶蓋（每瓶蓋約7ml）的酒醋原液，加入7L的澆水器與水混合，稀釋成酒醋水的時候，添加1瓶蓋的愛媛AI-2。和酒醋水一樣，可以用來澆水或噴在葉面，除了具備酒醋水的功效，還能提升有用微生物的功效。另也可作為太陽養生處理運用。

表 避免連作障礙的一般施作週期

施作週期	作物
可每年連作	番薯、胡蘿蔔、白蘿蔔、蔥、洋蔥、大蒜、南瓜、玉米、荏胡麻、蕎麥
間隔1年	菠菜、小蕪菁、四季豆、秋葵、小麥
間隔2年	韭菜、巴西利、萵苣、鴨兒芹、大白菜、高麗菜、芹菜、小黃瓜、草莓、薑、大豆、落花生、紅豆
間隔3～4年	茄子、番茄、青椒、馬鈴薯、芋頭、牛蒡、蠶豆
間隔4～5年	西瓜、豌豆

用身邊的材料防蟲

用酒醋水陷阱撲滅蛾

混合200ml日本燒酒、40ml醋、30g砂糖製成酒醋水，倒入寶特瓶裡。將瓶子吊掛於離菜園作物有點距離，高度約1.5m的地點，將能吸引甘藍夜蛾、煙實夜蛾等幾乎所有蛾類的成蟲，有效捕獲撲滅。

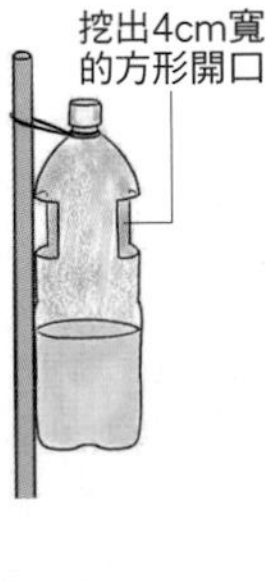

不用手捏死蚜蟲，噴灑溶水稀釋後的漿糊液即可

處理蚜蟲時，可以噴灑溶水稀釋後的漿糊液。只要在連續3天放晴後的早晨噴灑一次，就能靜置放乾。因為氣門阻塞，所以有翅膀及沒翅膀的蚜蟲會分別在2天和3天內窒息而死。二點葉蟎則可噴附稀釋過的即溶咖啡液，同樣能使其黏住死亡。

夏季蔬菜的管理

長時間收成美味蔬菜的照料工作

番茄、茄子、小黃瓜等夏季果菜類完成定植後，就很容易隨之鬆懈。不過，各位如果希望長時間持續收成，那麼可不能少了定植後讓植株順利生長的照料工作。栽培夏季蔬菜期間只要覆草夠確實，那麼就等於是在培育種植冬季（秋、春）蔬菜用的土壤。

在植株生長與結果間取得平衡

植物的生長可分成植株長大的營養生長與結果繁殖後代的生殖生長。當植株果實開始變大，養分就會供生殖生長使用，但如何在營養生長與生殖生長間取得平衡，避免植株樹勢過於衰弱就變得很重要。能自行取得平衡的，僅限於南瓜、西瓜等極少部分的蔬菜。隨著品種的不斷改良，大多數的果菜類必須靠人們的照料才能維持營養生長與生殖生長的平衡。

想要長時間收成果菜類的照料重點

收成茄子、小黃瓜等果菜類時，如果不做些照料工作，那麼收成期就會很短，但是只要照顧得宜，不僅能一路收成到秋天，果實更不會變硬，非常美味，因此也請各位務必掌握照料時的重點。

1 配合時期給予照料

定植後的果菜類生長可像左圖一樣，分成開始結果前的初期、開始結果的中期以及植株成熟，正式進入收成的後期，而每個時期的照料各有其訣竅。

初期是根部深扎擴大伸長，打穩基礎的時期，所以要覆草促進根部生長，並配合生長情況加以誘引，為植株長大茁壯給予協助。

中期也要持續關注根部生長。這段時期的果實會對植株帶來負擔，所以要在果實尚小的時候先行收成，勿使其長大。

後期會開始大量結果，但果實太大也會使植株衰弱，所以要盡早且持續採收。最炎熱的時期要摘除所有的果實與花朵，暫停收成，讓蔬菜「放暑假」，到了秋天一樣會再次結果。

2 重複在葉子周圍15cm範圍覆草

地上枝幹與地下根部伸長型態會很相似。確實長大的根部會支撐著枝條，讓枝條結果。

想要促進根部伸長的話，就必須將根部伸長處，也就是葉子四周15cm範圍的野草貼著地面割除。初期想讓根部穩健生長的話，這便是最重要的工作。

3 持續且頻繁地誘引

茄子和小黃瓜等植株只要避免葉子晃動，就能幫助根部伸長，同時促進結果。所以請依照生長狀態，頻繁地將植株誘引到穩固的支柱。不只是定植到結果這段期間要誘引，開始收成後也要維持每週1次的作業。

4 等到第1朵花開出後再摘側芽

一旦摘掉地上枝幹的側芽，也會同時抑制地下根部的生長，所以想讓根部伸長的初期階段切勿摘掉側芽。記住要等到第1朵花開後再摘側芽。

5 別讓第1顆果實繼續長大

想讓植株繼續生長的話，就不能讓第1顆果實長大。當茄子或青椒長到拇指大的時候就要先摘下。小黃瓜則是摘掉第5節以下的花朵和果實。甜

夏季果菜的各個階段與照料工作

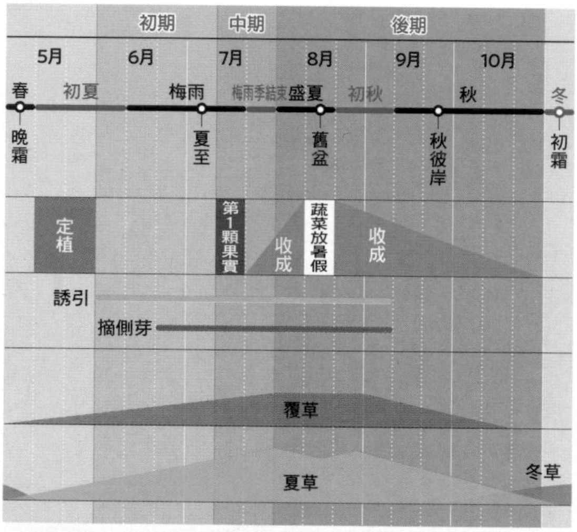

⬆定植後到梅雨季期間也要不斷在葉子四周15cm範圍覆草。

➡第1顆茄子長到拇指大的時候就要摘下。

椒的枝幹更是必須培養茁壯，所以第10朵以前的花朵都要摘除。

不過，番茄是例外。如果一開始就充分結果，反而能讓植株更加穩健，並供應養分，結出累累果實。

6 收成才是對植株最好的照料

結出第1顆果實後，還是要讓根部和枝條繼續生長1個月左右，所以在果實尚未長成市售品那麼大的時候就要先行採收。

當枝幹充分長大，邁入收成高峰時，持續採收才是對植株最好的照料。不斷採收，植株才會持續結果。如果不採收果實，任果實不斷長大，那麼果實會吸收掉養分，導致植株衰弱。茄子最好是在一早最水嫩的狀態時採收，番茄要等到傍晚風味變濃郁時，生長快速的小黃瓜則是早晚都要採收。如果是週末菜園，就要摘掉所有的雌花和小果實，避免平日無法巡視期間結果。

給努力伸長的根部獎勵「遲效性馬鞍田畦」

種植果菜類時，要在根部伸長處的覆草上撒一把米糠追肥。也可以在蔬菜株間做「遲效性馬鞍田畦」並放入堆肥。這種田畦和根部有段距離，會做在根部伸長的方向，當根部努力伸長抵達後，就能吸收堆肥，得到獎勵。

摘側芽

茄子、青椒

開出第1朵花之後，就要摘掉花朵下方的所有側芽。後續再長出來的側芽也要全數摘除。

小黃瓜

開出第1朵花之後，要將第5節以下的側芽連同花朵全部摘除。第6～10節開花後，就要摘掉繼續長出的生長點。

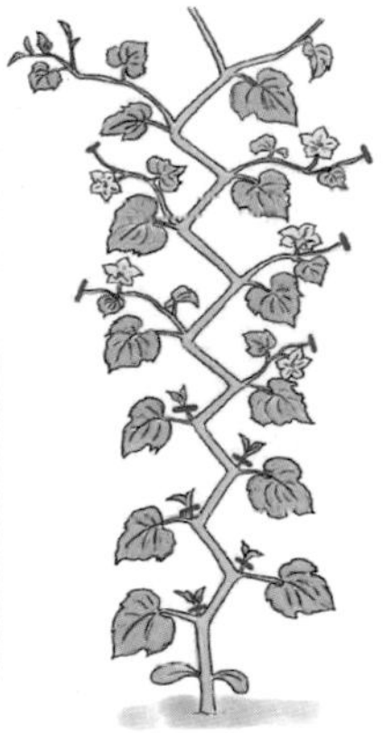

番茄

開出第1朵花之後，就要把側芽整個摘除。但花萼下方較強韌的側芽則可保留單葉，並將前方的側芽全數切除（留單葉）。

摘側芽

留單葉

誘引訣竅

小黃瓜用管柱搭配網子

在小黃瓜管柱鋪放網子，那麼藤蔓會更容易攀附網子，據說收成量還能增加2成。不過剛開始仍是要先用繩子誘引。

番茄誘引要等到下午

下午再進行番茄誘引。莖部表面的絨毛早上會吸取水分，這時綁上繩子的話，可能會造成植株磨損、凹折甚至生病。

建議使用麻繩

建議使用收割綑紮機的麻繩誘引。將麻繩剪成下臂的2倍長，大約是90cm，綁成一束掛在身上，就能隨時取用。

繩子繞法

繩子要繞8字形。支柱端要繞兩圈穩穩固定，避免晃動，枝條端則是依生長情況適度鬆綁。誘引時要將繩子纏繞卡在枝條下方，避免繩子位移。

將繼續長長的枝條拉回

要拉回長長的枝條時，需使用長一點的繩子，繞住枝條再誘引。繩子鬆緊度要適中，避免傷到枝條的同時也不會搖晃。

開始自家採種吧

採集健康又美味的蔬菜種子，從種子開始栽培適合田地的蔬菜

將田裡種植的蔬菜持續且順利採種，那麼蔬菜會記住田地的環境氣候，變得既好種又美味。在無農藥的天然菜園裡，自家採種更是非常關鍵的環節。非常建議各位從番茄、蠶豆、萵苣等好採種的蔬菜開始嘗試。

持續採種3～7年，蔬菜就能與田地完全契合地成長茁壯

在天然菜園裡，有時種子會不慎落地發芽，而且非常茁壯旺盛，甚至長得比播種栽培的蔬菜還要好。因為去年種植的蔬菜種子不慎落地後，會記住田地的環境氣候，把自己變得更適合在這塊土地生長。

自家採種和上述概念相同，就是取得記住環境氣候的蔬菜種子。只要順利且持續採種，應該就能在3～7年後實際感受到蔬菜真的變得既好種又好吃。因為種子已經適應了田地的土質、氣候以及無農藥的天然菜園。

話雖如此，也並不代表只要採了種子就能順利種出蔬菜。想要取得無農藥又美味的優質種子有三個條件。

①挑選無病蟲害的蔬菜
②挑選長到最後仍非常健康的蔬菜
③挑選美味的蔬菜

為了避免受害情況延續到下個世代，採種的基本條件就是避免挑選有病蟲害的蔬菜。符合基本條件的蔬菜裡，還可分成生長旺盛，收成豐盛的健康植株，以及不健康的植株。這時必須挑選健康，也就是符合田地環境氣候的植株採種。接著，再從中挑選出口感美味的蔬菜更是採種過程的關鍵。

初次採種 建議挑選自花授粉的蔬菜

蔬菜種類不同，採種的方式也有所差異，可分成從全熟果實取種子的果菜類、從全熟枯萎豆莢中取種子的豆類，還有抽苔開花後會長出種子的葉菜類。

想要取得具備相同特徵的同品種種子，就要避免與其他品種雜交。開花時，會在同朵花裡授粉的自花授粉蔬菜較不用擔心雜交，如果是以昆蟲或風為媒介傳遞雄花花粉給其他雌花的異花授粉蔬菜，就必須用防蟲網或袋子阻隔，以人工授粉的方式進行採種。

自花授粉的蔬菜採種難度低，初次嘗試者建議可先從毛豆、豌豆、四季豆、番茄、萵苣採種。種出健康又美味的蔬菜時，也一定要試著挑戰採種呦。

自花授粉與異花授粉

表1　自花授粉與異花授粉

作物種類	授粉方法
豆科（蠶豆除外）	自花授粉率幾乎100%
番茄、茄子、萵苣	自花授粉率80～60%
紅辣椒（包含青椒）	自花授粉率50%
十字花科、葫蘆科	異花授粉（蟲媒花）
玉米、菠菜	異花授粉（風媒花）

※茄科蔬菜雖然是自花授粉，但如果有昆蟲搬運花粉也是會授粉。當田裡種了會辣的紅辣椒，同時要採青椒種子的話，隔年就有可能長出會辣的青椒。

表2　十字花科雜交群

雜交族群	雜交蔬菜
芥菜類	芥菜、高菜
白蘿蔔類	白蘿蔔、櫻桃蘿蔔
高麗菜類	高麗菜、白花椰菜、高麗菜芽、羽衣甘藍
其他	大白菜、小松菜、蕪菁、京水菜

※十字花科蔬菜為異花授粉，容易雜交。上表列出同類蔬菜中特別容易雜交的幾種蔬菜，請多加留意。不過，十字花科蔬菜中的野良坊菜算是例外，不易與其他十字花科雜交。

自花授粉 同一朵花就能完成授粉。

例：茄子

⬅不易雜交，相對容易採種。

異花授粉 將雄花花粉傳給雌花。

蟲媒花　例：小黃瓜

⬅昆蟲沾到花粉後，將花粉傳給雌花。栽培數量需2株以上。超過4樓的較高樓層昆蟲到不了，因此需人工授粉。

風媒花　例：玉米

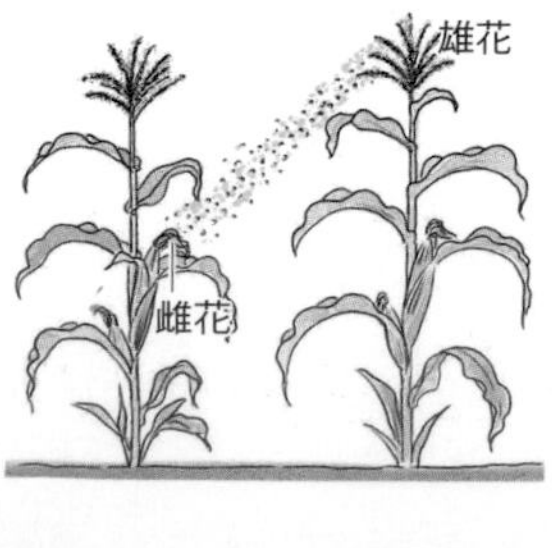

⬅最上頭的雄花飛出花粉傳給雌花。為了確保雄花的開花期間夠長，要種10株以上，還要至少並列2排，讓飛到兩側的花粉也能順利附著。

萵苣

不結球萵苣相對容易採種。選較晚抽苔的植株採種。

❶保留數株完整萵苣植株，不要採收，任其生長抽苔。抽苔後，葉子還能維持一陣子的軟嫩口感，可以摘取食用。

↓

❷抽苔後，架設柱子支撐，別讓植株傾倒。等到莖部枯萎變乾便可收割，接著放在塑膠墊上繼續乾燥。

↓

❸用植株敲打水盆邊緣，敲出種子。勿戴手套，以免種子黏在手套上。接下來的作法和處理大豆一樣，用篩子或畚箕去除髒污，放置乾燥。將種子以夾鏈袋保存，隔年就要使用完畢。

↓

❹敲出種子後，可以在閒置的田地繼續拍敲植株，那麼落下的種子就會發芽生長。

番茄

可以直接從美味全熟的番茄果實採種。

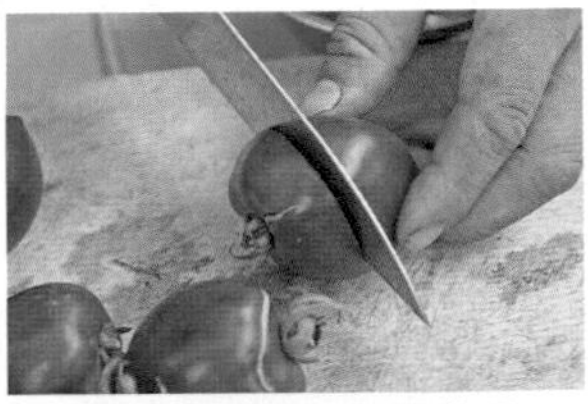

❶收成全熟番茄，放置常溫3～5天追熟。從中間對半橫切。

↓

❷將種子連同汁液一起取出。剩餘的果肉非常適合做成番茄醬。

❸種子連同汁液放入塑膠袋，常溫靜置2～3天，讓種子與汁液分離。

↓

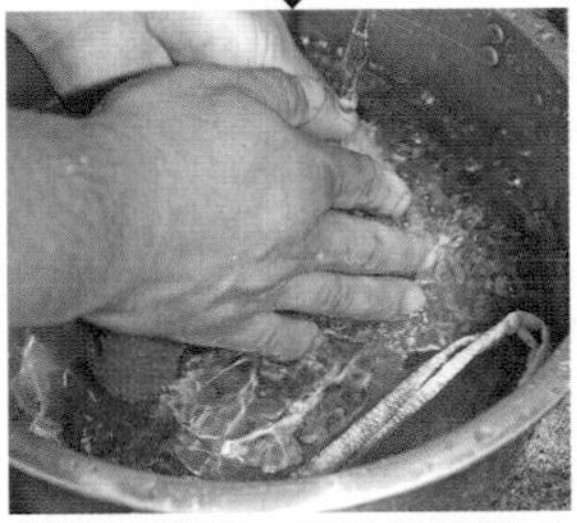

❹放入網袋，用手邊搓邊水洗，去除附著在種子上的汁液。

↓

❺種子浮起後，就可去除下沉的果肉。

❻洗好的種子放入網袋甩掉水分，用毛巾包住完全吸乾。

↓

❼第1天先照太陽曝曬，接著則是將放有種子的網袋吊掛於通風良好的屋簷下至少2週，將其風乾。種子置於放有乾燥劑的容器中可存放3～4年。

毛豆

留下病蟲害少，結果旺盛的植株，放到豆莢枯萎後便可採種。

❶當豆莢枯萎，搖晃時聽得到裡頭豆子清脆的碰撞聲，就能貼著地面收割植株。挑選陰天或帶朝露的時段作業，以免種子掉落。接著放在陽光下曝曬乾燥。

❷放在塑膠墊上，當豆莢乾到自然蹦開時，就能用植株敲打水盆邊緣，讓豆莢脫殼。建議挑選晴天的中午時段，種子比較容易掉出。

↓

❸過篩，去除豆莢與莖部。

↓

❹放進畚箕，吹掉細小髒污。

❺挑選夠圓的種子，避掉因蟲蝕、發霉導致外觀差或已缺角的種子。還要避免病變成紫色的種子。務必採集飽滿大顆的種子。

↓

❻將充分乾燥的種子放入寶特瓶，分量約8分滿，蓋子半開，置於乾燥且溫暖的室內1個月。瓶中種子會呼吸釋放二氧化碳，1個月後便可將瓶蓋蓋緊。這樣種子會進入休眠狀態，還能避免長蟲，存放2～3年。

美味的採收法

找出每種蔬菜最適合的收成法

即便是用相同方法種出的蔬菜，收成方式不同，風味也會改變。家庭菜園的蔬菜總是給人「現採所以美味」的印象，但可不只這樣。如果能掌握蔬菜的特性並搭配收成時期，就能讓美味更加分。各位也來學習聰明收成，享受滋味豐富的蔬菜吧。

早上收成的水嫩鮮甜蔬菜

植物會在白天行光合作用，將二氧化碳和水轉化成糖類。葉子用來吸收二氧化碳的氣孔打開時，水分就會從氣孔蒸發至外部。到了晚上，植物體內會吸飽白天所需的水分。白天光合作用形成的糖類會以澱粉型態貯存於葉子，並在夜間變成蔗糖，送至植物需要的地點。

蔬菜的水分在一大清早處於飽和狀態，多餘的水分會排出成朝露。蔬菜含糖量最高的期間為凌晨3點～6點，講求甜度的玉米最好是一早收成，所以農家會在天還沒亮之前就開始採收。

一早收成會特別好吃的蔬菜包含了茼蒿、萵苣、芝麻菜、小黃瓜等沙拉用蔬菜，以及茄子等多汁蔬菜。如果等到白天才收成，那麼這些蔬菜的水分會減少，不僅有損水嫩口感，還很容易帶苦味。另外，有著大花苞的綠花椰及白花椰很容易在白天枯萎，所以產地在一早收成後，就會立刻低溫保存以維持鮮度。

針對鮮度的部分，萵苣、高麗菜、大白菜等結球蔬菜除了冬天季節，都應該避免在白天收成，以防蔬菜內部悶熱受損，所以盡可能在一大早或是傍晚採收。

⬆確認玉米上方也結出顆粒後，就可在一大清早收成，並且豎立擺放，避免甜度降低。想要玉米好吃，就要在採收後數小時內先氽燙。

⬆萵苣等菊科蔬菜的切口會滲出白色乳汁。乳汁接觸氧氣會變黑，沾濕抹布或餐巾紙擦拭即可。

要趁白天收成葉菜類和冬季蔬菜 番茄和醃漬用蔬菜則等到傍晚

但也有些蔬菜白天收成較美味，且營養價值高，例如菠菜、小松菜、塌棵菜等富含葉綠素的蔬菜。不過這些蔬菜過了中午苦味會跟著增加，再加上容易枯萎，所以建議準備一盆水，收成後立刻將切口浸水。

另外，根菜類、大白菜、菠菜、塌棵菜這類蔬菜在嚴冬的早晚容易凍傷，所以務必在白天採收。

番茄則是等到傍晚過後採收。這時番茄的水分減少，還會沉入水中，裡頭濃縮了滿滿的鮮味。小黃瓜或茄子如果要做成醃漬物，也是建議等到傍晚採收，這樣果實才不會太水嫩，較容易醃漬入味。要做成菜乾的話同樣會建議傍晚收成。

⬆葉菜類容易枯萎，收成時要準備裝水的水盆，採收後立刻將切口浸水。

疏苗菜和葉洋蔥的滋味只有家庭菜園才品嘗得到

品嘗疏苗菜也是家庭菜園的樂趣之

⬇小蕪菁的葉子也美味，根部變肥大前的疏苗菜更是軟嫩具風味。不過小蕪菁容易損傷，收成後要浸在水盆裡。

要在下雨前採收番茄

下雨後番茄果實的水分增加，不僅會使味道變淡，還非常容易裂果受損，不易存放。所以記住下雨前不只要採收全熟番茄，已經一半變紅的番茄也要全數採收。採收後再追熟會更美味。

⬆還沒完全變紅成熟的番茄也要在下雨前先採收，收成後再來追熟。

一，尤其是根菜類的蔬苗菜。根部變肥大需要用到葉子的養分，根部茁壯的同時葉子也會變硬。不過在根部變肥大前就採收的蔬苗菜非常軟嫩美味。京都的市場還會將胡蘿蔔的蔬苗菜以高價賣給高級日本料理店。和根菜的蔬苗菜一樣，在地下塊莖準備變肥大時採收的葉洋蔥及蒜苗也是春天一定要品嘗的滋味。這類蔬菜很快就變黃受損，市面上難得一見。收成訣竅在於每次只採收要吃的分量。

馬鈴薯、番薯、西洋南瓜保存後會更美味

馬鈴薯、番薯、西洋南瓜收成後放置1～2個月會比現採的更美味。收成後澱粉會慢慢醣化，使甜味增加。馬鈴薯不要急著挖掘採收，等到地上植株完全枯萎再收成，將能存放更久。這個階段的馬鈴薯皮會呈現木栓化，不必擔心挖掘時受損，原本就受損的塊莖則會在土中腐熟縮水消失，這樣採收的都會是好的馬鈴薯。

另外，很早就開始挖掘的小馬鈴薯（new potato，或稱新馬鈴薯）皮薄，不適合保存。要懂得吃多少、挖多少，才能享受鮮度。

雨後收成才能享受水嫩蔬菜，無雨期間則是在收成前一天澆水

葉菜類、萵苣、茄子、小黃瓜等，講究水嫩口感的蔬菜等到下雨後再收成會更美味。白蘿蔔種在貧瘠地會使口感變辣，不過沒下雨導致乾燥也是變辣的原因之一。芝麻菜水分不足也會使辣味增加，所以市售芝麻菜多半採水耕栽培。

採收這類蔬菜的時候，建議可在收成前一天的傍晚澆淋大量水分，並於隔天一大清早採收。如果一陣子都未降雨，那麼最好是在收成3天前每天的傍晚澆水。

為了避免蔬菜收成後水分流失，葉菜類可以前述方式浸水盆。如果沒有要立刻烹調，則是用報紙包裹，放入塑膠袋，接著存放於冰箱蔬果室。

處理根菜類的訣竅則是挖出後，立刻將根葉分離。葉子可以用來烹調，或是鋪在田畦作為覆草。

放晴3天後再收成要久存的蔬菜

如果是馬鈴薯、番薯、芋頭、洋蔥、大蒜等收成後想要長時間存放的蔬菜，建議等連續放晴3天後再收成。下雨後土壤潮濕，這時收成容易受損，影響保存性。

⬆想要長時間存放的馬鈴薯必須等到地上植株完全枯萎成熟，且連續放晴3天，土地乾燥的狀態下再挖掘。

毛豆收成後摘掉葉子，上下顛倒帶回

當毛豆8成的豆莢膨脹，就能收割植株，並將根部留在土裡。為了避免豆子老化，收割後要立刻摘掉葉子。接著將豆莢連同莖部捆束，上下顛倒帶回，這樣莖部的養分才能流至豆莢，維持毛豆的風味。

⬆收割後上下顛倒擺放，並往上撕拔掉葉子。植株的葉子可作為田畦覆草。

蔬菜收成期

從收成開始到結束，蔬菜的採收方式及風味也會有所不同。能品嘗到蔬菜變化的整個過程正是家庭菜園才有的樂趣。

時期	收成初期（初收）	最盛時期（當令）	收成終期（尾聲）
採收量	少～中	多	中～少
風味	鮮嫩多汁	風味濃郁飽滿	水分流失、皮厚。鮮味濃郁
合適的烹調法	沙拉、淺漬	各類料理	炸物、燉滷或削皮烹調
備註	店面銷售的多半都是「初收」蔬菜	大量出現在農戶自產自銷的蔬菜	不會出現在店面或農戶自產自銷，家庭菜園才有的蔬菜

⬆秋天收成的「尾聲」番茄因為早晚溫差變得風味濃郁。田地整理前剩下的綠番茄可以做成醃番茄。加入些許咖哩粉就能去除草味，也很適合做糖醋肉。

氮過量會使味道變澀

葉菜類如果氮肥過多，會使硝酸態氮累積，澀味增加。硝酸態氮不只有損風味，它還會跟血紅素一樣，與血液中的氧結合，所以要特別留意避免嬰幼兒攝取過量。葉菜類中的菠菜、茼蒿、青江菜都是容易累積硝酸態氮的蔬菜。建議挑選種完夏季蔬菜的田地，並採取無施肥種植，避免肥料過量。汆燙能夠減少硝酸態氮，澀味太重的話就要避免生食，並用大量熱水汆燙後再食用。

月亮的圓缺與收成

植物會受月亮引力影響。邁入新月時，樹液會往下流，集中在根部，愈接近滿月則會開始往上升。在不考量降雨的情況下，新月期間的根菜類會比較水嫩，接近滿月時水分會減少，所以比較適合用來保存。順帶一提，採種其實也會受天候影響，以月齡來看，養分集中於種子的滿月會比較適合採種。

澆水
強化根部的澆水訣竅

大自然的降雨其實就能讓田裡的蔬菜長大。不過近期常出現乾旱、豪大雨等極端氣候，甚至出現好幾年降雨不足以供應蔬菜生長的情況。若天未降雨，田地變乾時，就要學會如何澆水，強化植株根部。

如果太陽不斷照射使覆草下方的土壤乾掉，就必須澆水

種在田裡的蔬菜基本上不用澆水。不澆水反而能讓根部繼續深扎尋求水分。不過，超過1週未降雨，持續高溫的話，蔬菜就會水分不足，這時必須澆水，幫助蔬菜生長。想要保留下土壤的水分，澆水前就一定要確實覆草地表。而且必須是出現覆草下方的土壤乾掉、蔬菜枯萎、植株停止生長的時候再澆水，以及長花或結果的時候。不過，澆水方式錯誤反而會影響根部伸長、導致植栽因為乾燥變衰弱，或是葉片出現日燒現象，形成反效果。各位務必掌握重點，以對的方式澆水，才能強化根部，讓植株茁壯。

促進根部伸長，有助植株茁壯的澆水六關鍵

表1對比了澆水方式對或錯所帶來的差別。

1 頻率從數天到一個禮拜1次

與其每天澆水，等個數天到一個禮拜再大量澆水的效果反而更好。根部為了尋求水分會不斷深扎。只要覆草下方的表土帶有足夠濕氣，就不需要澆水。

2 晴天要在一大清早或日落後澆水

蔬菜會在晴天開啟葉子氣孔，行光合作用。氣孔開啟時澆水的話，反而會妨礙植物的光合作用及呼吸。另外，留在葉片上的水滴也會變成吸收陽光的透鏡，引起日燒現象，務必多加留意。

必須選在氣孔關閉，日出前後的一大清早，或是傍晚日落後、陰天時澆水。白天的光合作用需要用到二氧化碳和水，蔬菜能在一大早吸收充足水分的話，也就會更加茁壯。不過，夏天早上8、9點的太陽已經高掛天空，這時才澆水也看不出什麼效果。

3 取水備用，讓水質接近雨水

大自然的雨水能讓蔬菜長大，所以澆水用的水要接近雨水水質。不要直接使用含氯的冰涼自來水，先取水備用除氯，讓水接近常溫後再使用對蔬菜會比較好。可以的話要使用酒醋水，當然最好的還是新鮮雨水。

4 水量要充足，分3次澆水

澆水量要足夠，水分才能滲入土壤深處，根部也才能跟著往下深扎。如果只有淋濕土壤表面，那麼根部就會往上爬至地表附近，反而因為乾燥變衰弱。夏天種植茄子或小黃瓜的話，每一植株至少要1桶10L的水。不要一次倒入，而是分3次澆淋，讓土壤能夠確實吸收。實際作業時可取1桶水淋三株植株，利用取水的時間讓水分滲入，反覆澆水3次。

5 先淋葉片使其吸收

其實蔬菜的莖葉也會吸收水分，所以氣孔關閉的陰天或傍晚可以先在葉子上淋水。滋潤葉片後，再將剩餘的水淋在覆草上，讓土壤吸收。

葉子吸收水分後會滋潤植株根基處，甚至是葉子外圍的土壤。植株根基處長了既有的根、葉子下方長了現在的根、葉子外圍則是未來根部要伸長的範圍。所以澆水不僅是滋潤過去和現在的根，對於接下來要長出的根也很重要。晴天澆水不能淋葉片，必

表1　夏天澆水的○和×

	○	×
頻率？	覆草表面變乾後，隔個幾天再澆水	每天澆水
時段？	剛要日出時、日落後、陰天	晴朗白天
怎樣的水？	取水備用去除氯	冰涼自來水
水量？	分3次大量澆水，要像西北雨一樣深入滲透	稍微淋濕
地點？	從葉片上方到葉子四周15cm範圍	植株根基處
方法？	針對喜歡水分的蔬菜或正需要水分的蔬菜澆水	整塊田都澆水

⬆澆水器的灑花口可能會因為沙子或綠藻堵住，建議選用注水口帶有濾網的澆水器。

⬆澆水時要想像地底根部伸長的情況，水勢則要像西北雨一樣豐沛。

須直接澆在覆草上，以灑水的方式澆淋葉子四周15cm的範圍。

另外，因為乾燥或通風不佳，導致葉子出現白粉病的話，可以趁初期澆淋酒醋水，會有不錯的效果。

6 從喜歡水分的蔬菜開始澆水

蔬菜可以分成討厭乾燥，需要充足水分的類型，以及非常耐乾燥的類型（表2）。蔬菜生長也會有一些特別需要水分的時期（表3）。切記不必整塊田澆水，而是要先從喜歡水分的蔬菜、正需要水分的蔬菜澆水補充。

表2　喜歡水分的蔬菜與耐乾燥的蔬菜

喜歡水分的蔬菜	芋頭、薑、茄子、京水菜、小黃瓜、甜椒等
耐乾燥的蔬菜	番茄、馬鈴薯、番薯、芝麻、秋葵、紅辣椒等

表3　需要水分的時期與蔬菜種類

定植後5天～1週後	開始長出新根
結球蔬菜長出6～20片本葉時	高麗菜、大白菜等
無雨的8月	盛夏高溫乾燥期
開花～結果階段	毛豆、茄子等特別需要
原產自沙漠，會在雨季茁壯的蔬菜生長初期	西瓜、秋葵、芝麻等

早春與育苗期的澆水

盛夏的乾燥時期是最需要水的時候，但春天定植後、結球蔬菜長出6～20片本葉時，若超過1週未下雨也需要澆水。氣溫尚低，不希望蔬菜受寒的話，就要避開傍晚，挑選早晨或白天澆水。

育苗期間的澆水原則上比照田地的澆水。盆栽比田地更容易乾燥，澆水是必要的，但是過量也會妨礙根部生長。建議隔一段時間後，再大量澆水，讓土壤吸飽水分。早春期間要避免傍晚澆水，以防幼苗受寒。

春天育苗比較有差異的部分是葉子不要淋水，直接用細口澆水器將水注入土壤。早上澆水後，如果葉片上殘留水滴，透鏡作用會使葉子日燒，幼苗可能因此枯萎，須特別留意。

⬆育苗時葉片不要淋水，用細口澆水器直接將水注入土壤。

⬆株苗幼小時，以澆水器澆水後，必須再用手抹掉留在葉子上的水滴。

⬅取水放在陽光下曝曬除氯，還能拉高水溫。用井水或雨水會更好。

取水不易的菜園經營法

如果菜園附近沒有取水處，用水必須非常錙銖必較，建議可採取下列的乾燥對策。

❶傍晚前採收所有果實

果實需要大量水分，當氣候乾燥，植株本身漸趨衰弱的時候，無論是大顆果實還是小顆果實，都必須在傍晚前全數採收。

❷覆草減緩土壤乾燥

厚厚的覆草能減緩土壤乾燥。尤其是葉子四周15cm，接下來會長根的範圍更要鋪疊覆蓋。

雖然成效不及澆水，不過收成和覆草也是相當有用的乾燥對策。

❸一大清早用噴霧噴灑葉面

想讓蔬菜直接吸收少量水分的話，可選擇在葉面噴灑酒醋水。一定要趁還有朝露的時候，或是日出1～2小時內，在濕潤的葉子上噴灑酒醋水。就算是只有寶特瓶的水量也會有幫助。

❹優先供應給需要補水的蔬菜

水量較少時，可仔細觀察蔬菜，排出優先順序，從特別需要水分的茄子、小黃瓜、芋頭、薑等蔬菜開始澆水。蔬菜葉子如果低垂代表情況緊急，日落後必須用澆水器大量澆水，讓土壤徹底吸收水分。

人工雨水酒醋水作法

天然的雨水不單只是水，還含有蔬菜所需的礦物質等成分。酒醋水就是以人工模擬製成的雨水。以1：1：1的醋、木醋液、日本燒酒混合成酒醋原液，稀釋300倍以上即可使用。如果是7L的澆水器，大概是添加3個寶特瓶蓋（每瓶蓋約7ml）的原液。

⬅盡量選用天然材料，日本燒酒不可添加釀造用酒精，木醋液則是絕對不能含有焦油。

⬆用寶特瓶調配原液備用。

⬆以7ml的寶特瓶蓋量取原液。

夏季育苗

避開炎熱，種出健康幼苗的訣竅

秋收的結球蔬菜、秋季馬鈴薯、草莓、蔥等都是必須在炎熱季節育苗的蔬菜。夏天到秋天期間1天的氣候轉變程度相當於春天7天的變化，會明顯朝冬天邁進。所以千萬別等到變涼才有行動，務必抓緊時機播種。打造出避開炎熱，適合各種蔬菜生長的環境，培育出優質苗株。

➡培育中的幼苗不要直接擺在地上，以棧板架高，避免接收到來自地面的輻射熱。黑色寒冷紗既能減緩日照還能防蟲，以由下往上包裹的方式覆蓋。棧板可在擺放幼苗前澆淋稀釋100倍的木醋液，達驅蟲效果。

⬆準備要拿去定植的高麗菜及大白菜幼苗。夏季尾聲也不能掉以輕心，須擺在陰涼處隨時觀察，土變乾的話就要大量澆水。

⬆播種完將盆栽澆水，覆蓋報紙，再澆淋水分，接著立刻蓋上寒冷紗，在蟲子還沒跑進去以前確實包覆。

十字花科的大白菜及高麗菜類適合夏播秋收

一般人都會以為十字花科的結球蔬菜、高麗菜類及大白菜要在春天播種，但其實夏天才是最佳時機。十字花科本為2年生植物，自然生長的模式會是秋天長大，並將養分累積在根莖葉，度過暖冬後，於初夏開花，炎熱夏天則是以種子型態存在。

育苗要等到變熱時。十字花科蔬菜的發芽適溫基本上很廣，高溫也能發芽，但生長適溫較發芽適溫低，所以要挑選半日照環境，或是以寒冷紗遮蓋陽光，準備一個如秋天般涼爽的環境。

氣溫愈高，蟋蟀等秋蟲的侵食情況也跟著增加，所以會以育苗的方式因應，選在最佳時機定植都能減少受害。早生品種的結球速度快，能夠較晚播種，種植成功率高。

結球蔬菜的發芽、生長適溫

蔬菜	發芽適溫	可發芽溫度	生長適溫	備註
高麗菜	15～30℃	最低4～8℃ 最高34℃	15～25℃	品種多，有的耐熱、有的耐寒，挑選符合種植期的品種
大白菜	18～22℃	4～35℃	11～24℃	喜好冷涼氣候，20℃左右最適合，結球適溫則為15～16℃。
萵苣	15～24℃	5～24℃	18～22℃	15～24℃的話大約3天就能發芽。喜好冷涼氣候，春作要在梅雨前採收。

萵苣要放冰箱冷藏發芽

菊科的萵苣和高麗菜、大白菜不同，溫度高於25℃種子就會進入休眠模式，所以盛夏直接播種不會發芽，必須放在冰箱冷藏讓種子發芽。

將種子放入在百元商店可以購得的空茶包袋，浸水一晚。瀝乾水分，放入塑膠袋，置於7℃左右的冰箱蔬果室3～4天讓種子發芽。

半結球品種和沙拉生菜用萵苣的話，台灣有推出耐熱品種，非常適合夏播。

秋季馬鈴薯要培育盆苗

馬鈴薯在地溫28℃的環境就會枯萎，所以除了北海道，很難在其他地區度過夏天。雖然可以等到溫度下降，當成秋作種植田裡，但這樣到降霜前的生長期間僅2個月，只剩下春季馬鈴薯的一半，收成量也可能縮水剩一半。

想要增加收成量的話，建議先在陰涼處培育盆苗後再移植，此方式能把生長期間縮短1個月。

請挑選「出島」、「農林1號」、「安地斯紅」等休眠程度較淺的暖地系品種。分切容易使種薯受損，建議直接選用小顆種薯，不要分切，整顆移植。

移植前先放入紙袋裡，冷藏1週，打破種薯的休眠模式。

在盆栽放入腐葉土。腐葉土富含馬鈴薯喜愛的鉀，種薯不易腐爛，非常適合作為育苗土。

⬆在苗盆底部鋪上薄薄一層腐葉土，擺入整顆種薯，覆上腐葉土稍微遮蓋種薯，輕輕按壓。

⬆澆水後，蓋上黑色寒冷紗或竹簾，放置於半日照處避免陽光直射。建議最高溫勿超過25℃（均溫為20℃）。發芽時只須偶爾澆水，別讓腐葉土乾掉即可。

⬆使用腐葉土能移植整個土團，避免傷害捲曲的根部及嫩芽，還能加快定植後的扎根速度。定植適當時期要等最高溫降至30℃以下。

蔥、洋蔥的育苗土要加入蝙蝠糞肥

蔥和洋蔥生長初期容易長輸野草，所以不能直播，要先以育苗盤或盆栽育苗再定植。挑選還帶點暑氣的9月播種。蔥在秋天時要先假植，過冬後再於春天定植。洋蔥則是在秋天結束時定植。

選用72穴育苗盤播種。蔥和洋蔥都喜歡磷酸，記得每20L的育苗土要添加1～2L炭化稻殼與2把蝙蝠糞肥。蔥每穴10顆種子、洋蔥每穴5顆種子。

蔥在假植以前繼續用育苗盤栽培。洋蔥則是在1個月後移到3號盆，目標培育成跟節慶筷（祝い箸）一樣的粗細。

⬆蔥、洋蔥皆可使用72穴育苗盤播種。播種步驟和P.84的韭菜相同。第5天要移除預防乾燥的濕報紙。發芽長根後，就可以把育苗盤直接放在田地。

⬆洋蔥發芽2週後，就必須把幼苗移到3號盆，盆裡要裝有和播種同配方的育苗土。無須疏苗。

⬇洋蔥培育好苗的難度高，缺水就無法生長。建議每週澆淋一次大量的酒醋水，預防土壤太乾。也可撒上一層薄薄的稻殼或燻炭預防乾燥。

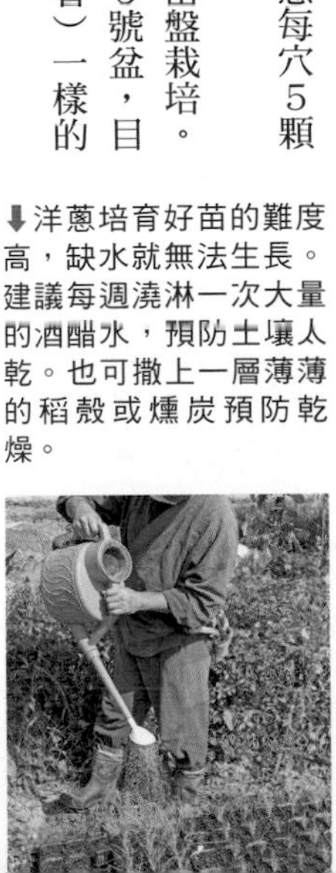

草莓則是將走莖連同母株換植入盆栽

草莓5～6月收成結束後，母株會開始走莖，不斷長出第1段、第2段、第3段子株。這時會取第3段之後的子株育苗，但可別忘了澆水，夏天更須特別留意。

將母株移至盆栽，放在涼爽的半日照環境，會是比較不耗工、且成功率高的取苗法。

取苗時，先於3號盆放育苗土。趁子株長根前，用壓蔓叉將子株固定在盆土上，誘導子株發根。

記住要將走莖連同母株一起移植。育苗盆雖然也要澆水，但只要母株生長時水分充足，就不用擔心幼苗因為缺水枯萎。

⬅把草莓的走莖（子株）連同母株一起從大盆栽移到育苗盆。勿直接擺放地面，要騰空架高，才不會受輻射熱影響。

⬆依照和母株的距離，走莖會由近至遠長出第1段、第2段、第3段…不斷長出子株。會取第3段之後的子株育苗。第1段、第2段子株不僅容易繼承母株的疾病或基因，植株較大不易過冬，花芽太多也會使果實變小。

⬆還有一種方法是把植株留置田裡，讓第3段之後的子株發根。此法無須澆水，卻存在感染田地既有疾病的風險。

⬆只需用壓蔓叉固定住子株附近的走莖即可。不必整株埋入土裡，就能自然發根。

⬆市面上售有固定子株專用的壓蔓叉，但建議使用迴紋針即可。

秋播與疏苗

秋天過1天等於春天過7天

邁入秋天後，白天會縮短，氣溫也會下降。播種期間1天的氣候轉變程度，相當於收成時好幾天的變化，所以才會被形容成「秋天過1天等於春天過7天」，如何在短暫的最佳期間播種或定植就非常重要。話雖如此，隨著氣溫降低，蟲害及野草問題也會趨緩，所以秋天會是比春天更容易種菜的季節。

分3次播種，每次間隔3天

秋播的訣竅在於如何在短暫的最佳期間內抓緊時機播種。太早播昆蟲活動力還很旺盛，容易遭受蟲害。尤其是高麗菜、大白菜、小松菜、蕪菁、白蘿蔔等適合秋播的十字花科蔬菜非常不耐蟲害，急著播種反而會遭侵食，以致種植失敗。

但是太晚播種的話，植株尚未生長完全的情況下就會變冷，導致蔬菜停止生長。

⬆蟋蟀會立刻吃掉剛長出的嫩芽，氣溫愈高，活動力會愈旺盛。蟋蟀會棲息在覆草下方，播種後到長出4～5片本葉期間容易遭蟋蟀侵食，所以播床上不可覆草。

近期因為暖化緣故，拉長了可能遭受蟲害的時間，播種時期也變得比過去還要晚。每年的氣候變化劇烈，要掌握短暫的最佳時期相對困難，所以會建議分3次秋播，每次間隔3天。過往相當常見第1次播種的植株被昆蟲侵食無法採收，3天後播種的植株反而大豐收的情況。

蟲害防治包含了適時播種、混播、條播和酒醋水

除了避免早播，還有其他減少秋天蟲害的方法。

①混播是把昆蟲討厭的茼蒿、芥菜種子，和容易遭蟲侵食的十字花科蔬菜種子混合後一起播入。這樣不僅能預防昆蟲現身田裡，萬一十字花科蔬菜種失敗，還有茼蒿或芥菜可以收成。

撒播蕪菁、白蘿蔔、小松菜等十字花科蔬菜的種子後，再撒上十字花科種子5～10%分量的茼蒿或芥菜種子。不建議把種子混合同時撒播，因為種子沒有混勻的話，茼蒿或芥菜就會分布不均。

②條播是把種子撒在12～20cm鋤頭面寬的範圍內，或是條播數排。白蘿蔔等蔬菜如果是取間隔點播，那麼遭受蟲害時就會缺株。換成條播的話，即便稍被侵食也不至於缺株。其實一開始就已經預設植株會被蟲吃，所以也可以把條播遭遇的蟲害視為自然疏苗。這種種植方式到了夏天還能為蔬菜彼此形成遮蔭，有助生長。

購買秋播的十字花科種子時，每袋基本上都會裝入大量種子。建議大手筆地用來條播，剩餘的種子則可保存至明年使用。

⬆用鋤頭面寬做出播床，撒播或條播數排種子，讓種子同時發芽。

③9月～10月沒下雨的話，可在傍晚澆淋大量酒醋水，促進蔬菜生長。只要蔬菜生長順利，就算遭遇些許蟲害還是能茁壯長大。但是缺水會使生長停滯，當然就無法抵擋昆蟲侵食。

播種後到發芽前無須澆水，發芽後則是讓澆水器的灑水口朝下，來回澆淋播床，讓大量水分能深入地底。

及時疏苗，3次就能讓蔬菜愈長愈大

蔬菜只有1株的話很容易長輸周圍的野草，不易栽培，多株種植能抑制野草入侵，彼此合作讓根部深扎。播入較多的種子，掌握生長情況，在對的時機疏苗是種植所有蔬菜共通的基本原則。白蘿蔔等根菜類疏苗後會愈趨肥大，高麗菜等結球葉菜類疏苗後才會開始結球成形。太晚疏苗反而會影響蔬菜生長。

根菜類疏苗時是直接將幼苗拔除。其他蔬菜則是要用剪刀貼著地面剪掉苗株，以免傷及隔壁幼苗的根部。

疏苗有三訣竅。

①保留雙子葉對稱，苗梗健壯的幼苗，這種幼苗的根部也會生長旺盛。疏掉雙子葉變形、苗梗不夠筆直的幼苗。

②葉片幼苗長到葉片會相碰觸的大小時，土裡的苗根也會相互競爭，妨礙彼此的生長。放任不管只會徒長植株，一旦葉片相碰觸時，就要立刻疏苗。

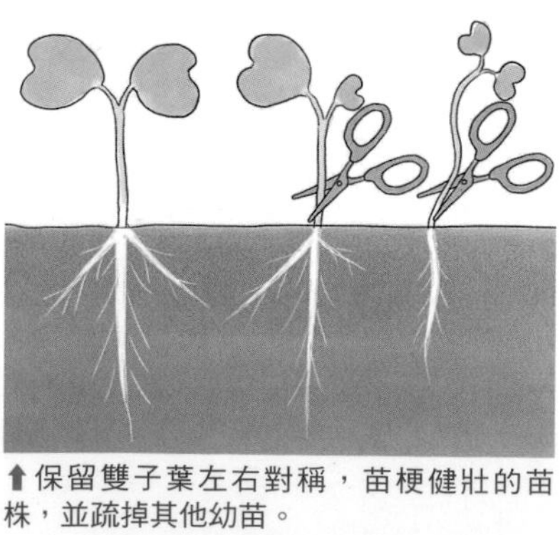

⬆保留雙子葉左右對稱，苗梗健壯的苗株，並疏掉其他幼苗。

③可依照生長情況，參考表1分3次疏苗。疏苗後瞬間空出太大間隔的話容易冒出野草，妨礙蔬菜生長。

為了避免第1次疏苗前葉片就相碰觸，請參考表2的間距播種。如果播種太過隨便，使得種子間距太窄，就必須提早疏苗。

⬆白蘿蔔等根菜類可以直接拔掉，其餘蔬菜則要用剪刀疏苗。

⬆疏苗菜也很美味。疏苗後要立刻浸水，以免枯萎。

⬆第3次疏苗後的最終株距

表2 播種間距

播種間距	蔬菜
5mm	胡蘿蔔、萵苣、茼蒿、蔥
1cm	菠菜
2cm	小蕪菁、小松菜、大白菜、高麗菜
3cm	白蘿蔔、櫻桃蘿蔔

表1 疏苗時期

<table>
<tr><th>疏苗時期</th><th colspan="2">疏苗後間距</th><th>備註（比喻成人類的話……）</th></tr>
<tr><td>等到長出第1片本葉</td><td colspan="2">最終株距的1/4</td><td>發根自立（嬰兒→兒童）</td></tr>
<tr><td>長出3～4片本葉</td><td colspan="2">最終株距的1/2</td><td>準備結球、根菜類根部開始變粗（兒童→國中生）</td></tr>
<tr><td rowspan="8">長出5～6片本葉</td><td>最終株距</td><td>蔬菜</td><td rowspan="8">開始結球、根部肥大（國中生→高中生）</td></tr>
<tr><td>3cm</td><td>櫻桃蘿蔔</td></tr>
<tr><td>5cm</td><td>蔥</td></tr>
<tr><td>10cm</td><td>小蕪菁、小松菜</td></tr>
<tr><td>15cm</td><td>胡蘿蔔、茼蒿、菠菜</td></tr>
<tr><td>25cm</td><td>萵苣</td></tr>
<tr><td>30cm</td><td>白蘿蔔</td></tr>
<tr><td>35cm</td><td>高麗菜、大白菜</td></tr>
</table>

秋天定植

種在夏季蔬菜的株間

把育好苗的高麗菜、大白菜、萵苣定植於夏季蔬菜植株之間，將有助生長。不斷覆草讓土中微生物與害蟲天敵增加，半日照環境相當涼爽，害蟲也不容易從夏季蔬菜植株間找到定植的幼苗。

不可定植於夏季蔬菜葉子下方，一定要種在葉子四周的株間。葉子下方長有夏季蔬菜的根，定植後幼苗無法順利長大。不過此方法只適用於株苗，播種可能會無法發芽，須特別留意。

如果要在夏天定植於日照良好的田畦，建議挑選陰天傍晚。定植後要確實覆蓋黑色寒冷紗，或是覆蓋隧道棚避暑，才能增加成活率。

⬆將幼苗定植於夏季蔬菜葉子外側。茄子搭配大白菜、番茄搭配高麗菜、青椒搭配萵苣，或是在種完小黃瓜的地點種植綠花椰都是非常好的組合。

⬆適量割除茂盛的巴西利與羅勒作為覆草。

⬆當氣溫下降，夏季蔬菜收成接近尾聲時，就可將植株用剪刀或鐮刀斷成約30cm長，直接鋪放作為覆草，讓接續的秋季蔬菜成長茁壯。

秋天育苗

挑選多品種錯開生長期

秋收高麗菜與大白菜育苗時，要使用黑色寒冷紗避暑。務必將幼苗擺在平台上，用寒冷紗由下往上整個包裹，避免蟲子進入。炎熱時期則須在一大早或傍晚打開寒冷紗並澆水。

錯開播種時期的育苗方式非常辛苦，建議可改播多個品種的種子。每個品種雖然會有生長差異，但當中總會有幾個品種能栽培成功。十字花科種子能長時間保存，各位可購買數品種的種子，放入乾燥劑，密封存放冰箱冷藏，將可用個2～3年。

⬅當高麗菜類及大白菜幼苗長出2支苗梗，本葉數達3、4片時，就能定植整株幼苗。長出5～6片本葉後，再疏剩1支。

自然耕耘與綠肥作物

運用野草與植株根培育田地

蔬菜和野草的根部原本就具備耕土能力，可以增加土中的生物與微生物，讓土壤變得肥沃。天然菜園會運用這份力量，培育田土。根部能夠耕土、還能抑制野草叢生的綠肥作物是培育田土的神隊友。只要運用得宜，不僅能作為覆草，還能讓土壤更加豐饒。

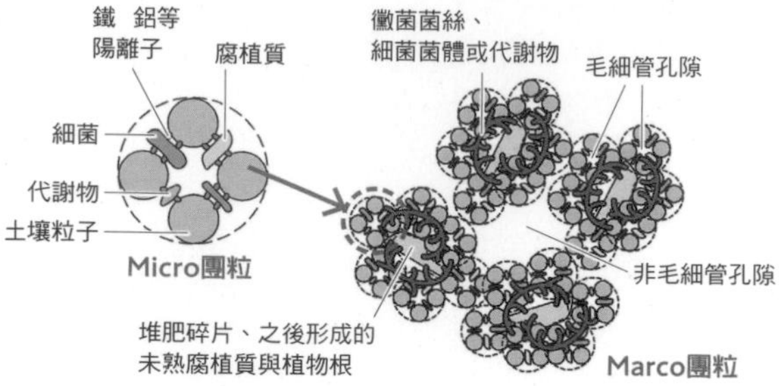

在腐植質、細菌與細菌代謝物的作用下，土壤粒子會形成Micro團粒，並集結Micro團粒，變成Marco團粒。（資料來源：《堆肥．有機質肥料の基礎知識》西尾道德著、農山漁村文化協會發行、2007年）

團粒結構發達的土壤相當肥沃，排水、保水性佳

其實不只是天然菜園，其他像是使用化肥的農法、堆肥育田的有機農法等各種農法都具備一個關鍵的共通點，那就是能讓作物茁壯長大的「肥沃土壤」。理想的肥沃土壤要排水佳，同時擁有適度保水性及良好的保肥性。

影響肥沃土壤特徵表現的因子就是土壤的「團粒結構」。有機物分解後所形成的腐植質、植物根、微生物分泌的黏性物質會滲入土壤粒子間，形成團粒結構。想讓土壤團粒化，形成團粒結構的話，可少不了能夠分解枯萎莖葉或根部的蚯蚓等土中生物，以及細菌、絲狀真菌等微生物的幫忙。在田裡施撒堆肥，提供土中生物與微生物所需的養分，使其數量增加，才能促進土壤團粒化。

免耕作的天然菜園是利用野草和蔬菜根部形成團粒結構

天然菜園免耕作，而是利用覆草的方式種植蔬菜，讓土壤團粒結構變得發達，藉此養地。

在蔬菜根基處覆草，不僅能減緩土壤溫度與濕氣變化，促進根部發育，微生物也能順利生長。另外，對於製造土壤團粒結構的蚯蚓及微生物而言，覆草更是養分來源。

野草和蔬菜的根部也扮演著重要角色。根會遍佈土中，枯萎之後在土裡留下很像海綿的根穴結構。根穴能在土裡運送空氣和水，幫助微生物活動。枯萎的根部不僅是微生物的養分來源，還會變成腐植質。土壤中更存在著其他透過植物根部吸收養分的微生物，所以根部四周會聚集特別多的微生物，團粒結構也就相對發達。

就在野草根部和微生物的耕耘幫助下，土壤的團粒結構變得發達，天然菜園裡又將其稱作「自然耕耘」。經過自然耕耘的土壤團粒化程度甚至能深入擴及根部所達之處。

天然菜園為了促進自然耕耘，割除野草時會讓根部留在土裡，並且只在必要時刻動手耕耘。用鋤頭或曳引機耕田會把土壤翻亂，導致生物量減少。甚至破壞自然耕耘所形成的土壤團粒結構，必須耗費相當時間才能讓結構再生。

比較綠肥作物的田地和施用堆肥的田地……

⬆竹內先生的新田地，緊鄰的2塊田地正從水田轉作為旱田。Ⓐ種植了綠肥作物，Ⓑ則是撒了堆肥和稻穀後，再播種大豆。

⬆將Ⓐ、Ⓑ的土壤分別放入裝水寶特瓶，輕輕搖晃後靜置數分鐘。

⬆與補充堆肥、播種大豆的土壤Ⓑ相比，種植綠肥作物的土壤Ⓐ排水性佳，團粒結構發達，水很快就能沉澱變乾淨。

比野草還厲害的綠肥作物是培育蔬菜和土壤的神隊友

培育蔬菜及土壤團粒結構時，綠肥作物會是非常可靠的神隊友。牧草類比野草還厲害，只要運用得宜，將能帶來非常多幫助（表1）。

正在種植蔬菜的田畦不能播種綠肥作物，而是要播在田畦走道、土堤或休耕地（表2）。唯一例外是能作為共生植物，與蔬菜混植田裡的萬壽菊。

綠肥作物多半會在秋天或春天播種。秋播比較好種，不容易長輸野草，各位不妨找個合適地點試種看看。

綠肥作物的種子可能會變成野鳥飼料，播種後一定要覆土。割野草前可先撒播種子，再把貼著地面割掉的野草撒在田裡，就能蓋住種子。這時要等野草乾燥的時候再播種，避免種子黏在草上。

各種綠肥作物

⬆種在走道與閒置處，長著紅花的絳紅三葉草和植株很高的黑麥。

⬆將黑麥等禾本科綠肥作物割剩10～20cm，這樣就能重複收割作為覆草。

⬆紅花苜蓿是會播種在走道的豆科多年生植物。白花苜蓿會長地下莖，遍布整塊田畦，所以不能播在田裡。

⬅混植於田畦內就能減少土中線蟲的萬壽菊，非常適合種在線蟲害較多的市民農園。種了還會經常聽到「花好漂亮啊」的讚美聲。

將綠肥mix種在走道

在走道播入混合禾本科、豆科等多種種子的綠肥mix。市面上也售有已混合好的產品。

請洽つる新種苗

☎0263-32-0247

❶走道長了野草的話，要在播種前貼著地面割除野草，並用鋤頭挖溝播種。

❷走道寬50cm的話於中間播1排，寬80cm則於左右播2排。走道每1m長要播入10g左右的綠肥種子，撒播成寬8cm的條狀。

❸播入綠肥後要稍微覆土，以防鳥類發現。

❹充分按壓才能促進發芽。發芽後步行走道時要跨越播條，避免踩踏導致綠肥作物長不大。

水田轉作為旱田的綠肥作物

⬆田菁根部不會自然形成根瘤菌，要先將種子沾濕，撒入產品附贈的田菁根瘤菌，混勻後再撒播。

⬆豆科的田菁可以用來破壞想轉作旱田的水田硬盤。但要注意的是，硬盤一旦破壞就無法恢復成水田。

⬆長到比人還高的田菁與太陽麻。每當開花就要割剩一半，並將割下的植株作為覆草。趁植株還沒枯萎仍翠綠時，從腰際處和貼著地面收割成兩截，秋天時才能順利分解。

⬆豆科植物太陽麻。根部會朝地下深扎，破壞水田硬盤，改善排水，轉作為旱田，兼具固氮與抑制線蟲的效果。

表1　綠肥作物的功能

功能	綠肥作物種類	備註
覆草的材料	禾本科／黑麥、燕麥、義大利黑麥草、果園草等	一年生／黑麥、燕麥
強大的自然耕耘		多年生／義大利黑麥草、果園草
固定氮元素	豆科／絳紅三葉草、紅花苜蓿等	一年生／絳紅三葉草、多年生／紅花苜蓿
天敵溫存植物（Banker Plants）	燕麥、甜高粱等	蚜蟲會吸引瓢蟲
預防土中出現線蟲	野生燕麥、萬壽菊、太陽麻等	能夠抑制線蟲產生
擋風	甜高粱、黑麥、向日葵等	種植於上風處
減少過剩養分，維持土壤協調性	黑麥、甜高粱等	長出後收割，放至其他地點
抑制野草，維持田地景觀	絳紅三葉草、萬壽菊、向日葵、紫雲英、紅蕎麥等	有著美麗花朵的綠肥。同時也看得出有在管理休耕地及走道
曾為水田的田地排水差，可改善排水	田菁、太陽麻、甜高粱等	5月～6月播種，每一種都會長得比人高
鋤入田裡還能養地	燕麥、絳紅三葉草等	挑選變成雜草也不會與蔬菜相競爭的一年生植物

表2　綠肥作物用途與地點

用途、地點	綠肥作物種類	備註
可持續運用的田地	綠肥mix／燕麥2：果園草等2：絳紅三葉草1：紅花苜蓿1	取禾本科2：豆科1的比例，再分別混入等比例的一年生與多年生植物
一年一約的市民農園	綠肥mix／燕麥1：義大利黑麥草等1：絳紅三葉草2	不要混入會留到隔年的多年生植物
土堤	白花苜蓿	會匍匐擴大遍布範圍的多年生植物，所以不能播在田裡
水田轉作	①田菁、②太陽麻、③甜高粱	①適合貧瘠且排水差的田地、②適合貧瘠且較乾燥的田地、③適合肥沃田地 混合①～③播種的話，會有非常明顯的加乘效果
預防竹子或箬竹	蕎麥、黑麥	蕎麥的相剋作用（※）特別強烈，能阻絕箬竹入侵。無法接著種蔬菜。依照蕎麥→麥類→大豆→蔬菜的順序轉作

※相剋作用：意指植物釋放出抑制其他植物生長的相剋物質，阻絕或是吸引動物及微生物

能為土壤帶來好處的綠肥作物

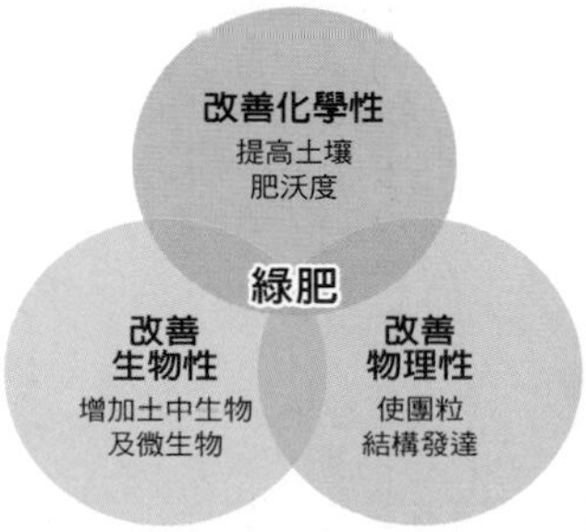

為下一季做準備

想要春天菜園豐收，秋天照料田地時就需要有些訣竅

準備春作田地時，千萬不能等到春天才著手，可以的話要在秋天開始準備。秋天先做畦，那麼微生物和益蟲就能幫忙養地到隔年，幫助春季蔬菜的生長。夏季蔬菜田的整理方式，也會取決於隔年的種植計畫，邁入冬天的同時，還要思考如何預防獸害。

秋天先準備田地能改善土壤增加害蟲天敵

大多數的市民農園都是春天才開放，菜園的準備似乎也都是從早春開始，不過，對於整備田地來說，早春並不是個有利的季節。這時氣溫仍低，有機物分解耗時，在田畦施予完熟堆肥的話，至少需要1個月的時間才能種植。另外，春畦會從蔬菜開始種起，所以一開始就會吸引專吃蔬菜的害蟲。

如果提早到秋天開始準備春天用的田地，過程就會很順利。歷時秋冬春天後，堆肥能像森林落葉腐朽一樣慢慢熟成。透過分解到合成的過程，增加土中胺基酸，累積大量能形成優質土壤的腐植。秋天播種的綠肥入春後不僅能作為覆草運用，還能讓益蟲棲息，立刻捕食過冬後被春天蔬菜吸引來的昆蟲。

耕入腐葉土及米糠，做畦覆草養生

如果要將閒置的空地於隔年用來種田，那麼等到立秋後，也就是天氣涼爽，務農比較輕鬆的季節來臨時先做畦。菜園在初霜之後就代表準備過冬。太悠閒準備的話可是會錯過最佳時機喲。

做畦步驟如❶～❹所示。秋天做畦到隔年開始施作有半年的時間能讓腐葉土等有機物慢慢發酵熟成。春天做畦到開始施作的期間短，所以秋天做畦的話可能需要多一點腐葉土、耕耘也會深一些，但這些都不會造成危害，所以無須擔心。

做畦後就要覆草、撒米糠。米糠能培養酵母菌、乳酸菌等好菌，同時也是土壤生物的養分來源。覆草下方不只會有土壤菌類，蚯蚓、馬陸等土中動物也會增加，幫助有機物分解。土壤在秋冬期間會貯存腐植，促進團粒化。覆草還能協助益蟲過冬。如此一來到了春天也不易出現病蟲害，適合作為培育各種蔬菜的苗床或田畦運用。

秋天先播種綠肥mix，春天就能作為覆草

做畦後就可以播種綠肥mix。長大後的綠肥能在隔年春天作為覆草使用，讓益蟲棲息、擋風，綠肥根部還能耕耘土壤。綠肥秋播後不要踩踏，才能在冬天順利生長。

綠肥mix除了播種在走道，也能參考下頁圖片，將市民菜園專用的一年生植物綠肥條播在畦上應用。早春播種的櫻桃蘿蔔長大後還能擋風，等到5月定植完夏季蔬菜後，則能立刻收割作為覆草。

綠肥mix的秋播時期為9月～11月。太早播種會長太大，遇霜後反而無法存活，太晚播種則會生長不夠充分，各位務必根據當地情況決定最適

秋天開始準備新田的步驟

❶貼著地面割除野草，並將野草移至田畦外。

❷在地面撒腐葉土、米糠、炭化稻殼及所需資材，以鐽子或耕耘機耕耘田畦。

❸將走道的土堆成田畦，依照土質和排水性，做出高度適當的田畦，並將畦面整平。

❹將方才移至田畦外的野草鋪在畦上作為覆草，並撒上100g/㎡的米糠，可以用長棒子壓住，避免米糠被風吹飛走。

秋天補強資材分量

腐葉土…3～5L/㎡
米糠或油粕…1～2L/㎡
炭化稻殼…1～2L/㎡
其他資材※…加總後為100g/㎡

※如果是火山灰土則可以搭配蝙蝠糞肥，酸性土則是搭配牡蠣殼石灰、貝化石肥料或苦土石灰等，依照土質視需求添加。建議進行土壤分析，若有不足的項目再補充即可。

合的時間。

等到田畦施予腐葉土等補強資材1個月，成分分解後再播種綠肥mix。

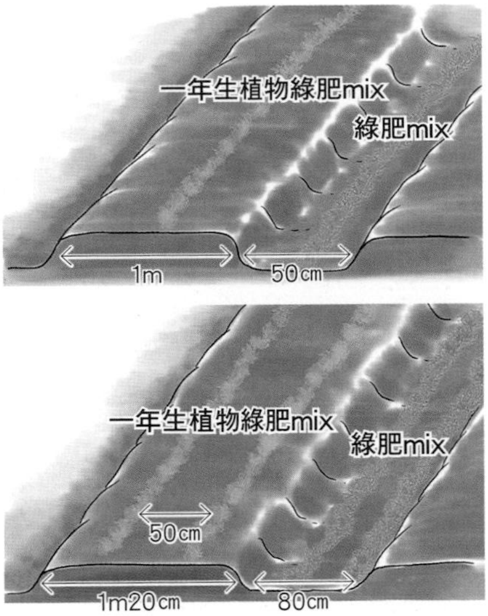

⬆畦寬1m、走道寬50cm→走道中間撒1條綠肥mix。畦寬1.2m、走道寬80cm→走道左右兩側各撒1條綠肥mix。畦上要撒一年生植物綠肥mix的話，畦寬1m→中間1條、畦寬1.2m→2條且相距50cm，並將蔬菜種在綠肥mix旁。

※走道綠肥mix（混播禾本科、豆科的一年生和多年生植物）比例為燕麥2：果園草2：絳紅三葉草1：紅花苜蓿1。畦上的一年生植物綠肥mix（混播禾本科、豆科）比例為燕麥1：義大利黑麥草等1（無亦可）：絳紅三葉草1

整理夏季蔬菜田要在初霜10天～2週前完成

番茄、青椒等蔬菜留在田裡的話可以一路收成到秋季尾聲。但其實降霜後果實就會受損，微生物的活動也會變差，所以建議要在比初霜更早的時間點全部收成完畢，割掉植株整理田地，剩餘的植株則是疊在覆草上。趁天氣還暖和的時候讓土中生物及微生物活動，改善土壤，如此一來益蟲也能順利過冬，到了隔年春天會先長出繁縷這類較矮的冬草，抑制植株較高的夏草生長，避免與蔬菜相互競爭。

最低溫達3℃時就很容易降霜，所以最終收成和整理田地必須在最低溫4℃，也就是初霜10天～2週前結束。貼著地面割掉植株，留下根部，斷成30cm長，鋪疊作為覆草。根部會被微生物分解，改善土壤。在覆草撒上米糠，還能增加好菌。

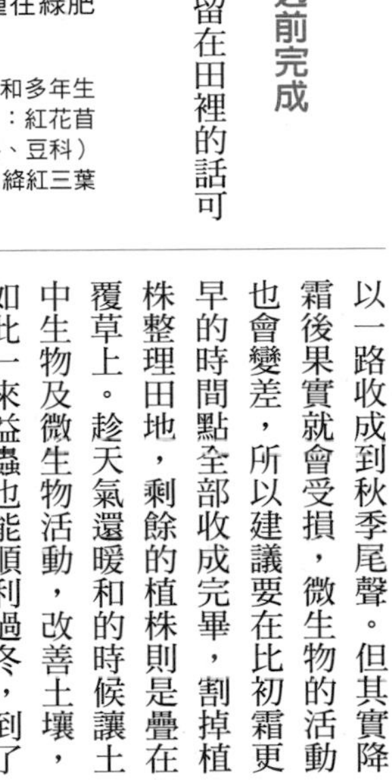

⬆趁枯萎前收割，斷成小截作為覆草的茄子植株，還要撒上米糠。支柱不要拆除，能用來預防鼴鼠。

開始降霜後才整理田地的話，分解覆草的土中生物及微生物都已經分散開來，分解速度就會變慢，益蟲也因為寒冷的關係沒有留在田裡。植株收割後不截短的話，就無法貼合地面，使分解緩慢。截太短則會太快分解，覆草的效果將無法持續到春天。

空地可以種植看起來賞心悅目的黑麥＆絳紅三葉草

在空地撒播禾本科的黑麥及豆科絳紅三葉草的話，不僅有助養地，還能作為隔年的覆草。再加上景觀美，旁人看了也很賞心悅目。

播種時期為10月～11月，播種還有些訣竅。割草前，先將種子播在草上，然後貼著地面割掉野草，接著就地鋪放。種子會從覆草間冒出嫩芽。

等到割完草才播種的話，種子會卡在草上無法落入土裡，變得不易種成。記住要在野草乾燥的白天播種，因為種子會黏在潮濕的野草上，無法落地。

⬅培育過冬的黑麥和絳紅三葉草。播種分量大約是黑麥500g/100㎡、絳紅三葉草250g/100㎡。

針對想要拉長收成期的部分夏季蔬菜，需在最終收成的1個月前開始覆蓋不織布

蓋上不織布擋霜能讓番茄、青椒的收成期再往後拉長1週～10天不等。在初霜之前就要輕蓋住植株，但邊緣務必蓋緊不能有縫隙。可將拆下的番茄支柱倒放壓住邊緣。

但不織布還是有可能被風吹走或是沾到雨水變得冰涼，建議做成隧道棚會比較保險。

番薯、秋季馬鈴薯在收成1個月前，也就是最低溫下探15℃時貼緊蓋住不織布，便能拉長收成期，使收成量增加。在降霜1週前覆蓋不織布同樣能讓收成期稍微往後延，但是收成量就無法增加。

蓋上不織布還能躲過山豬或鹿的侵食，在不織布噴灑稀釋100倍的木醋液會讓效果加倍。

於收成後的夏季蔬菜植株根基處種植過冬蔬菜

如果是較少降霜、雪溶很快的地區，可以在茄子、青椒、秋葵等夏季蔬菜收成後，於植株根基處種入豌豆、蠶豆、春季高麗菜等過冬蔬菜，生長情況都會非常不錯。也可以種在夏季蔬菜收割後留在田裡的植株旁，這樣植株的枝條還能用來擋風。豌豆的藤蔓需要支柱或網子攀附，在藤蔓高度觸及網子前，夏季蔬菜剩餘的植株就能引導藤蔓生長。

⬆留下收成後的秋葵植株，並在株間種植豌豆。

蔬菜過冬方式

過冬後仍美味的秘訣

冬天家庭菜園的蔬菜可分成幾個種類，一是在田裡停止生長，等到春天繼續長大的過冬蔬菜，還有收成前繼續留置田裡的蔬菜，以及放在田裡或室內可存放到春天的蔬菜。每個地區的寒冷程度不同，各位務必掌握每種蔬菜的過冬方式。冬天到春天期間蔬菜少，這些蔬菜不僅珍貴，在適當遇冷後，還能增加甜度變得更美味。

適期栽培，讓蔬菜長至容易過冬的大小

除了唐菜，大蒜、蔥、洋蔥、蠶豆、豌豆及春季高麗菜都是會在秋天播種或定植，等到過了冬天，春天再次開始生長後就能收成的過冬蔬菜。

隨著寒度增加，這些蔬菜會停止生長，所以必須先種到足夠的大小，讓蔬菜能夠撐過嚴冷冬日，關鍵就在於適期播種。太早播種蔬菜會長太快然後抽苔，太晚播種則會生長不完全，無法順利過冬。

只要將過冬蔬菜接續種植於夏季蔬菜生長良好的地點，蔬菜自然就能生長。還要趁秋天追肥，這樣幫助蔬菜生長的土中微生物一到春天就能旺盛活動。

到了春天才補撒米糠或伯卡西肥的話，不僅無法立刻見效，之後還有可能引發病蟲害，造成反效果，所以務必特別留意。

植物停止生長的冬天期間無須追肥和澆水。春天繼續開始生長時最重要的就是水分。蔬菜要同時吸收水分和養分才能長大。以四季變化來說，春天基本上都會下雨，沒下雨的話則須在溫暖的白天為植株澆水。

依照降霜時期、冬天氣溫等地區氣候條件，栽培適期也會有些落差。想要持續栽培的話，就要掌握適合當地的最佳作業時期。

適當遇冷，增加蔬菜甜度及風味

菠菜、大白菜等葉菜類到了冬天甜度會增加。蔥、蕪菁到了冬天也是會變甜變好吃。馬鈴薯、西洋南瓜的澱粉在保存期間會持續糖化，所以愈是深秋，甜味及風味也會愈明顯。

因為蔬菜感受到寒冷後，會在細胞內貯存糖分，這些糖分能將細胞內液濃度拉高，細胞就比較不會結凍。另外，糖分本身還能抵擋蔬菜細胞內蛋白質或生物膜因凍結所帶來的損傷。

我們都知道白蘿蔔和高麗菜埋在雪地裡會變甜變好吃。這是因為在常保0℃的濕潤雪地裡，白蘿蔔與高麗菜所含的消化酵素澱粉酶會將澱粉轉化成糖的緣故。

⬆挑選不易抽苔的高麗菜品種，讓植株長出8～10片本葉的狀態下過冬就能春收。植株長太大的話，到了春天反而會無法結球成形，直接抽苔。

⬆蠶豆在4～5片本葉的狀態最耐寒，太大或太小都無法撐過冬天。

⬆植入4～6mm大的洋蔥苗，在進入冬天前先讓幼苗發根。洋蔥耐霜，但發現根部浮起時，要在霜溶的白天將根部踩踏回土裡。

⬆取5～6顆豌豆種子播種，長出4～5片本葉的狀態下過冬，周圍的春草兼具防寒功效。

月	2月			3月			4月			5月			6月		
	上旬	中旬	下旬	上旬	中旬	下旬	上旬	中旬	下旬	上旬	中旬	下旬	上旬	中旬	下旬
二十四節氣	立春		雨水	驚蟄		春分	清明		穀雨	立夏		小滿	芒種		夏至
生物曆			梅花開	日本樹鶯鳴		油菜開花	吉野櫻開花		染井吉野櫻盛開	紫藤花開、大麥穗齊		紫藤盛開、小麥穗齊			繡球花開
平均氣溫	4	5	5	6	8	9	11	13	15	16	17	18	19	20	21
春季高麗菜															
唐菜															
蠶豆			▽※2												
豌豆															
洋蔥										蒜薹收成					
大蒜			▽					葉洋蔥收成							
草莓			▽												

※3 定植順便追肥　※4 移植順便在覆草上補充資材

蔬菜冬季貯藏法

溫度	蔬菜名	貯藏法
1～5℃※	蕪菁	太晚收成容易裂開，收成後去掉葉子，放冰箱冷藏保存
	白蘿蔔	年底以前將露出的塊根埋土，繼續置於田裡。接著將蘿蔔拔起重新埋回，埋回時葉子露在外面。要放到春天的部分則是切掉葉子，上下顛倒重新埋回土裡
	牛蒡	直接留置田裡，或是挖出後斜放埋回土裡
	胡蘿蔔	將露出的塊根埋土，繼續置於田裡。寒冷地區挖出後要斜放埋回土裡
	蔥	確實培土，繼續留置田裡。寒冷地區要在晚秋收成，收成後可全部斜放埋回，或是裝在米袋放置屋內保存
	洋蔥	吊掛於通風良好可遮蔭的屋簷下保存
	大蒜	吊掛於通風良好可遮蔭的屋簷下保存。也可剝成小瓣冷凍保存
	大白菜	將上方束起置於田裡過年。年後收成，用報紙包裹，放入紙箱存放於屋內。大顆的晚生種保存性較佳
	高麗菜	挑選耐寒的過冬型品種，於適期播種定植。收成後芯朝下放入紙箱，置於屋內保存
	小松菜	蓋上不織布能讓生長期間往後延。收成後以報紙包裹，放入塑膠袋冷藏保存
	菠菜	方法同小松菜。另有像是縮葉菠菜這類非常耐寒，能直接放置田裡過冬的品種
1～3℃	馬鈴薯	放入紙箱，置於屋內保存。6℃以上就會發芽
7～10℃	芋頭	量少時可用報紙包裹，放入保麗龍箱，或是在大袋子裡放入稻穀並埋入其中，須置於溫暖處。量多則須挖洞存放
13～15℃	番薯、薑	挖個離地至少30cm深的洞存放。寒冷地區不易貯存，建議烹調加工後冷凍保存

※一旦受凍就會損傷，須放置於溫度不會低於0℃的地點
參考數據：家用冰箱溫度／冷藏＝2～5℃、蔬果室＝4～7℃

掌握蔬菜貯存適溫

溫度過低會使蔬菜受損。冬季時要避免溫度低於貯存適溫。請依照當地溫度與蔬菜收成量找到合適的方法。

⬆芋頭
放於大袋子保存，裡頭填滿稻穀，將整顆種芋頭朝下埋入，並將袋子放置於不會受凍的位置。

⬆馬鈴薯
放入紙箱，蓋住避光保存。疊放2層就好，以免馬鈴薯壓傷。放入蘋果能抑制發芽。

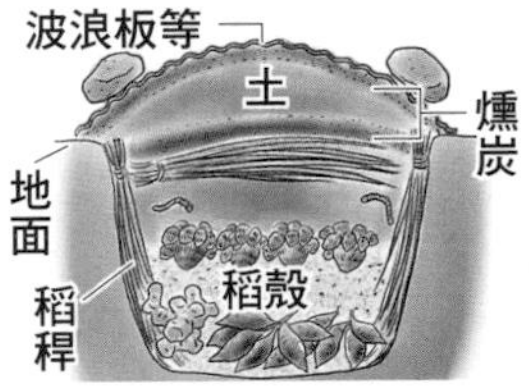

⬆番薯、薑、芋頭
挖深洞，把番薯、薑保存於地底30cm，芋頭則放在上層。鋪撒氣味強烈的新燻炭或噴灑木醋液能避免鼠類發現侵食。

⬆大白菜
將外葉束起，用繩子綑綁住上方就能避免內部受寒，讓蔬菜具備一定的耐寒度。

鳥獸害與覆蓋

棕耳鵯及鹿是經常侵食冬季葉菜類的動物，緊緊覆蓋不織布或防冷紗就能預防。不織布可保溫，對於防寒非常有效果，能延後蔬菜生長期。如果蓋不織布會讓植株冬天過度生長的話，則要改用不具保暖性的寒冷紗。

⬆不織布可以為葉菜類、豌豆和蠶豆等防寒，同時預防鳥獸害。邊緣要用營釘固定避免被風吹飛走。寒冷程度趨緩就要盡速移除。

於冬天的白天收成，寒冷地區的根菜類要秋收保存

冬天到早春期間，如果要從田裡收成根菜類或葉菜類，請挑暖和的白天。早晚天氣太冷，蔬菜會凍傷，不適合收成。我家的田地位於寒冷地區，採露地栽培，白天蔬菜也會凍傷，所以秋天會先挖出根菜類，再全部埋回土裡。蔥拔起後會放入30kg裝的米袋並置於溫室內保存。

⬆白蘿蔔、胡蘿蔔收成後，會再全部埋回土裡保存。塊莖部分要整個用土蓋住，避免乾燥，並在溝裡撒燻炭，以防鼠類發現，架設支柱則能預防鼴鼠。

栽培作業曆

■播種 ■育苗 ■定植 ■生長期間 ▽追肥 ■收成　※溫暖地區範例／請參考表中生物曆，找出最適合當地的作業時期。

月	9月 上旬	9月 中旬	9月 下旬	10月 上旬	10月 中旬	10月 下旬	11月 上旬	11月 中旬	11月 下旬	12月 上旬	12月 中旬	12月 下旬	1月 上旬	1月 中旬	1月 下旬
二十四節氣	白露		秋分	寒露		霜降	立冬		小雪	大雪		冬至	小寒		大寒
生物曆	芒草花開		秋之七草	菊花開		馬蘭花盛開、山上紅葉	紅葉		落葉	日本山茶花開					梅花開（溫暖地區為5℃～）
平均氣溫	24	23	21	19	16	15	13	11	9	8	6	5	4	3	3
春季高麗菜								▽※1							
唐菜							▽※1								
蠶豆															
豌豆															
洋蔥							▽※3								
大蒜		植入塊莖		▽※4											
草莓				▽※4											

※1 直接在土上追肥　※2 追肥容易引發蚜蟲害，只須在植株生長不良時進行，但是豌豆就算生長不良也不能追肥

預防肉食性鼴鼠侵襲

天然菜園要注意的獸害①

天然菜園一定要特別留意鼴鼠和鼠類。菜園用地不會整片耕耘，這些動物的巢穴就能不被破壞保留下來，繼續放任導致數量增加的話，災情則會變嚴重。割草、整理田地等每天的基本務農作業可就非常重要。接下來會先解說如何預防鼴鼠。

每天照料田地，就能減少鼴鼠出現、預防受害

割下的野草繼續擺放田裡的話，野草下面的土壤會長蚯蚓，吸引吃蚯蚓的鼴鼠，愛利用鼴鼠巢穴的鼠類也會跟著增加。傳統農村會以燒田草的方式預防土中鼴鼠或鼠類變多。耕田，避免長野草也是防治鼴鼠和鼠類的對策之一。

以不耕耘的方式種植蔬菜能增加田裡生物，使土壤變得豐饒，這雖然也會變得更適合鼴鼠及鼠類棲息，但只要每天小心照料，就能減少發生數，預防災情。只要出現下述情況的任一項，就表示受災擴大風險極高，出現兩項以上的話，則代表獸害正不斷增加，須特別留意。

①種植蔬菜時，沒有做任何對策預防鼴鼠及鼠類。
②不收割土堤野草，使整塊田地的野草旺盛。
③施用大量未熟有機物，或覆蓋厚厚一層有機物。
④蔬菜已經開始被鼴鼠、鼠類侵食，卻不採取任何對策。
⑤把已經被鼴鼠、鼠類吃過的番薯或落花生繼續留在土裡。

肉食性的鼴鼠會挖掘蔬菜下方，雜食性的鼠類會吃掉蔬菜

如果發現蔬菜消失，或是田裡有些洞，就要懷疑可能有鼴鼠或鼠類入侵，必須採取對策。放任不管的話，隔年種不出蔬菜的範圍會擴大。到了第3年四周圍可能都會受害，甚至來到做什麼都無法挽救的地步。

鼴鼠和鼠類看起來相似，生態卻不同，所以採取的對策也不一樣。下表彙整了兩者差異。

最大差別在於食性。蔬菜根部或種子有被侵食痕跡的話就是鼠類的傑作。一旦鼠類災情太嚴重，番薯、胡蘿蔔、白蘿蔔也都會留下啃咬痕跡。不過在這之前，田裡就已經出現一些洞穴，或是蔬菜沒理由地枯萎。

鼴鼠為肉食性，不吃蔬菜。雖然蔬菜沒出現災情，但割草放置處下方或蔬菜植株下方有通道的話，就代表很可能是鼴鼠。出現鼴鼠丘的話，就可以百分之百確定有鼴鼠災情了。

鼴鼠有圈地意識，就算驅逐出田地還是會有新的鼴鼠入侵，所以驅逐效果難以持久，只能思考如何避免鼴鼠從蔬菜下方通過。另外，鼴鼠春秋兩季會入侵旱田、夏天會入侵水田土堤、冬天則是入侵雜木林，只要在鼴鼠的移動路徑種植牠討厭的石蒜或水仙，就能忌避鼴鼠入侵。

鼠類不僅會群居生活，繁殖能力還很強。鼠類的防治對策和鼴鼠不太一樣，詳情會於P.160～161介紹。

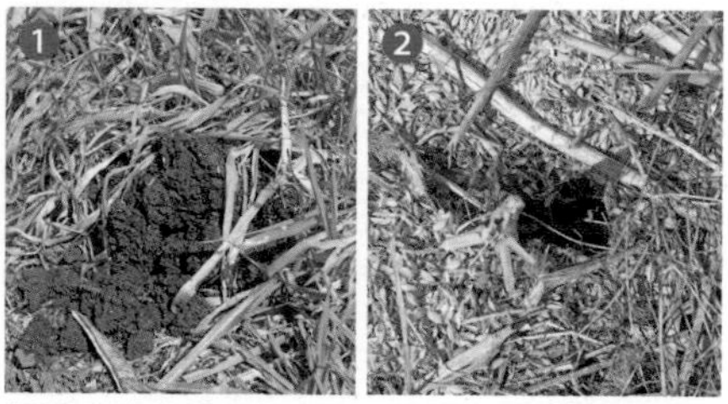

想要分出究竟是鼴鼠還是鼠類，必須觀察實際情況，最好分辨的就是巢穴。❶如果周圍土壤隆起，還有鼴鼠丘的話，就是鼴鼠。❷如果只有巢穴則是鼠類。不過有時鼠類會用鼴鼠挖掘的洞穴繁殖，如果在鼴鼠丘發現鼠類糞便，就表示既有鼴鼠也有鼠類。

鼴鼠與鼠類的生態

	鼴鼠	鼠類
食性	肉食性，會吃蚯蚓或昆蟲，不吃蔬菜及穀類	雜食性，會吃蔬菜及穀類
繁殖	每年1次，每次數量約4隻。會花費1年半～3年的時間鑽出又長又深的地道	每年6次，每次數量都會超過6隻
巢穴	巢穴周圍會隆起土堆	野鼠會挖掘淺洞，巢穴四周的土不會隆起。家鼠不會挖洞，而是直接利用鼴鼠的巢穴
過冬	持續找尋食物，冬天也會活動，不會冬眠。冬天會移動至與田地相鄰，風不會太強且溫暖的雜木林	野鼠會冬眠，褐鼠、黑鼠、家鼷鼠等家鼠的同類則是會跑到倉庫、側溝等溫暖處，所以冬天也會繼續活動
圈地意識	具圈地意識（大約每300～400㎡會有1隻），除非是春天繁殖期，否則成鼠會驅趕進入圈地領域的其他鼴鼠	數隻到數十隻的鼠群會以巢穴為中心在數公尺範圍內生活
糞便	基本上看不見	會看見糞便
災情範例	在蔬菜植株下方挖掘地道。每次都會在一樣的地點挖洞	幼苗會被拉進巢穴消失，啃咬根部導致部分植株枯萎

如何避免鼴鼠害

鼴鼠不吃蔬菜，但會挖掘地道，尋找聚集在蔬菜根部或土中有機物附近的蚯蚓。想要避免鼴鼠害，就不能讓鼴鼠通過蔬菜下方，想辦法讓鼴鼠遠離蔬菜。

9. 在田畦短邊堆出高低落差

做畦時，畦的長邊和走道會堆出高低落差，但有些田畦的短邊卻沒有，這樣鼴鼠就能輕鬆入侵，所以田畦四邊都要堆高做出落差，增加鼴鼠入侵的難度。

⬆做畦時，兩側的短邊一樣要確實做出高低差。

10. 移動寶特瓶風車的擺放位置

剪開寶特瓶做成風車，風車轉動發出的震動聲能預防鼴鼠，所以很常出現在家庭菜園。但久了鼴鼠也會習慣，因此要偶爾更換擺放地點。舉例來說，如果田畦鋪放了較厚的覆草作為覆草，就可以把風車移到覆草處，懂得如何聰明運用。

11. 在田邊放置堆肥桶

如果在田地角落擺放處理廚餘的堆肥桶，那麼鼴鼠將會被聚集於此的蚯蚓吸引，田裡蔬菜也就不會受害。再加上鼴鼠圈地意識強烈，一定會驅除其他的鼴鼠。不過，要避免露天堆置，因為這樣反而會吸引山豬、獾前來。

日本鼩鼴是雜食性鼴鼠

長得很像鼴鼠，卻是雜食性，且會吃蔬菜的其實是日本鼩鼴。牠和鼴鼠一樣都會挖洞，但前腳較短，還有比鼴鼠長的尾巴。會在夜晚鑽出洞活動，據說也能爬高。屍體會釋放惡臭，其他動物也不會想吃，所以偶爾都能在畦道看見日本鼩鼴的屍體。

鼴鼠丘的隆土最適合用來覆土

鼴鼠會從地下深處挖土做成鼴鼠丘，基本上不會混有野草種子，所以非常適合作為播種時的覆土。

⬆整理好夏季蔬菜田後，會在覆草的田畦撒上米糠促進分解，這時要保留支柱不要拔掉，讓鼴鼠難以入侵。

⬆為了保存或採種將蔬菜埋在田裡時，前後兩端和植株間一樣要架設支柱。

4. 勿讓未熟有機物混入土中

鼴鼠每天都會吃掉相當於體重分量的蚯蚓或其他動物。田裡含有大量未熟有機土的話，就可能出現許多蚯蚓，鼴鼠當然會很開心地前來享用。所以不要使用未熟堆肥，避免蚯蚓異常繁殖，確實培育好土壤。

5. 集中擺放割草

如果就地留置割草，草下方的蚯蚓就會變多，吸引鼴鼠、鼠類、山豬前來侵食，增加害獸數量。請用耙子將割掉的草收集放在固定位置，或作為覆草運用。

6. 運用忌避植物

水仙、石蒜的根部有毒，種在田畦能減少鼴鼠或鼠類入侵。田裡如果有大蒜、蔥、韭菜的話，同樣具備忌避功效，不過洋蔥似乎沒什麼效果。

7. 晚秋及早春先耕耘田地周圍

在鼴鼠及鼠類會繁殖或移動的晚秋、早春期間耕耘田地周圍，將能減少其入侵。如果是小菜園的話，可以用鏟子稍微耕耘自己菜園區塊的周圍。

8. 田裡不要只種蔬菜

鼴鼠只會通過田裡有蔬菜根的下方，所以可在走道種植綠肥，分散土中的根，那麼聚集在根部的蚯蚓或其他小動物也會跟著分散，如此一來就能避免鼴鼠集中在蔬菜下方。

1. 踩踏巢穴

田畦裡發現鼴鼠洞就要立刻踩毀。只是遮住入口的話，鼴鼠很快就能修復。用腳後跟尋找地下延伸的巢穴，將四處延伸的巢穴全部踩毀。

⬆用腳後跟沿著入口處尋找地道並踩踏銷毀。

2. 尋找地道，踩踏壓平

鼴鼠地道可分成每次都會通過的路徑（主道）以及非主道路徑。踩踏過後還會被重建的地道是鼴鼠活動的主要路徑，必須從末端步行踩踏，另外一邊的末端也要踩踏，就能逮到從巢穴跑出來的鼴鼠。

3. 架設支柱

在畦裡插入30cm深的支柱，就能阻礙鼴鼠在土裡移動。為了避免鼴鼠直線穿越蔬菜植株下方，在直線延伸處的田畦兩端架設支柱也會非常有效果。

⬆蔬菜會筆直種成1排，在直線延伸處的田畦兩端架設支柱，避免鼴鼠入侵。也可在蔬菜條距間挑個幾處插入支柱。

預防雜食性老鼠侵襲

天然菜園要注意的獸害②

住在田裡，專門啃食蔬菜種子、幼苗、根菜類及薯類的老鼠是小型害獸。繁殖能力強，會群體生活，只要一個不留意，短期間內就有可能使受害情況加劇。耕耘能破壞田裡的巢穴，但留下巢穴不整地的話，可就讓鼠類有機可乘，所以務必做好日常的田野工作，避免鼠類繁殖增加。

野鼠會棲息在田裡，家鼠常出現在倉庫

如果土裡的薯類、胡蘿蔔等作物出現動物的咬痕，那就是老鼠的傑作。說到土中動物，上一頁說明的鼴鼠為肉食性動物。為了覓食蚯蚓會在蔬菜下面挖掘地道，但是不會咬蔬菜。另外，鼴鼠巢穴洞口的土會隆起，形成鼴鼠丘，但是老鼠的沒有，可以由此做區分。

⬆會在田裡築巢，啃食蔬菜的日本田鼠。體型小，但繁殖力旺盛，不可輕忽。

⬆出現在畦上的老鼠洞，周圍土壤不會隆起，如果發現一些沒見過的洞穴，就要懷疑是不是老鼠挖的。

會使蔬菜出現災情的老鼠可分成兩大類。一是野鼠類，當中包含了會在田裡挖洞生活的日本田鼠，還有體型最小的巢鼠，以及西日本較常見的史密斯絨鼠，體型約莫為10cm，巢鼠的體型多半不超過10cm，所以相對較小。不過這些鼠類都是住在田裡或山間。

另一種是家鼠類，如黑鼠、褐鼠、家鼷鼠。家鼷鼠體型約10cm，黑鼠則為15cm左右。牠們會棲息在家中或倉庫，吃遍用來存放的穀物和蔬菜。家鼠不會自己鑽洞，但會利用鼴鼠挖出的地道破壞田地。有些褐鼠的體型甚至超過25cm，會住在溫暖潮濕的下水道，屬肉食性，喜歡吃魚貝類及小動物。

以老鼠繁殖公式計算，田地可能會變得無法栽培

母鼠一次可以生6隻小鼠，一年能生6次左右，會以老鼠繁殖公式增加，跟一年只會生4隻的鼴鼠相比數量可說極為驚人。另外，鼴鼠會大範圍圈定勢力範圍並獨居其中，但老鼠為群居動物，會在以巢穴為中心的數公尺範圍活動。一旦老鼠增加過量，甚至有可能無法栽培蔬菜。

由此可知，掌握鼠類生態，透過每天的務農工作防範鼠輩是很重要的。薯類、豆類、根菜類都是老鼠的覓食對象物，如果不收成繼續放在田裡，或是收成後把小尺寸的蔬菜留在田裡，都會使老鼠增加。另外，老鼠會利用鼴鼠在田裡鑽出的鼴鼠丘，所以減少會吸引鼴鼠現身的蚯蚓也是必要的。不割野草任其繼續生長，或是割了就放在田裡不處理掉都會使蚯蚓增加，引來鼴鼠，最後老鼠也會開始繁殖。

別忽略初期的受害情況，進入春天前就要採取對策

天然菜園初期的蔬菜生長較差，所以不會有老鼠的蹤跡，就在不斷栽培照料下，蔬菜愈長愈好，鼠輩便可能隨之現身。因為田地狀態改善，就表示老鼠可以吃的蔬菜也跟著變豐富，所以及早防範，避免老鼠增加過量非常重要。定植幼苗後，如果每天會消失個1～2株，且附近有洞穴，蔬菜根部也出現啃咬，葉片單側枯萎的話，就很有可能是日本田鼠的傑作，務必趕緊思考對策。繼續放置不管，等到收成時期胡蘿蔔、白蘿蔔開始被啃咬的話，就表示老鼠的數量已經非常可觀。

晚秋至冬天期間採取防鼠對策最有效，因為老鼠為了避寒與躲避天敵，活動範圍會比較小。另外，老鼠不像鼴鼠一樣，轉移陣地跑到周圍的森林裡，牠們到了冬天還是會繼續住在田裡。蛇在冬天會冬眠，要靠天敵減少老鼠數量比較難，所以趁天氣變暖前因應防範，減少老鼠數量相當重要，什麼都不做的話，老鼠到了春天繁殖期就會暴增。

打造成貓咪會來幫忙獵鼠的田地

如果能打造成貓咪會在白天前來幫忙看守的田地，將是非常棒的防鼠對策。這時必須記得割掉土堤野草，確保良好視線，同時改善日照與通風。如果不是貓咪喜歡的環境，則有可能被當成排泄的地點。有貓的田地還有個好處，就是烏鴉不敢靠近，所以要懂得與貓共存，別趕走田裡的貓咪。另外，狸貓等夜行性野生動物也會獵鼠。

如何避免老鼠增加

防鼠對策其實很多。
在每天務農過程中，盡量做好一層層防治作業，才能預防災情擴大。

1. 用石頭或炭封住洞口

想要封住洞口的話，可以用石頭搭配炭，或是帶刺栗子搭配石頭，效果會比較好。重點在於一定要同時搭配兩種阻礙物埋住洞口，減少老鼠再使用的機會。只有1種的話，老鼠很容易就能從旁再挖洞或是移除阻礙物。

⬆在洞口擺放老鼠討厭的石頭或炭，接著用腳跟把東西塞入地道，整個踏平。

2. 避免在洞口附近施作

封住鼠洞的同時，還要避免在洞旁播種或定植。在鼠洞附近播種無農藥種子的話，更是會吸引老鼠前來，務必多加留意。

3. 以炭化稻殼或木醋液進行事前忌避

用來貯存薯類的洞穴、育苗用溫床都是老鼠的最愛，設置時要噴灑木醋液或剛燒製的燻炭，用氣味驅逐老鼠。不過，此方式的效果大概只能維持1週。務必在一剛開始就讓老鼠認定田裡沒有吃的，等到出現災情再灑可是不會有任何效果。

⬆在田裡挖洞貯存薯類作物時，要在洞底與上方撒燻炭，接著還要噴灑木醋液，避免老鼠發現。

4. 別把老鼠喜歡的蔬菜留在田裡

胡蘿蔔、白蘿蔔、番薯、落花生、馬鈴薯都是老鼠的最愛，田裡盡量不要留下未收成乾淨的作物。如果田地本身就有鼠害，還將作物留在田裡過冬，或是把被啃咬的蔬菜埋在田裡，都很有可能讓老鼠數量瞬間暴增，其中又以落花生造成的災情最慘重，務必多加留意。

5. 在新出現的鼠洞做陷阱誘捕

如果田畦曾遭受鼠害、冬天留有蔬菜的地點，或是有鼠洞的地點，都可以做陷阱除鼠。

⬆用管徑60～75mm的PVC塑膠管接成T字形，把T字的下方封住。

水管封口朝下，裡頭加水，埋入想要除掉鼠害的田畦。T字上方的水平水管要與地面等高，老鼠會從左右兩邊的入口掉進水管裡。

⬆在水管入口處的左右或上方鋪蓋稻稈，老鼠會不小心跑入，掉進水裡溺死。呼喊同伴的聲音和鼠屍氣味會吸引其他老鼠接連落入陷阱。秋天設置陷阱，春天重新擺放的話，半年約莫能捕捉到5～6隻老鼠。

6. 在寒冬搬動秋天堆積的野草

老鼠會在初霜之前決定好要在哪裡過冬，一旦決定後就不太會亂走。所以建議於秋天分散擺放數個草堆，並在冬天搬動位置，將能減少春天之後的鼠害。

7. 在寒冬耕耘秋天播種的麥類作物

秋天在田地周圍播種麥子，老鼠就會聚集在麥子下方過冬。接著在1～2月時用曳引機耕耘，老鼠就會消失得無影無蹤。但是如果等到冬天才耕耘，老鼠可能會大量繁殖並侵入田裡，帶來反效果。

8. 在鼠洞擺放口香糖

把橘子口味、藍莓口味、葡萄口味等甜味口香糖剝成一口大小放在鼠洞裡，口香糖會一塊塊消失不見。持續擺放1週～1個月後，口香糖不再減少，同時鼠害也會減少，因為老鼠吃了會引發腸阻塞致死，算是非常有效的方法。

9. 與蛇類共存

蛇會吃老鼠，有蛇的環境老鼠也會變少，希望各位別討厭蛇，與蛇共存。蛇會冬眠，所以鼠害不會完全消失，頂多就是減少受害情況。

10. 室內擺放黏鼠板

在倉庫或室內溫床周圍擺放市售黏鼠板也能捕捉老鼠。要挑選老鼠覓食範圍有限的冬天期間設置黏鼠板。擺放時要戴手套，避免氣味殘留。建議放在所有走道上或邊角，讓老鼠無處可逃。一般來說，用玉米、自家採種的南瓜種子吸引老鼠最為合適，也可以把吃完剩下的南瓜種子曬乾。黏鼠板抓到老鼠後就要盡速移除。

與鼴鼠一樣的防範對策

P.158～159介紹了預防鼴鼠災情的對策。下述幾項其實也能用來預防老鼠。這些對策不僅能避免鼴鼠接近田畦，還能預防會利用鼴鼠丘的老鼠現身。

- ◯用腳跟尋找老鼠或鼴鼠洞並加以破壞
- ◯架設支柱，在土裡設置障礙物
- ◯勿讓未熟有機物混入土中，避免蚯蚓增加
- ◯割掉土堤野草，改善老鷹等天敵的能見度
- ◯將割掉的野草另外堆放，或作為覆草運用
- ◯在土堤種植老鼠、鼴鼠討厭的水仙或石蒜
- ◯在田裡種植大蒜、蔥、韭菜等忌避植物的效果也不錯
- ◯晚秋或早春耕耘田地周圍，減少老鼠、鼴鼠入侵

⬆將秋季馬鈴薯與蔥混植，蔥能有效驅除鼠類。

培養健康的土中微生物

利用土著菌的伯卡西肥與堆肥

在天然菜園裡，於覆草上撒米糠追肥，將能促進微生物的分解，使土壤團粒結構更為發達。米糠還能增加抑制病原菌的優質微生物。剛開始經營菜園不久，田裡好菌數較少的話，也可以考慮將手邊有的材料做成堆肥，或是利用土著菌發酵而成的伯卡西肥。這樣將能活化微生物，營造出讓蔬菜自然生長的環境。

孕育微生物 和大自然循環的天然菜園 就像是座蔬菜里山

里山的草木會自然長大。落葉、枯草及殘留土裡的根會被棲息於上的微生物分解、養地，幫助植物生長。在有機物生生不息的循環下，植物也不斷生長，回饋養分。

天然菜園就像是田裡的一座里山，形成天然循環，蔬菜就在這循環中自然地成長茁壯。割草覆蓋，再撒上米糠，米糠的微生物會幫助覆草分解，讓土壤逐漸肥沃。

只要田裡存在健康的微生物，就能快速分解米糠與覆草。反觀，如果是不斷開墾的荒地，或是大量施用化肥、殘留農藥的田地，那麼這些成分可能永遠無法消失，因為，田裡沒有健康的微生物。不過，只要持續覆草、培育蔬菜，還是能改善田地，慢慢活化微生物，開啟自然循環。

土著菌的伯卡西肥與堆肥益生菌 有助菜園的自然循環

想活化土中微生物，促進自然循環除的話，除了覆草，還有左頁介紹的土著菌伯卡西肥與堆肥法。

覆草相當於落葉（腐葉土）掉到田地裡，土著菌的伯卡西肥則是先讓米糠發酵，聚集大量益生菌。腐葉土和堆肥都是有機物經微生物發酵後分解成的腐植質，同樣聚集了益生菌。

只要充分運用伯卡西肥或堆肥，微生物活動較差的田地同樣能增加微生物數活化益生菌，促進菜園裡的自然循環。

菜園與周圍的自然循環

覆草是形成菜園內的循環，伯卡西肥及落葉堆肥則能將周圍的自然循環與菜園相連結。

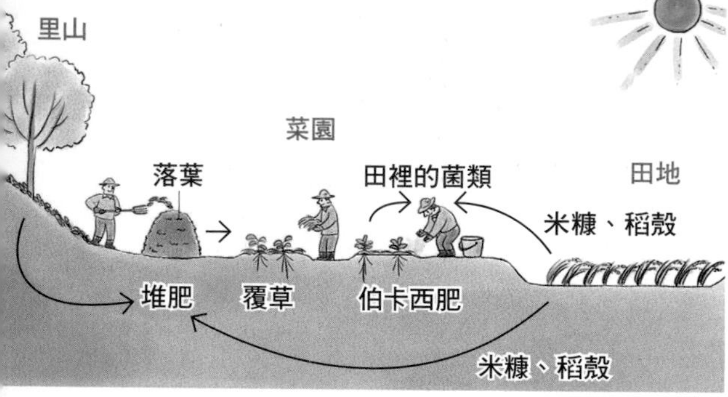

堆肥的發酵與菌類接力賽

堆肥發酵過程中，不同性質的菌類會接力發揮作用。只要負責後半階段的乳酸菌和酵母菌變多，田裡的蔬菜根就更容易吸收養分，抑制病蟲害，提升蔬菜風味。

發酵階段	菌的種類	功能	特徵
1	絲狀真菌（麴菌等）	啟動發酵	能將澱粉及碳水化合物轉換成糖，不耐高溫
2	放線菌、納豆菌	分解	能將蛋白質、碳水化合物轉換成糖，耐高溫
3	乳酸菌	清掃	吸收糖分後會增加，能製酸抑制雜菌
4	酵母菌	合成	能合成維生素、礦物質、胺基酸，喜歡酸性環境

微生物分解最終階段的「腐植質」有助提高地力

落葉、野草、剩餘的植株、米糠、動物糞便等有機物都會被微生物吸收或重新合成，並在最終階段形成名為「腐植質」的高分子化合物，接著就會長時間存在於土裡。腐植質沒有固定形體，帶黏度，同時具備強大負離子，不僅能聚集土中微粒子，形成團粒結構，還能有效維持養分及水分。腐植質更扮演著提高「地力」，也就是讓土壤具備生產力的角色。

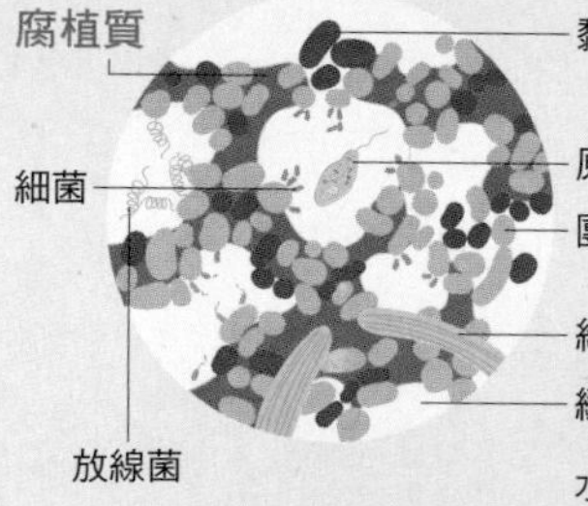

※圖片資料來源：《新版 図解 土壌の基礎知識》藤原俊六郎、農山漁村文化協會發行（2013年）

如何辨別堆肥是否完熟？

未熟堆肥混入土裡會妨礙植株根部生長，增加病蟲害或鼴鼠獸害，造成反效果。想要辨別堆肥是否完熟，只要在瓶子放入一半的堆肥，加水至8分滿，接著蓋上蓋子。常溫放置10～14天，完熟堆肥（右）打開後無臭，但未熟堆肥（左）會飄出惡臭。

落葉堆肥作法

落葉除了含有微生物更富含腐植質等成分，施予貧瘠田地的話，能啟動田地的自然循環。使用身邊容易取得的落葉，混合含大量氮元素的米糠，添加適量的水，就能發酵成堆肥。

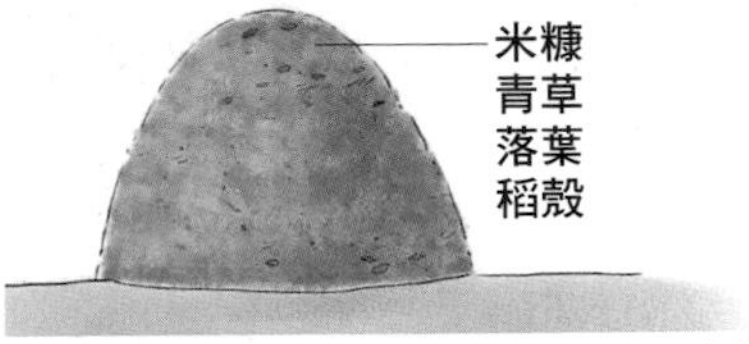

○落葉與稻殼：米糠的比例為8：2，交替堆積成數層。
○加入相當於落葉1/3分量的稻殼，避免落葉全黏在一起，才能促進發酵。
○加入米糠時一定要混入剛割除的青草，讓發酵更順利。
○含水量為50～60%。如果是使用雨後濕潤的落葉，水分可以減量，若是乾燥落葉，就一定要添加會從下方滲出的大量水分。

○堆成山丘，蓋上藍色防水布，避免沾到雨水。挑選輕薄透氣的#1100防水布。
○放置3～4天讓內部溫度超過50℃，如果溫度沒有攀升，就表示某個環節有問題，需從水分多寡等確認是否有項目必須修正。

○1週後進行第1次翻拌，若比較乾燥就要補充水分。翻拌能避免溫度過度攀升或下降也是讓初期高溫發酵持續的關鍵。
○最初翻拌的2週後行第2次翻拌，並在3週後行第3次，4週後行第4次，視情況補充水分，讓堆肥含水量維持在50%。
○這1～2月期間堆肥會維持在50～60℃，雜菌、野草種子、蟲卵皆無法存活。這時的發酵階段為1～2※。
○其後每1個月～數個月就翻拌一次，讓堆肥溫度維持在30～45℃。這時的發酵階段為3～4※。
○半年～1年後，用手搓揉，只要稻殼及落葉能輕鬆捏碎就代表堆肥完成。

※參照右頁表格「堆肥的發酵與菌類接力賽」

④含水量為50～60%，介於用手握捏後會成塊，按搓後會崩散的硬度。

⑤填入容器，用手按壓出空氣。底部要鋪撒米糠，填裝完後也要覆蓋米糠，再封住容器。

⑥也可以放入肥料袋裡，將空氣擠出，密閉放置。底部鋪撒米糠，上方也要覆蓋米糠，接著將封口朝下擺放。

⑦放置的累積溫度須達600℃，以平均氣溫10℃來算，約60天可完成。完成時會長出白色黴菌，聞起來帶有酸甜味。充分攪拌後再密封保存，需在3個月內用畢。

能增加土中微生物的土著菌伯卡西肥

伯卡西肥是以米糠等富含營養成分的材料發酵製成。比較建議各位利用存在於田土的菌類，將稻殼與米糠厭氧乳酸發酵成土著菌伯卡西肥。

由於當中存在好菌，施用後能增加田裡的益生菌，加速米糠及覆草分解，降低病蟲害，提升蔬菜美味度。再加上米糠已先分解到某個程度，所以養分供給速度更快。

施用伯卡西肥於田地時，一定要撒在覆草上，接著再覆蓋新鮮覆草，預防紫外線，幫助菌類存活。

①挑選長了繁縷等圓葉片冬草的肥沃田地，取表層15cm的土壤500g，加入5L已除氯處理的水中。

②將步驟①的泥水上澄液，加入3～5L的稻殼中拌勻。

③於②加入8L米糠，繼續搓揉充分拌勻。

務農作業用工具

好的工具用起來順手，能事半功倍

只要充分運用好工具，務農也會變輕鬆。接著就跟各位介紹如何挑選工具和基本的使用方法。

經營天然菜園要先備妥的5樣基本工具

從準備田地、播種、定植、除草、覆草、疏苗、摘芽，直到最後收成，從事務農作業需要準備下面5樣基本工具。專業人士用工具雖然價格偏貴，卻也夠鋒利，且相當耐用，因此非常推薦給各位。

①鐮刀

在天然菜園裡會割草作為覆草，增加田畦生物，透過生物彼此共存培育蔬菜，過程中當然少不了鐮刀這項工具。大約1000日圓就可以買到不鏽鋼材質，能切斷麻繩的優質鐮刀。

②剪刀

常用來收成、疏苗及摘芽。不鏽鋼製的摘果剪刀連麻繩也能剪斷，相當耐用。

③移植鏟

挖掘植穴不可或缺的工具。挑選不鏽鋼製，鏟面與手把一體成型的產品會比較耐用。

④鏟子

大鏟子可以挖洞，也能耕畦。用在小型菜園的話，任誰都能輕鬆耕耘，所以非常推薦。

⑤鋤頭

鋤頭不只能耕田，刀面側邊還能整平土壤，鋤面用來壓平土壤也很方便。鋼製鋤頭的刀刃經過研磨，保有銳利度，還能利用刀刃本身的重量耕土，作業起來更輕鬆。

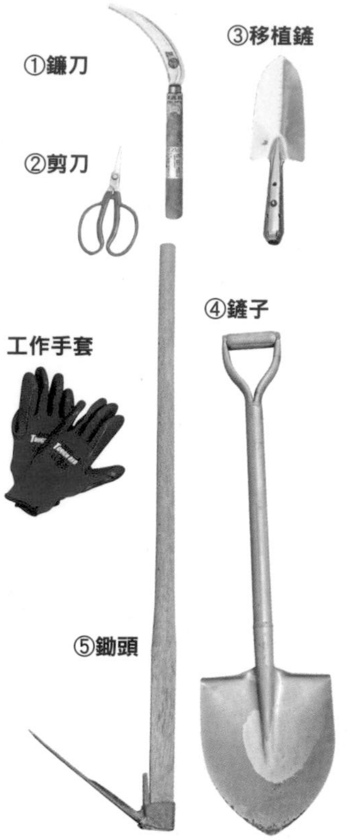

⬆要先備妥的5樣工具，再加上用來保護雙手的工作手套。

基本工具使用重點

刀具

作業過程 要隨時去除附著在刀刃上的污泥

鏟子或鋤頭附著污泥的話，作業起來會很不順。可用鐮刀刀背刮掉附著的污泥。

刀具要常保銳利

想要務農作業輕鬆，刀具就要在變鈍以前研磨，常保銳利狀態。

鋤頭

使用5分鐘前浸水

鋤頭使用5分鐘前浸水，讓木握把吸水膨脹，避免與鋤頭分離。不過，浸水超過5分鐘反而會吸水過量，容易造成握把腐爛。用完後則要去掉污泥，置於陰涼處。

邊下鋤耕耘邊前進

用鋤頭挖土時，每鋤一下，就要往下鋤位置的前方邁進，這樣才能避免鋤掉太多土壤，均勻翻耕每個部份。

鏟子

邊下鏟耕耘邊後退

用鏟子能確實耕耘田地。插下鏟子翻起土壤並往後退，避免踩踏到剛耕耘過的土。

⬆❶用腳把鏟子壓入土裡。

⬆❷利用槓桿原理，以鏟子翻土。

⬆❸將翻起的土壤翻面，注意鏟子別舉太高。

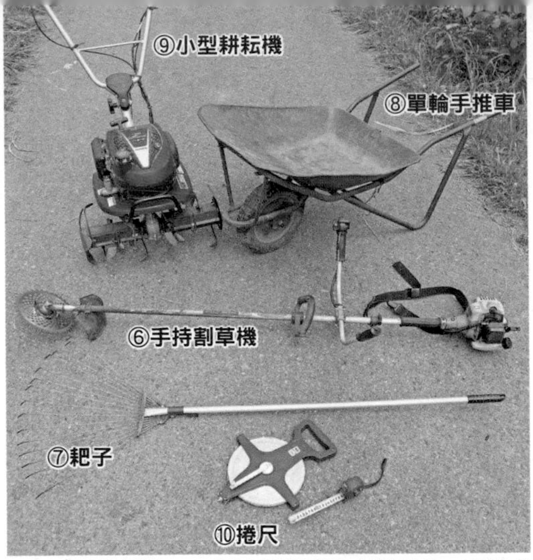

⬆田地面積超過100㎡時可以準備的便利工具，有需求時再購入即可。

超過百米面積的田地要準備的便利工具

如果田地面積超過１００平方公尺，就可以從事相當規模的務農作業，甚至能夠自給自足。除了準備好基本的5樣工具外，不妨借助手持割草機、耕耘機之力，讓自己更輕鬆務農吧。

⑥手持割草機

田園生活中，周圍土堤的除草工作可是一點也馬虎不得。放任不管可能會引來病蟲害或獸害，甚至引來鄰居不滿。這時，手持割草機就是非常好的幫手。除了既有的引擎式割草機，講究靜音的充電式割草機也具備足夠性能。

⑦耙子

割下的畦草可用耙子集中，作為覆草或堆肥材料。割完草就放置不管的話，下面會長出蚯蚓，吸引山豬或鼴鼠前來覓食。

⑧單輪手推車

寬闊田地的搬運好幫手，建議選用實心輪胎的款式。

⑨小型耕耘機

天然菜園雖然可以採行不整地栽培法，但萬一田裡鼠穴增加，想要稍微耕耘的時候，有台小型耕耘機就能翻動一下田畦或走道。高度超過５cm的野草無法耕入土裡，所以要先割草，用耙子收集搬到其他地方後再耕耘。另外，土壤太紮實的話無法一次完成深耕，必須來回數次，慢慢耕耘。

⑩捲尺

準備個捲尺對於維持植株適當間距可說幫助極大。正確量測畦長也是規劃菜園時非常重要的環節。

用三角鋤頭培土很方便

種蔥或馬鈴薯時，三角鋤頭是非常方便的培土工具。可以用三角鋤頭兩邊的刀刃挖攏土壤。不過三角鋤頭和一般鋤頭不同，不能用尖頭處耕土，會使刀刃受損。

讓務農作業更得心應手的推薦工具＆資材

除了基本工具，栽培過程中還需要一些其他的工具及資材。
本書從多種品項中，挑出了下面7樣推薦用品。

⑥剪定鋏　剪定樹木用的剪定鋏可以剪斷果菜類或大豆的硬梗，整理植株時非常方便，所以也是菜園裡的重要工具。

④澆水器　7L的澆水器使用起來較順手，灑花口可能會因為沙子或綠藻堵住，建議選用注水口帶有濾網的澆水器。

②麻繩　誘引或綑綁時，可將收割綑紮機在用的麻繩截成90cm長並帶在身上。麻繩夠強韌，最後還能回歸土裡。

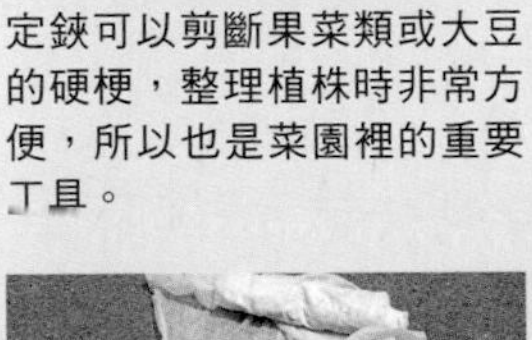

⑦不織布　可以擋霜、防寒風，拉長秋冬蔬菜的收成期，還能用來為幼苗保溫。秋天至春天期間則是能預防作物遭受鳥獸害。

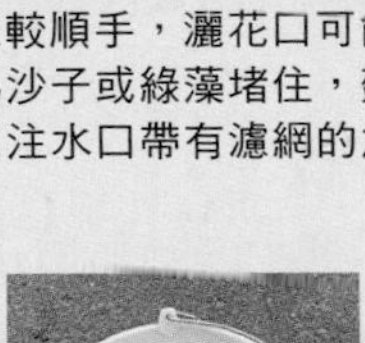

⑤水桶　使用10L且帶刻度的水桶，才能正確稀釋酒醋水或木醋液。自來水要放置一晚後再使用。

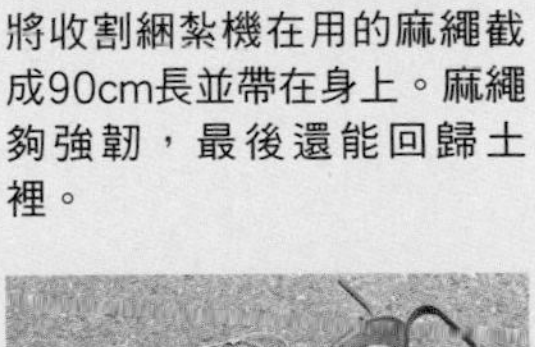

③拉線器　田畦兩端架設支柱預防鼴鼠時，畦上的蔬菜排列要直，才能發揮效果。用拉線器佈線，並將幼苗定植於線的下方或沿線挖溝。

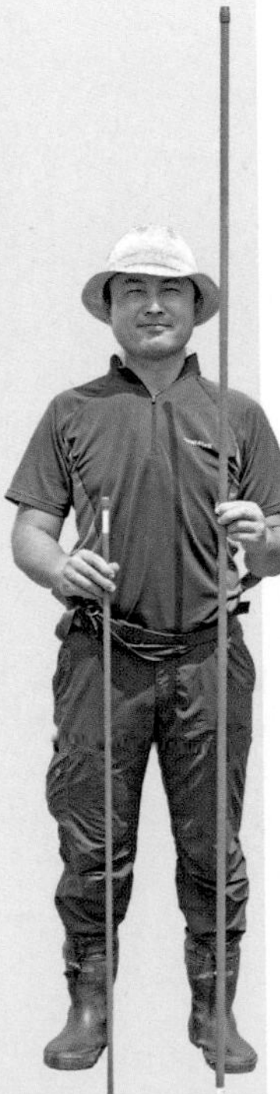

①支柱
爬藤支柱是一種園藝用支柱，只要插在土裡即可使用，不僅長度夠，粗細也符合長度所對應的強度。有2種基本尺寸，分別是青椒、茄子用的長度120cm×直徑11mm，以及番茄、小黃瓜用的長度210cm×直徑16mm。

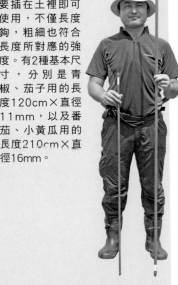

監修

竹内孝功

1977年生。畢業於中央大學經濟學系。19歲拜讀了福岡正信老師《一根稻草的革命》後，於就學期間開始在東京都日野市的市民農園學習自然農法。畢業後任職東京某天然食品店。學習正規自然農法的同時，更不斷吸收川口由一先生的自然農等各種有機農法，於（財）自然農法國際研究開發中心研修後，更建立起採用自創無農藥家庭菜園栽培技術的「天然菜園」。目前擔任天然菜園諮詢師，開設天然菜園學校，為「自給自足Life」負責人。著有《これならできる！自然菜園》（農山漁村文化協会），監修作品則有《完全版 自給自足の自然菜園12カ月 野菜・米・卵のある暮らしのつくり方》（宝島社）、《とことん解説！タネから始める　無農薬「自然菜園」で育てる人気野菜》（洋泉社）等。
天然菜園學校
http://www.shizensaien.net/

作者

新田穂高

1963年生，曾任職運動專門雜誌，現為自由撰稿人。1998年舉家移居到茨城縣鄉下有著150年歷史的茅草屋頂民家。著有《完全版 自給自足の自然菜園12カ月 野菜・米・卵のある暮らしのつくり方》（宝島社）、《とことん解説！タネから始める　無農薬「自然菜園」で育てる人気野菜》（洋泉社）、《家族で楽しむ自給自足》（文化出版局）、《自然の暮らしがわかる本》《今から始める自転車生活》（同為山と溪谷社出版）、《自転車で行こう》（岩波書店）等。

TITLE

零基礎！自然無農藥四季菜園

STAFF

出版	瑞昇文化事業股份有限公司
監修	竹內孝功
作者	新田穂高
譯者	蔡婷朱　王幼正
總編輯	郭湘齡
責任編輯	張聿雯
美術編輯	許菩真
排版	二次方數位設計　翁慧玲
製版	明宏彩色照相製版有限公司
印刷	桂林彩色印刷股份有限公司
法律顧問	立勤國際法律事務所　黃沛聲律師
戶名	瑞昇文化事業股份有限公司
劃撥帳號	19598343
地址	新北市中和區景平路464巷2弄1-4號
電話	(02)2945-3191
傳真	(02)2945-3190
網址	www.rising-books.com.tw
Mail	deepblue@rising-books.com.tw
初版日期	2022年9月
定價	400元

ORIGINAL JAPANESE EDITION STAFF

写真	新田穂高
イラスト	関上絵美
デザイン	㈱黒川聡司デザイン事務所
DTP	㈱ローヤル企画

國家圖書館出版品預行編目資料

零基礎!自然無農藥四季菜園：種菜初學者的第一本務農寶典/新田穗高著；蔡婷朱, 王幼正譯. -- 初版. -- 新北市：瑞昇文化事業股份有限公司, 2022.09
168面；18.2X25.7公分
譯自：自然菜園で育てる健康野菜：ゼロから始める無農薬栽培@@滋養豊かな厳選24種&12カ月野良仕事ノウハウ
ISBN 978-986-401-578-8(平裝)

1.CST: 蔬菜 2.CST: 栽培 3.CST: 有機農業

435.2　　111012761